普通高等教育智慧海洋技术系列教材

水中目标声学特性及控制

商德江 刘永伟 肖 妍 张 超 吴 闯 编著

科学出版社

北 京

内 容 简 介

本书以水中目标的声学特性为主要研究对象，主要介绍水中目标声学特性及其控制的发展情况和相关原理。本书的内容涵盖了水中目标声学特性相关基础、流体动力噪声及其控制、结构振动声辐射及其控制、水中目标声散射及其控制、海洋信道环境下的目标声学特性、水下声学材料分类与性能测试、水中目标声学特性测试与分析、基于深度学习的水中目标识别分类等。

本书可作为水声工程、机械等相关专业本科或研究生课程的教材，也可供声学、水声工程、海洋信息工程等相关领域科研和技术人员阅读。

图书在版编目（CIP）数据

水中目标声学特性及控制 / 商德江等编著. -- 北京：科学出版社，2024.12. -- (普通高等教育智慧海洋技术系列教材). -- ISBN 978-7-03-080576-8

Ⅰ. P733.2

中国国家版本馆 CIP 数据核字第 2024W17Z57 号

责任编辑：杨慎欣　孟宸羽 / 责任校对：韩　杨
责任印制：徐晓晨 / 封面设计：马晓敏

科 学 出 版 社 出版
北京东黄城根北街 16 号
邮政编码：100717
http://www.sciencep.com

北京建宏印刷有限公司印刷
科学出版社发行　各地新华书店经销

*

2024 年 12 月第 一 版　　开本：787×1092　1/16
2024 年 12 月第一次印刷　　印张：17
字数：424 000

定价：86.00 元
（如有印装质量问题，我社负责调换）

前　言

第二次世界大战以后，随着水下航行器的发展，其水下的噪声性能受到越来越多的重视。水下航行器产生的噪声按照距离可分为近场噪声和远场噪声，其中，近场噪声一般指流体动力噪声、机械振动产生的辐射噪声等，远场噪声则是指流体动力噪声和机械振动产生的辐射经历远距离传播后的噪声等。由于声波依旧是目前在海洋中信号远距离传播的主要形式，水中目标的声散射特性也受到极大的关注，故编著本书。

本书主要针对水中目标的声学特性开展相应的理论研究，对该领域进行系统的学术总结，包括流体动力噪声、结构振动声辐射、水中目标声散射、海洋信道环境下的目标声学特征、水下声学材料分类、水中目标声学特性测试与分类、基于深度学习的水中目标识别分类等，适当介绍了流体动力噪声、结构振动声辐射、水中目标声散射方面的控制技术。

本书内容共8章，具体如下：

第1章对水中目标声学特性相关基础进行介绍，包括声散射、声反射、声吸收和声辐射等基本概念以及典型目标的声学特性等。

第2章对流体动力噪声及其控制进行介绍，包括流体动力噪声的控制技术、流体运动发声的基本规律、湍流噪声与湍流边界层压力起伏、有固体界面存在时的湍流噪声等。

第3章对结构振动声辐射及其控制进行介绍，包括声波的辐射、水下结构振动与声耦合、水下结构振动噪声被动控制技术、水下结构振动噪声主动控制技术等。

第4章对水中目标声散射及其控制进行介绍，包括目标声散射理论基础、水中目标几何声散射、水中目标弹性声散射、水中目标回波抑制技术等。

第5章对海洋信道环境下的目标声学特性进行介绍，包括海洋中声传播理论及其应用、海洋中的主要噪声源和噪声谱特性、海洋中波导传播特性以及声传播特性分析方法、海洋信道环境下的水中目标辐射噪声特性、海洋信道环境下的水中目标声散射特性。

第6章对水下声学材料分类与性能测试进行介绍，包括水下声学材料分类及其应用情况、水下黏弹性材料基本理论、黏弹性材料动态参数测量技术、水下声学材料小样声管测试方法、水下声学材料大样测试方法等。

第7章对水中目标声学特性测试与分析进行介绍，包括水中目标声学特性测试方法、恒定束宽波束形成技术、近场声全息技术、矢量阵测试技术等。

第8章对基于深度学习的水中目标识别分类进行介绍，包括典型深度学习算法、水中目标识别的原理与方法等。

另外，作者还依托"智慧树"平台构建"水中目标声学特性及控制"AI课程（免登录网址 http://t.zhihuishu.com/PzPevVak），提供课程图谱、问题图谱与能力图谱等。供读者从多维度、多层面理解知识点。

课程图谱
学习演示

本书由商德江、刘永伟、肖妍、张超、吴闯共同编写，其中，商德江完成了第 1 章水中目标声学特性相关基础、第 5 章海洋信道环境下的目标声学特性等内容，刘永伟完成了第 2 章流体动力噪声及其控制等内容并负责全书统稿，肖妍完成了第 6 章水下声学材料分类与性能测试、第 7 章水中目标声学特性测试与分析等内容，张超完成了第 3 章结构振动声辐射及其控制、第 4 章水中目标声散射及其控制等内容，吴闯完成了第 8 章基于深度学习的水中目标识别分类等内容。

高维营、韩温程、杜文硕、卢越、刘子琦、李肆武、丁姝妮、焦晓燕、钱雪莹等为本书的资料整理付出了辛勤劳动，笔者在此深表感谢！

由于本书涵盖的内容较多加之作者水平有限，书中难免有疏漏之处，敬请读者批评指正，以便再版时修订。

商德江

2024 年 7 月 12 日

目 录

前言

第1章 水中目标声学特性相关基础 ·· 1

  1.1 水中目标声学特性分类及基本概念 ··· 1

    1.1.1 声散射 ·· 1

    1.1.2 声反射 ·· 2

    1.1.3 声吸收 ·· 2

    1.1.4 声辐射 ·· 3

  1.2 典型目标的声学特性 ·· 4

  参考文献 ·· 6

第2章 流体动力噪声及其控制 ·· 8

  2.1 流体动力噪声的控制技术 ·· 9

    2.1.1 流场优化设计 ·· 10

    2.1.2 流体噪声预测与模拟 ·· 12

  2.2 流体运动发声的基本规律 ·· 16

    2.2.1 莱特希尔方程和声类比 ·· 17

    2.2.2 各阶声源及其辐射特性 ·· 19

    2.2.3 低马赫数涡旋声理论 ·· 28

  2.3 湍流边界层压力起伏 ·· 31

    2.3.1 湍流边界层压力起伏——伪声的概念 ·· 32

    2.3.2 湍流边界层压力起伏基本特性 ·· 35

    2.3.3 湍流边界层压力起伏的波数-频率谱分析 ·· 40

    2.3.4 边界层转捩区的压力起伏 ·· 44

    2.3.5 接收器对湍流边界层压力起伏的空间过滤 ·· 48

  2.4 有固体界面存在时的湍流噪声 ·· 50

  参考文献 ·· 55

第3章 结构振动声辐射及其控制 ··· 58

3.1 声波的辐射 ··· 58
3.1.1 声波的辐射现象 ··· 58
3.1.2 球形声源的辐射 ··· 66
3.1.3 亥姆霍兹方程及其应用 ··· 69

3.2 水下结构振动与声耦合 ··· 73
3.2.1 振动与声耦合概述 ··· 73
3.2.2 振动-声耦合数值计算方法 ··· 77

3.3 水下结构振动噪声被动控制技术 ··· 80
3.3.1 吸振吸声控制 ··· 80
3.3.2 隔振隔声控制 ··· 81
3.3.3 阻尼减振控制 ··· 82

3.4 水下结构振动噪声主动控制技术 ··· 83
3.4.1 全局振动噪声控制 ··· 83
3.4.2 结构波振动噪声控制 ··· 85
3.4.3 弯曲波振动噪声控制 ··· 86
3.4.4 有源噪声控制 ··· 86

参考文献 ··· 86

第4章 水中目标声散射及其控制 ··· 88

4.1 目标声散射理论基础 ··· 88
4.1.1 目标声散射场微分方程描述 ··· 88
4.1.2 规则形状目标声散射简正级数解 ··· 95
4.1.3 声散射的亥姆霍兹积分公式和表面积分方程 ··· 98

4.2 水中目标几何声散射 ··· 106
4.2.1 克希霍夫近似和物理声学方法 ··· 106
4.2.2 凸光滑曲面上声散射——几何亮点概念及其数学基础 ··· 111

4.3 水中目标弹性声散射 ··· 118

4.4 水中目标回波抑制技术 ··· 119
4.4.1 盲分离算法 ··· 120

  4.4.2 目标回波与混响的盲分离 ··· 121

参考文献 ·· 123

第5章 海洋信道环境下的目标声学特性 ·· 125

5.1 海洋中声传播理论及其应用 ·· 125
  5.1.1 波动声学理论方法 ··· 125
  5.1.2 射线声学理论方法 ··· 138

5.2 海洋中的主要噪声源和噪声谱特性 ··· 150
  5.2.1 噪声的频谱 ··· 150
  5.2.2 海洋环境噪声 ·· 155

5.3 海洋中波导传播特性以及声传播特性分析方法 ··· 162
  5.3.1 海洋中波导传播特性 ·· 162
  5.3.2 声速剖面分析 ·· 166
  5.3.3 射线追踪法 ··· 167
  5.3.4 声传播损失模型 ··· 169

5.4 海洋信道环境下的水中目标辐射噪声特性 ·· 173

5.5 海洋信道环境下的水中目标声散射特性 ··· 174
  5.5.1 目标回声信号 ·· 174
  5.5.2 声波在弹性物体上的散射 ·· 179

参考文献 ·· 183

第6章 水下声学材料分类与性能测试 ·· 185

6.1 水下声学材料分类及其应用情况 ·· 185

6.2 水下黏弹性材料基本理论 ··· 187
  6.2.1 水下黏弹性材料的动力学方程 ··· 187
  6.2.2 水下黏弹性材料的耦合方程 ·· 188
  6.2.3 水下黏弹性平板材料的基本声学性能 ·· 188

6.3 黏弹性材料动态参数测量技术 ··· 189
  6.3.1 自由振动衰减法 ··· 189
  6.3.2 强迫共振法 ··· 190
  6.3.3 强迫非共振法 ·· 192
  6.3.4 声传播测试方法 ··· 195

6.4 水下声学材料小样声管测试方法······199
6.4.1 脉冲管法······199
6.4.2 驻波管法······206
6.4.3 行波管法······210
6.4.4 时空逆滤波法······212

6.5 水下声学材料大样测试方法······215
6.5.1 宽带脉冲压缩法······215
6.5.2 近场声全息法······215

参考文献······216

第 7 章 水中目标声学特性测试与分析······218

7.1 水中目标声学特性测试方法······218
7.1.1 海洋水声学基础······218
7.1.2 水中目标声学特性测试技术······220

7.2 恒定束宽波束形成技术······222
7.2.1 恒定束宽波束形成的发展过程······222
7.2.2 频域宽带波束形成······225
7.2.3 时域宽带波束形成······226
7.2.4 时域宽带恒定束宽波束形成······227
7.2.5 频域宽带恒定束宽波束形成······229

7.3 近场声全息技术······234
7.3.1 近场声全息技术概况······234
7.3.2 近场声全息技术基本理论······234
7.3.3 傅里叶变换后频域的离散化······238

7.4 矢量阵测试技术······239
7.4.1 矢量水听器概况······239
7.4.2 矢量阵波束形成······240

参考文献······242

第 8 章 基于深度学习的水中目标识别分类······244

8.1 典型的深度学习算法······245
8.1.1 全连接神经网络······245

    8.1.2 卷积神经网络 ··248
    8.1.3 循环神经网络 ··250
8.2 水中目标识别的原理与方法 ··251
    8.2.1 水中目标识别的原理 ··251
    8.2.2 水中目标识别的方法 ··253
    8.2.3 深度学习理论在水中目标识别中的应用 ·······································255

参考文献 ··261

第1章 水中目标声学特性相关基础

1.1 水中目标声学特性分类及基本概念

1.1.1 声散射

声散射[1-3]现象是声波在传播过程中受到界面（如海面、海底）、障碍物或目标的影响而产生的声场畸变。这一过程包括反射、透射、衍射或绕射等一系列现象。根据小振幅声波运动的线性叠加原理，散射后的总声波由未受干扰的入射波和目标的散射波叠加而成。

首先，散射波是由入射波激发的，可以视为散射物体受激发后再辐射的波。其次，散射波的类型可能与入射波不同，例如，入射平面波在弹性体内可以激发各种表面波并产生再辐射波。同时，散射波的传播方向也可能与入射波不同。沿特定方向传播的入射波在经过目标散射后会产生向各个方向传播的散射波，其中包括沿原方向传播的前向散射波以及返回声源的反向散射波等。

一般说来，只要目标表面与声波传播介质的声学属性存在差异，便会产生声散射现象。然而，目标声散射实际上是一个复杂的物理过程。当声波与目标（通常为固体弹性体）发生相互作用时，会引发反射、透射以及表面波的激发与再辐射等一系列物理现象，声散射涉及流固界面表面波运动与振动声耦合的所有相关现象[4-5]。

在水声工程和理论研究中，散射强度是一个十分有用的量，计算各类混响的等效平面波混响级或进行混响预报时，也都必须用到它。海底反向散射强度值远高于海面的散射强度值，而海水中体积混响的散射强度值一般介于-100～-70dB，远小于海面、海底的散射强度值。

（1）在海水的某个深度层上，有较强的回声强度，相比之下，其他深度上的回声强度几乎是微不足道的，通常将回声强度强的层称为深水散射层。深水散射层的深度大约在180～900m，典型深度是400m。

（2）深水散射层具有一定的厚度，典型厚度为90m。

（3）深水散射层的深度不是固定不变的，它具有昼夜迁移规律，白天较深、黑夜较浅，白天或黑夜其深度大体不变，但日出日落时变化剧烈，这种深度上的变化可达几百米。根据这种现象可以作出判断：产生体积混响的散射体是生物性的，它们是存在于海洋中的海洋生物,很可能是磷虾科动物、乌贼和桡足类动物。相比之下,那些非生物性的散射体,如杂质粒和砂粒、温度不均匀水团、海洋湍流和舰船尾流等的散射对混响的贡献通常是微不足道的[6]。

1.1.2 声反射

声反射[7]是声波遇到障碍物时反弹回来的现象,与光波的反射类似。当声波传播至一种介质(如空气)与另一种介质(如墙壁)的界面时,部分声波会被反射回原来的介质中,其余声波可能被吸收或穿透到另一种介质里。反射的程度取决于两种介质的声学特性,如密度和声速。反射类型主要有三种:①直接反射。声波直接从障碍物表面反射回来,常见于平滑硬质表面。②散射反射。声波在遇到粗糙或不规则表面时,会向各个方向散射反射。③焦散反射。特定形状的表面(如凹面)可以使声波集中到一点,类似于光的聚焦。

声反射是影响水下航行器隐蔽性的关键因素[8-9]。声反射在水下环境尤其重要,因为水是声波传播效率极高的介质。舰艇外壳的材料特性直接影响声反射的程度。舰艇的设计形状也对声波的反射路径有重要影响。现代潜艇和水下舰艇的设计应更加注重流线型外形,以大幅减少声波的反射和散射。这种设计有助于改变声波的反射路径,从而减少敌方声呐系统探测到的反射声波。有源声反射控制技术,例如有源声学涂层,使用声学传感器和放大器产生与入射声波相位相反的声波,以此来抵消反射声波的效果。一些先进的潜艇正在采用多层声学隐身结构,这些结构结合了多种不同性质的材料,以实现更高效的声波吸收和隔离。同时,研究人员也在探索智能材料技术,智能材料可以根据环境条件改变其物理特性,以优化声波吸收性能。

总之,水下舰艇的声目标特性是一项复杂的工程,涉及材料科学、流体力学和声学设计等多个领域,研究的目的是提高舰艇的生存能力和作战效率。

1.1.3 声吸收

(1)海水中的声吸收。海水是不均匀介质,声波在海水中传播时,随着传播距离的增加,声强将越来越弱。声波在传播过程中强度逐渐衰减是由多种原因造成的[10-11]。

(2)声在海水中的传播损失。导致声强在介质中传播衰减的原因可以总结为以下三个方面:第一,扩展损失。该损失亦称为扩散衰减,源于声波在传播过程中波阵面持续扩展导致的声强衰减。第二,吸收损失。通常情况下,这种损失发生在非均匀介质中,它是由介质黏滞性(包括热传导及相关盐类的弛豫过程)引起的声强衰减,亦称为物理衰减。第三,散射。在海洋介质中,悬浮粒子(如泥沙、气泡、浮游生物等)以及介质本身的不均匀性使声波发生散射进而导致声强衰减。海水界面对声波的散射也是引起此类声衰减的一个因素。

（3）非均匀液体中的声衰减。海水通常含有多种杂质，如气泡、微小硬颗粒、浮游生物，以及由湍流产生的温度不均匀区域等，这些杂质和不均匀性导致声传播损失大于均匀海水介质损失。在含有气泡群的海水中，声吸收衰减尤为严重。气泡在声波作用下发生压缩和膨胀，引起气泡内部温度变化，与周围海水发生热交换，从而将声能转化为热能。此外，海水对气泡的压缩膨胀具有黏滞作用，也会损耗部分声能，导致含有气泡群的海水中出现附加吸收。气泡作为共振腔，对入射声波产生强烈散射，使入射声能显著衰减[12]。

在海洋中，气泡密度相对较低，通常情况下，其对声吸收的影响微乎其微，可以忽略不计。然而，在风起浪涌的海面附近，风浪的搅拌作用产生大量气泡，尤其在舰船航行所形成的尾流中，存在着无数大小不一的气泡。在这种情况下，吸收系数值显著增大。例如，一艘以 15kn（相当于 8.3m/s）航速行驶的驱逐舰所产生的 500m 长尾流中，在 8kHz 频率下，吸收系数高达 0.8dB/m，而在 40kHz 频率下，更是达到 1.8dB/m。相较于正常值，这些数值高出许多倍。因此，在这种环境下，声强衰减程度极高。

1.1.4 声辐射

声源的振动在周围的介质中激发声波称为声辐射。声源辐射器表面振动推动周围介质振动，由于介质的惯性和弹性，振动状态向远处传播，从而形成声场。声场和声源之间的关系可以从以下三个方面来讨论。

（1）介质对辐射器振动表面的作用：研究声源在介质中振动并辐射声波的问题，它涉及介质与声源的相互作用，即声源作为一个振动系统在介质中受到介质的反作用力，由此可以求出介质对辐射器振动表面的作用和辐射阻抗[13]。

（2）声源辐射声场的空间分布问题：空间分布包括轴向分布和周向分布，轴向分布涉及声场的远近场概念，声场的周向分布主要用远场指向性刻画。

（3）辐射声场的数学处理方法：不同的辐射声场问题采用的数学处理方法也不同。如果辐射面规则，可采用分离变量法求解；如果辐射面不规则，可采用亥姆霍兹方程的积分方法求解。

在实际中，声源的形式是各种各样的，要想从数学上对形状不规则的声源进行严格求解是十分困难的，因此在很多情况下，在一定的限制条件下将声源近似看作平面、球面等理想化的声源，这样既避免了烦琐的数学推导，又可以由所得的结果揭示基本规律。尽管声辐射模态理论相较于其他理论出现较晚，但经过几十年的深入探索与发展，该理论已日臻完善，成为解决声学问题的一种高效且实用的方法。然而，在将其应用于实际工程问题的过程中，尚存在若干理论与技术问题亟待深入探究并妥善解决。这些问题主要表现在以下几个方面[14]。

首先，目前对球体、平板和圆柱等具有规则几何形状结构的声辐射模态计算求解研究已相对成熟。然而，未来应更加注重研发能够快速且准确计算求解工程应用中任意复杂几何形状结构声辐射模态的算法，探索解决大型结构声辐射模态求解过程中计算效率低下及计算量庞大等问题的有效方法，从而进一步拓宽声辐射模态在工程领域的应用范围。

其次，利用声辐射模态进行声源识别和声场重建的过程，本质上仍属于声学逆问题的求解范畴。因此，仍需面对并解决逆问题所固有的不适定性等问题，应深入研究适用于具体声学问题的正则化方法，并探讨正则化参数的选取策略。同时，在利用有限测点进行复杂结构声源识别和声场重建时，还应进一步探讨模态截止阶数的选取原则以及测点优化的有效方法。

最后，目前关于声辐射模态在声场重建方面的应用研究，大多仍局限于自由场平稳状态的条件。然而，实际工程应用中往往涉及混响场条件及多个干扰源。因此，未来应大力开展在混响场条件下存在多个干扰源时声辐射模态的应用研究，为其在工程领域的实际应用奠定更为坚实的理论和技术基础。

1.2 典型目标的声学特性

舰船、潜艇和鱼雷所辐射的噪声，是被动声呐系统赖以探测、分类识别和跟踪目标的信号，被动声呐方程中的声源级就是用来度量这种辐射噪声的。

研究舰船辐射噪声、总结其特点和规律有着重大的意义，这可从辐射噪声对舰船的危害看出。首先，辐射噪声破坏了舰船特别是潜艇的隐蔽性，为对方的水声探测器材提供了搜索、探测和跟踪的信息。噪声的这种危害对潜艇几乎是致命的。其次，舰船辐射噪声有可能引爆某些水中兵器，如装有声引信的水雷，从而对自身的安全形成巨大威胁。最后，舰船辐射的噪声对本舰的水声观察作业造成严重干扰，导致"耳目"失灵，甚至使其无法工作。以上所述，充分表明了舰船辐射噪声的危害性，它成了威胁舰船自身安全和影响其战斗力的一个重要因素。另外，水下声制导兵器和声引信武器是根据这种辐射噪声进行跟踪和实施攻击的，因此舰船辐射噪声特性也是水中兵器研制的重要依据。

舰船、鱼雷辐射噪声明显的特点是声源繁多、集中，噪声强度大，频谱成分复杂。目前，随着舰船技术的发展，舰船排水量和动力系统功率越来越大，航速也日益提高，辐射噪声也将进一步增大。

1. 机械噪声

机械噪声指的是航行或作业舰船上的各种机械振动通过船体向水中辐射而形成的噪声。

根据舰上各种机械产生噪声的机理，可将机械噪声分成如下五类：①不平衡的旋转部件，如不圆的轴或电机、电枢等工作时产生的噪声[15]。②重复的不连续性部件，如齿轮、电枢槽、涡轮机叶片等工作时产生的噪声。③往复部件，如往复式内燃机汽缸中的爆炸等产生的噪声。④泵、管道、阀门中流体的空化和湍流，凝汽器排气等流体动力噪声。⑤轴承和轴颈上的机械摩擦产生的摩擦噪声。

由于各种机械运动形式不同，它们所产生的水下辐射噪声的性质也不同。一般来说，不平衡的旋转部件、重复不连续性的工作部件和往复部件所产生的噪声大都为线谱噪声，其主要成分是振动基频及其谐波分量。而各种管道、泵中流体的空化、湍流、排气以及轴承、轴颈上的机械摩擦等产生的噪声属于连续谱噪声。若结构部件被激起共振，还应叠加相应的共振线谱。所以机械噪声的频谱实际是强线谱和弱连续谱的叠加。由于这类噪声与舰船航行状态及机械工作状态密切相关，所以这类噪声的频谱结构比较复杂，而且还是多变的。机械噪声是舰船辐射噪声低频段的主要成分。

2. 螺旋桨噪声

螺旋桨也是机械，但产生噪声的机理和频谱不同于上述的机械。螺旋桨噪声是由旋转着的螺旋桨与流体相互作用产生的噪声，由螺旋桨空化噪声、螺旋桨唱音和螺旋桨叶片速率谱噪声组成，这三种噪声产生的机理不同，其特性也不同。

（1）空化噪声[16]：螺旋桨在水中旋转时，转速达到一定值，叶片尖端和表面就会产生负压区，若负压足够高就会产生气泡，这种现象称为空化。空化产生的气泡破裂时会发出尖的声脉冲，大量气泡破裂产生的噪声是一种很响的咝咝声，即所谓的空化噪声。这种噪声往往是舰船辐射噪声高频段的主要组成部分。

因为空化噪声是由大量大小不等的气泡随机破裂引起的，所以空化噪声是连续谱。在高频段，它的谱级随着频率的增高大约以 6dB/oct 的斜率下降；在低频段则随频率的增高而增高（在实际测量中，低频段的这种变化往往被其他噪声所掩盖）。因此，谱线形成一个峰，这个峰通常在 100～1000Hz，而且随航速和螺旋桨深度而变化。当航速增加和螺旋桨深度变浅时，峰向低频端移动，这是因为在高航速和浅深度情况下，容易产生大的空化气泡，因而产生大量低频噪声，使谱峰向低频端移动，又因气泡较大，其强度也就高于高频段噪声。空化现象只在舰船达到一定航速时才产生，此时，船的高频辐射噪声突然增大，这个航速称为舰船临界航速。航速低于临界航速时，基本上不发生空化现象，因此空化噪声级很低，一旦航速增大至临界航速，空化骤然发生，所以空化噪声急剧增大，增大值为 20～50dB；航速继续增大时，由于空化已很充分，基本达到了饱和，所以噪声仅以 1.5～2.0dB/kn 的斜率缓慢增长，并渐趋平稳。由于空化还和静压力有关，静压力越大越不容易空化，所以临界航速还和潜艇的航行深度有关，这表现在航行深度增加时，临界航速也相应地提高。

（2）唱音：螺旋桨噪声的另一重要成分是所谓的"唱音"，它是由涡流扩散激励螺旋桨叶片共振而产生的，是100~1000Hz频率范围内的低频强线谱。螺旋桨设计中是不允许产生唱音的，但造船厂制造的舰船仍不免有少数在某些工况下会产生唱音。

（3）叶片速率谱噪声：螺旋桨工作于紊流环境中，叶片旋转时周期切割流体而产生的低频系列线谱噪声称为叶片速率谱噪声，其频率在1~100Hz。

螺旋桨噪声在不同方向上的辐射是不均匀的，在环绕船的水平面内有指向性。测量结果表明：艏艉线方向比正横方向辐射的噪声小，这可能是由于船体的遮挡和尾流的影响。通常，在与艏艉线方向呈30°时，指向性图案有凹进部分，艏方向比艉方向凹进略多一些。

3. 水动力噪声

水动力噪声（也称作流体动力噪声）是船体与海流有相对运动时，船体表面产生的噪声，是水流动力作用于舰船的结果。水动力噪声的机理为：①水流冲击会激励舰船部分壳体振动，也可能激励某些结构产生共振，如前面提到的螺旋桨叶片的共振，甚至还可能引起壳体上某些凹穴腔体的共鸣产生辐射噪声[17]。②由湍流附面层产生的流动噪声也是一种水动力噪声，称为流噪声。这是黏滞流体的特性，即使在无凹穴或光滑的物体上也会产生噪声。③航行舰船的艏、艉的拍浪声，以及船上主要循环水系统的进水口和排水口处发出的噪声也属于水动力噪声。

一般情况下，舰船水动力噪声在强度上往往被机械噪声和螺旋桨噪声所掩盖。但在特殊情况下，若结构部件或空腔被激励成强线谱噪声的谐振源，水动力噪声有可能出现在线谱范围内，成为主要噪声源。

参 考 文 献

[1] Urick R J. Principles of Underwater Sound[M]. 3rd ed. New York: McGraw-Hill, 1983.

[2] 尤立克. 水声原理[M]. 3版. 洪申, 译. 哈尔滨: 哈尔滨船舶工程学院出版社, 1990.

[3] 汪德昭, 尚尔昌. 水声学[M]. 2版. 北京: 科学出版社, 2013.

[4] 何祚镛, 赵玉芳. 声学理论基础[M]. 北京: 国防工业出版社, 1981.

[5] 俞孟萨, 黄国荣, 伏同先. 潜艇机械噪声控制技术的现状与发展概述[J]. 船舶力学, 2003, 7(4): 110-120.

[6] Morse P M, Ingard K U. Theoretical Acoustics[M]. New York: McGraw-Hill, 1968.

[7] 沈杰罗夫. 水声学波动问题[M]. 何祚镛, 赵晋英, 译. 北京: 国防工业出版社, 1983.

[8] Junger M C, Feit D. Sound, Structures, and Their Interaction[M]. Cambridge: MIT Press, 1972.

[9] Leonard B C, Mieras H. Time domain integral equation solution for acoustic scattering from fluid targets[J]. The Journal of the Acoustical Society of America, 1981, 69(5): 1261-1265.

[10] 刘伯胜, 黄益旺, 陈文剑, 等. 水声学原理[M]. 3版. 北京: 科学出版社, 2019.

[11] Waite A D. 实用声纳工程[M]. 王德石, 等译. 3版. 北京: 电子工业出版社, 2004.

[12] 莫尔斯. 振动与声[M]. 南京大学《振动与声》翻译组, 译. 北京: 科学出版社, 1974.

[13] 马大猷, 沈壕. 声学手册[M]. 北京: 科学出版社, 1983.

[14] Kinsler L E, Frey A R, Mayer W G. Fundamentals of acoustics[J]. Physics Today, 1963, 16(8): 56-57.

[15] Blanchard D C, Woodcock A H. Bubble formation and modification in the sea and its meteorological significance[J]. Tellus,1957, 9(2): 145-158.

[16] 布列霍夫斯基. 海洋声学[M]. 山东海洋学院海洋物理系, 中国科学院声学研究所水声研究室, 译. 北京: 科学出版社, 1983.

[17] 布列霍夫斯基赫, 雷桑诺夫. 海洋声学基础[M]. 朱伯贤, 金国亮, 译. 北京: 海洋出版社, 1985.

第 2 章 流体动力噪声及其控制

流体动力噪声主要是由水流经过物体表面产生的。这类噪声主要源自以下三个部分：①水流本身运动引起的噪声，包括湍流噪声、涡旋噪声及空化噪声等。②在存在边界的环境中，湍流边界层也会产生噪声。当物体表面为刚性时，反射的刚性边界会产生噪声；而对于弹性表面，则可能引起表面振动并产生辐射噪声。特别地，水下运动物体的表面湍流边界层内的压力波动被称为流噪声，其主要由近场脉动压力构成，这种近场脉动压力也被称作伪声，是流体动力噪声的一个典型表现。③物体表面的运动，例如螺旋桨叶片的运动，也会产生噪声。这类噪声涉及面分布的体积源、力源及应力源等[1]。

水动力噪声在舰船水下噪声中占的比重，要根据舰船动力配置、螺旋桨设计及桨-轴配合情况、航行器的几何形状、航速，以及所考虑的频段等多个因素而定，不能一概而论，但有一些普遍规律值得注意。①螺旋桨水动力噪声始终是舰船水下噪声的主要来源。②航行速度越高，水动力噪声越大。③水动力噪声中的流噪声对舰船声呐自噪声的影响比对辐射噪声的影响要大得多。

研究水动力噪声的主要目的是降低舰船的水下噪声，提高其隐蔽性。由于早期舰船螺旋桨设计不佳，容易发生空泡现象。与舰船类似，鱼雷的对转螺旋桨及雷体也可能产生空泡。一旦螺旋桨发生空泡，空泡噪声几乎总是成为主要噪声源。空泡是水中的特有现象，是流体力学、水力学和水利学中的重要研究内容之一。由于实际情况下空泡噪声通常以空泡群的形式出现，因此研究随机空泡群的噪声理论具有实际意义。

研究水动力噪声的关键是湍流边界层内的压力波动[2]。传统流体力学主要关注边界层的速度分布和阻力等平均特征，水动力噪声研究则专注于边界层中的压力变化，这些变化是边界层动态的一个关键表现。其中，声呐自噪声是导流罩内重要的研究对象，因为边界层中的压力波动不仅产生近场干扰，还是结构振动和声辐射的主要激励源。

分析水下航行器的水动力噪声源和发声机制时，必须考虑多个复杂因素。例如，潜艇在水下航行过程中，其外形变化和表面曲率的不连续性导致在潜艇艏部声呐平台区域流场的非定常变化，层流边界层在此转变为湍流边界层，受压力梯度、扰动水平和壁面粗糙度的影响[3]。

首先，湍流边界层内的速度扰动和脉动压力是引发水动力噪声的主要因素，这些压力波动在广泛的频率范围内产生流噪声，是潜艇艏部声呐平台区的主要自噪声来源。此外，在潜艇的中部上层建筑和围壳区，边界层分离和水流经过附体与主体的接合处形成的复杂三维分离流动和涡流也是重要的噪声源。尤其是附体根部,边界层和压力场的相互作用在前缘形成由上游向下游的马蹄涡,这些涡流与壳体表面的复杂分离流动共同向下游发展,形成显著的流噪声源。

此外,当水流到达潜艇的流水孔边缘时,由于表面不连续性,流动产生分离,形成不稳定的剪切层波动。这种非定常流体脉动压力和旋涡运动直接导致流动噪声的产生,同时激发结构噪声。当舰船、潜艇或鱼雷航行时,壳体边界层由层流逐渐发展为高度复杂的三维非稳态、带旋转的不规则流动——湍流边界层。湍流中随机性和拟序结构运动的规律性,导致流体的各种物理参数(如速度、压力和温度等)随时间和空间随机变化。湍流物理参数的这种脉动是诱发水动力噪声的首要原因。

综上所述,当航行器在水中行进时,其外壳全部或部分暴露于流体中,物面边界层从层流发展到复杂的三维非稳态湍流边界层。湍流边界层内的随机速度扰动和脉动压力,以及突体、附体、空腔引起的外流场湍流都会产生较强的脉动压力。高航速还可能引起剧烈的空化噪声。这些随机脉动压力和空化溃破过程不仅直接产生辐射噪声,还激发物面弹性结构的振动并产生辐射噪声。根据声类比理论,流体的不均匀质量或热量流入可产生单极子声源,如非定常流体排开、空泡噪声和湍流边界层中的随机脉冲冲击壁面等;流体中有障碍物存在时,流体与壁面产生不稳定的反作用力并产生偶极子声源,如螺旋桨的旋转声、随机涡发声、圆柱表面交替涡脱落产生正负压力脉冲等;水中没有质量或热量介入,也没有障碍物存在,唯有黏滞应力作用而发声时属于四极子声源,如喷流湍流噪声、脱落涡产生的湍流应力源等。

2.1 流体动力噪声的控制技术

流体动力噪声控制技术对于增强水下航行器的隐蔽性非常关键。这些技术主要分为两种,即主动控制技术和被动控制技术。

主动控制技术侧重于利用动态系统调整,直接干预流场或声场,以应对实时噪声的变化。这一方法通常包括使用先进的传感器网络、控制算法及精密的执行设备。修改船体的螺旋桨和尾翼设置,或调整船体表面的喷嘴和吸气口,可以有效控制流场,从而降低噪声。虽然主动控制能快速适应变化,但由于依赖外部能源和复杂的系统,其成本和维护要求较高。

被动控制技术则集中于通过设计优化和材料应用来减少噪声,无须外部能源。这包括设计流线型的船体以减少水流撞击和湍流,使用专门设计的螺旋桨,如斜叶螺旋桨或无空泡螺旋桨,以及在船体表面应用吸声材料和隔振技术,以此吸收和散射声波,降低噪声传播。被动控制的优点是成本较低,主要依赖于被动结构和材料的改进。

总体上,结合主动控制和被动控制技术能在动态变化的环境中提供更有效的噪声控制方案。优化被动控制来降低基础噪声水平,并利用主动控制技术应对特定条件下的复杂挑战，能在不损失性能的情况下控制成本和复杂性，进而提升水下航行器的整体隐蔽性和操作效率。

2.1.1 流场优化设计

水下航行器的声学特性是其设计中极为重要的考虑因素，特别是在军事和某些科研领域。减少航行器产生的水动力噪声，有助于这些航行器在敌方探测系统中保持隐身，从而提高任务的成功率。通过对水下航行器的水动力噪声实测数据分析和数值计算，发现水下航行器的自噪声主要分布在指挥室围壳和水下航行器尾部。

围壳区域的流动性质异常复杂。在围壳的根部，其与艇体表面形成的流动角区使边界层在此易发生复杂的三维分离流动，进而形成从围壳前缘至后缘的马蹄涡[4]。在围壳尾部，由于逆压梯度和黏性阻力的作用，常见边界层分离及涡的脱落。而在围壳顶部，受到翼型端面效应的影响，特别是在转向航行时，来流与围壳产生的攻角容易在顶部引发梢涡。此外，围壳上的开孔还可能引起流激空腔振荡。这些复杂的流动现象在围壳表面产生湍流脉动压力，这种压力不仅直接导致噪声的产生，也激发围壳结构的振动并进一步辐射噪声。根据噪声的频率特性和产生机理，将围壳水动力噪声归纳为以下4类。

（1）围壳表面湍流脉动压力的直接辐射噪声。由于围壳凸出于潜艇的表面，它打乱了艇体的均匀流场[5]。在水下航行时，围壳表面会形成复杂的湍流绕流，包括马蹄涡、片状湍流边界层、梢涡和尾涡等。这些湍流中的速度、压力会发生不规则的脉动。这些脉动不仅导致流体介质的密度波动，即声波的产生，同时，当湍流脉动撞击壁面时，会发生动量损失，导致动能转化为声能，并在壁面形成偶极子声源，从而辐射噪声。这种由围壳绕流的湍流脉动直接产生的噪声称为直接辐射噪声，通常表现为宽带噪声，具有明显的随机性。

（2）湍流脉动压力激励围壳结构产生振动进而产生二次辐射噪声。围壳表面的湍流脉动压力不仅直接引发声辐射，还能驱动围壳结构的振动，进而产生所谓的二次辐射噪声。指挥室围壳是一个透水结构，不需承受静水压力，因此其整体结构刚度通常低于艇体。这导致围壳在流体激励下的振动响应相对较大。因此，由围壳结构振动所引发的二次辐射噪声在围壳水动力噪声中占有重要位置，甚至可能成为主导噪声。

（3）围壳开口部位在水流作用下产生的流激空腔噪声。围壳并非为全封闭的短翼形结构，其顶部存在为升降桅杆而设置的开孔，围壳壁上通常设有通气孔和流水孔，这些开孔与围壳内部腔体相连形成开口腔，当围壳表面湍流边界层流经这些开孔时，会在孔口形成剪切层振荡，引起流激空腔噪声。流激空腔噪声是围壳水动力噪声低频线谱分量的主要噪声源。

（4）当围壳尾部涡脱落频率与围壳固有频率相近时，产生的涡激共振噪声。围壳水动力流场的优化主要集中在三个核心领域：减少流体激励力、减轻围壳结构的振动响应和降低声辐射效率。首先，在减少流体激励力方面，通过对围壳的水动力外形进行优化，例如通过填角设计、改善线型和调整开孔布局，可以有效降低如马蹄涡、梢涡和尾涡等大尺度涡的强度。

其次，减轻围壳结构振动响应的关键是进行围壳结构优化，这包括增强围壳的结构布局和调整其尺寸以提高整体或局部的结构强度。最后，在降低声辐射效率方面，关键措施包括在围壳表面应用柔性阻尼材料或使用复合材料来构建围壳，以减少声能的辐射。围壳水动力流场优化主要可分为[6]：①填角设计。填角是围壳前缘与艇体过渡连接的一段具有一定弧度的结构，主要用于减弱或消除围壳根部由前缘向下游发展的马蹄涡。②围壳线型优化。从声学设计的角度出发，围壳线型优化的主要目的是使围壳受到的壁面湍流脉动压力最小，主要体现在水平剖面的线型设计和交接部位的外形设计这两个方面。

孔腔水动力流场优化主要可分为：①改变空腔前缘的流动结构。空腔前缘的被动控制手段主要包括设置前缘扰流体、改变空腔的几何形状、布置凹陷状上游表面。格栅作为抑制空腔流激振荡的一种常用手段，广泛存在于水下航行器的表面开口处，其与空腔共同形成了格栅空腔结构。采用前缘"分流"装置使一部分来流边界层内的流体进入腔内，改变剪切层的分离机制，该装置可以在一定程度上减小剪切层的厚度，进而抑制空腔振荡。②阻隔或破坏反馈回路的形成。一方面，改变空腔后缘形状，例如利用后壁倒角等方式，在自持振荡中剪切层与空腔后壁碰撞后将产生强脉冲而使上游剪切层的振荡加剧，该方法通过改变后缘形状来减弱这种碰撞强度，进而抑制流激振荡。另一方面，改变空腔内部结构，例如设置扰流板等装置，反馈回路的增益作用是产生流激振荡的重要原因，在腔内设置类似扰流板的结构装置可有效阻隔干扰反馈回路的形成，进而抑制流激空腔的振荡强度[7]。

水下航行器尾部流场优化：水下航行器的尾部噪声主要来源于螺旋桨，这种噪声可以分为空化噪声和非空化噪声两类。在高速运行时，空化噪声通常更为显著。对于非空化状态的螺旋桨，桨尖涡流噪声是主要的噪声源。螺旋桨还会产生其他类型的噪声，如后缘噪声、前缘噪声。后缘噪声主要由叶片后缘的湍流边界层对流产生，这种湍流波动散射出声波，可能呈现为宽带或窄带，这取决于雷诺数、边界层厚度以及其他因素。前缘噪声则由与升力面前缘相互作用的不稳定湍流引起的压力波动产生。

至于空化噪声，通常是螺旋桨旋转时产生的空化气泡在尾流场中摆动所致。分离空化和涡流空化会在较高频率下增加噪声水平，而桨尖和桨毂的涡旋气蚀是空化噪声的典型噪声源，尤其是桨尖空化，因为桨尖核心压力较低而更容易发生。

螺旋桨的空化和非空化噪声有许多共同的产生机制，因此通常采用类似的技术和设计方法来减少这两种类型的噪声。例如，减少桨尖涡流空化通过降低涡流强度来实现，这同样有助于减少非空化涡流噪声。此外，提高尾流均匀性的措施也有可能同时减少片状空化以及与叶片速率相关的非空化噪声成分[8]。

（1）片状空化、气泡空化和云状空化。通过优化螺旋桨叶片的面积比和截面设计，可以有效减少空化现象。增加叶片面积比能在维持相同推力的条件下降低单个叶片的负载，这样有助于提升吸入侧的最低压力，进而降低空化的风险。例如，圆背截面或美国国家航空咨询委员会（National Advisory Committee for Aeronautics，NACA）开发的NACA翼型截面虽然具有良好的升阻比，但其压力分布较为不均，升力主要集中在前缘下游。设计出压力分布更为均匀的截面可以在整个弦长上产生均匀升力，提高最低压力点，从而在一定速度下减轻或最小化空化。除螺旋桨设计外，其运行时的局部流场也对空化的形成及动态产生显著影响。涡流发生器是一种能改善尾流均匀性的设备，已广泛用于控制边界层分离、减少涡流引起的振动，以及改善进入螺旋桨的流体的均匀性。涡流发生器可以根据具体应用需求促进局部混合、防止流体分离或重新构建流场。在船舶上，涡流发生器可用于船尾的流动控制，通过将动量传递至螺旋桨平面顶部，增加轴向速度并减少流动的分离。

（2）尖端涡流空化。主要的控制技术包括向涡核注入水或聚合物溶液以扩大涡核半径，提高涡核压力。然而，注入效果受注入位置影响，导致实际应用中的可重复性很差，限制了此技术的普适性。另一种方法是在尖端附加柔性纤维，使其绕入涡核中。研究显示，当纤维直径与涡核相近时，可以有效减少尖端涡流空化。纤维会被周期性地拉入涡核中摆动，增厚涡核，从而抑制空化。

（3）轮毂涡流空化。轮毂涡流空化虽然对总体声级影响不大，但在没有其他空化类型存在时，其影响仍然显著。因此，探索减少轮毂涡流强度和抑制轮毂涡流空化的技术是有价值的。例如，螺旋桨上的节能鳍片可以回收轮毂涡流能量，进而减小涡流强度、降低噪声，并帮助减少或消除轮毂涡流空化。

（4）锯齿尾缘。受猫头鹰翅膀边缘的锯齿形状启发，飞机设计师开发了具有相似锯齿状边缘的机翼。这种设计使得机翼产生的涡流尺寸显著减小，有效消除了多数大型涡流，从而稳定了机翼后缘的气流。同样的原理被应用于导管螺旋桨的设计，其中导管的尾部边缘被赋予锯齿状结构以优化桨内流场。这种仿生锯齿状边缘的螺旋桨相比于传统设计，在推力和扭矩系数方面都有显著提升，进而增强了效率并减少了噪声。此外，导管内壁后半段添加的锯齿结构不仅增加了推力，还提高了整体的推进效率。

（5）锯齿前缘。在研究海洋生物的主动和被动流体控制及其运动方式时，研究者发现座头鲸凭借其特殊的锯齿状前缘凸起，展现了极佳的控制能力。这使得它们能够在复杂多变的海况中保持稳定运动，并在水下安静地移动。通过实验验证和分析，发现两叶螺旋桨增加锯齿状前缘后具有显著的降噪效果。锯齿状前缘通过破坏表面流动分离，在后缘产生涡流，并改变尾涡分离的频率，从而有效降低涡流分离噪声。

2.1.2 流体噪声预测与模拟

研究水动力噪声时，整个流场划分为声近场和声远场两个部分：声近场包括声源区域，即流场区域，描述声的非线性产生过程，不仅包含有声能量源，也包含声与流体的相互作用（声的散射、输运、衰减等）过程；声远场描述声的线性传播过程，为声的传播区域[9]。声近场与声远场的划分如图 2-1 所示。

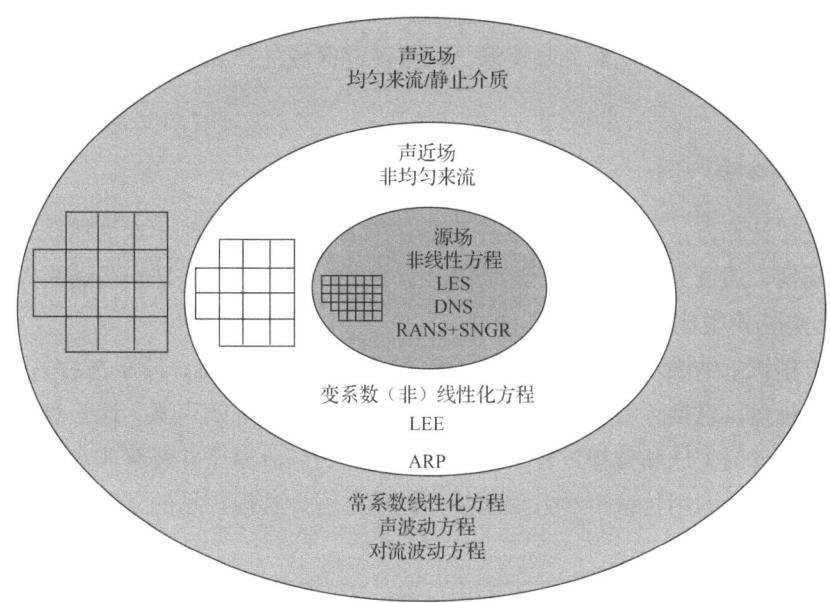

图 2-1 声近场与声远场的划分

注：LES 为大涡模拟（large eddy simulation）、DNS 为直接数值模拟（direct numerical simulation）、RANS 为雷诺平均的纳维-斯托克斯方程（Reynolds-averaged Navier-Stokes equations）、LEE 为线性化欧拉方程（linearization Euler equation）

水动力噪声计算方法可分为直接计算方法和混合计算方法。

1. 直接计算方法

直接计算方法的目标是同时计算非定常流动及其产生的噪声。DNS 是使用纳维-斯托克斯方程直接计算流场和声场最精确的方法，适用于各种流动状态和声源条件，特别适合模拟宽频带湍流噪声。尽管如此，使用 DNS 来模拟湍流及其产生的声音面临两方面的挑战：一是必须模拟流动的所有尺度，而目前的高性能计算机仅能处理简单形状的外流场以及低雷诺数的情况；二是声扰动通常远小于水动力扰动，难以分辨出频带中的压力脉动。此外，DNS 对计算资源的需求极高，特别是在低马赫数的流动条件下，声场的计算范围受到限制，因此在计算能力大幅提升之前，DNS 主要适用于高马赫数的气动声学研究。目前，DNS 正在从理论模型逐步发展到全流域直接计算，研究对象包括超/亚音速喷流、湍流涡环、亚音速空腔流以及带喷嘴的超音速剪切层等。

与 DNS 相比，LES 在计算成本和效果之间取得了较好的平衡。使用 LES 时，亚格子模型的精确性和离散误差对流噪声的计算影响显著，这要求使用高精度、低色散、低耗散的数值格式和精细的亚格子模型，同时确保网格具备足够的分辨率来识别所有频率的声波。在使用 DNS 或 LES 解决近场流场问题后，可以在远场建立专门的网格，并采用简化的控制方程如 LEE 或波动方程来计算声场。在流场和声场重叠的区域内，需要高质量的插值格式确保控制方程能够准确稳定地传递近场网格和远场网格的信息。这种在远场与近场边界上进行数据传递的方法被称为声边界条件方法，其优势在于当边界变量仅包含声脉动时，可视为 LES 在该区域的声学延续，不会产生额外噪声源。如果流动区域的计算准确无误，这种耦合方法将提供极为精确的结果。

2. 混合计算方法

不同于直接计算方法，混合计算方法并不会在求解流场的同时一次性捕获辐射声场，而是在预报流场后，通过另一种不同于流场的计算方法，重新计算获取声场结果。

1）湍流模型/声类比

声类比方程源于纳维-斯托克斯方程（Navier-Stokes equations，N-S 方程），用于表示理想介质中的声辐射，包括单极子、偶极子、四极子等形式的等效声源。这些等效声源是预设的，能够控制声音的生成和传播过程。通过选取适当的湍流模型并解算非定常流场，可以计算出这些声源，随后利用传统声学方法求解声波动方程，实现声场的预测。流场和声场的求解是分开进行的。

声类比理论在预测远场声场时，不考虑反射、衍射及其他非线性因素，主要基于自由空间的格林函数、紧致声源和低马赫数假设。在某些情况下，声源尺寸与声波波长相当时，可以将声类比与边界元法（boundary element method，BEM）或有限元法（finite element method，FEM）结合使用，以考虑声波传播中的流固耦合效应。

2）RANS 方程随机噪声产生模型

水动力噪声的计算时间主要花费在声源域的计算上。RANS 方程由于缺少瞬时流场信息，单独使用不足以预测噪声。基于一系列随机傅里叶模式之和，重构时空随机湍流速度场，能提供声源项的统计描述，这类模型称为随机噪声产生模型。结合随机噪声产生模型的声学计算方法，只需定常流场即可，计算量小，目前已用于混合噪声、射流噪声和汽车雨刮侧视镜流噪声等实际问题，缺点是需要构造与实际问题相适应的湍流扰动量时空分布模型，湍流模型选取直接影响计算结果，方法的通用性有待检验。

3）离散涡方法/声类比

另一种求解非定常流动的方法是离散涡方法，其核心是解算非定常无黏动力学模型，因此在模拟黏性流动时可以显著降低计算成本。其准确性依赖于离散涡的尺度。一旦计算模型经过详细计算和实验验证，离散涡方法便可成为研究几何参数对流动和噪声影响的有效仿真工具。在完成非定常流动求解后，流场数据可以提交给声类比求解器进行噪声计算。

在二维流动问题中，离散涡方法使用有限尺寸的涡斑和点涡，并结合不可压缩势流方法来解决特定形状的流体动力学问题。

使用涡方法模拟三维流动仍面临巨大挑战，需要利用涡丝、三维涡斑和涡管。涡丝代表流动的无黏不变量（如环量），在发生扭曲时需要重新参数化和光顺。三维涡斑和涡管也需要严格维护，确保涡量自由发散，同时保持无黏不变量恒定。如果离散涡方法能进一步考虑固体边界的影响，则其可能成为研究噪声产生过程的有效工具。

4）黏声分离法

与声类比方法不同，这类方法使用不可压缩的 N-S 方程来控制噪声产生过程，并采用简化的可压缩 N-S 方程来计算辐射噪声。黏声分离法首先计算近场不可压缩流场中由于压强变化引起的密度变化，称为水动力密度修正。这种密度修正的时间导数控制了等熵压强（密度）脉动和速度脉动。声音传播则通过扰动下的可压缩非黏性方程的数值解获得。与声类比理论相比，黏声分离方法的优势在于可以直接获得声源强度，并解释声音辐射和散射的原因。该方法已被应用于计算二维空腔的声音产生以及旋转涡产生的声辐射。

5）带源项的线性化欧拉方程

由于声类比方程左边的波动方程不考虑声波的反射、衍射及一些非线性因素，因此只能用于预测远场声场。为了突破这些限制，可以将 N-S 方程的流动变量分解为时均量和脉动量，并忽略黏性和高阶项，从而得到线性化欧拉方程。这一方法类似于重写 N-S 方程的声类比理论，只是使用 LEE 描述声波在非均匀时均流动中的近场传播。LEE 的右端源项来自声源区模拟的计算结果，分别表示连续方程、动量方程和能量方程的声源。这些源项可能包含非定常质量、力和能量源，以及根据时间依赖源域结果计算的非线性和热黏性相互作用现象。时均流变量可以通过 RANS 方程轻松计算得到。

在大多数应用中，源域内的湍流量比声变量幅度大几个量级，因此没有将脉动量分离为声脉动量和湍流脉动量。气动脉动量可以从流场计算中获得，因此对于 LEE 不是未知的，只需求解声脉动部分。对于这种分解，所有包含湍流脉动量的项可以视为源项，而包含声脉动量的部分留在左边。为了消除伪声的影响，可以认为声变量是无旋的，湍流脉动是有旋的，从而使用气动/声分裂技术。

6）涡声理论

涡声理论为理解湍流边界层流动噪声的物理本质提供了理论基础。对于等熵低马赫数流动，涡声方程为

$$\left(\frac{1}{c_0^2}\frac{\partial^2}{\partial t^2}-\nabla^2\right)B=\nabla(\omega\times v) \tag{2-1}$$

方程左侧描述了声波在非均匀流体中的传播过程，右侧表示涡声源。控制方程将声音产生项和传播项分列在等式两边，这与声类比方法相似。对于等熵低速流动，涡声源的物理意义是涡线在速度场中的拉伸变形所产生的声。涡声理论将流动辐射噪声与涡量大小联系起来，通过已知流场的涡量大小、变化和运动情况，可以分析辐射噪声。

综上所述，本章基本涵盖了所有流体动力声学的计算方法，包括流声耦合计算和解耦计算。在研究航行体水动力噪声时，应同时考虑边界层直接辐射和艇壳受激二次发声。合适的水动力噪声计算方法应能准确计算声源场的脉动量和声源项，使用高阶声场控制方程估计远场声辐射，并能精确提取流固耦合发声的激励源，计算结构振动声辐射。未来的水动力噪声计算目标应是考虑流固双向耦合，并进一步探讨流固声耦合的综合效应。目前，考虑到计算

机计算能力和计算方法的实用性，在水动力声学，尤其是航行体水动力噪声工程预报方面，声类比法、黏声分离法和声边界条件法有较好的应用前景，如表 2-1 所示。

表 2-1　声类比法、黏声分离法和声边界条件法对比

	声类比法	黏声分离法	声边界条件法
流场控制方程	流域计算可以用 RANS 精度要求较低	低阶格式（computational fluid dynamics，CFD）、不可压缩 精度要求不高	可压缩 LES 精度要求较高
声传播控制方程	线性化的波动方程 用等效源项替代整个发声流场	线性化欧拉方程 高阶有限差分格式	线性化欧拉方程 高阶有限差分格式
源域和声域间耦合方式	流场计算提供声场方程的等效源项；源项不包含流场声脉动	流场计算提供声场能量方程的源项和流动参数；不可压缩压强包含流场的声学特佳	流场计算为声场提供声边界条件；传达全部流场信息
计算域范围	在全声场计算流场；流场与声场在同一区域先后计算	在全声场计算流场；流场计算开始后任意时刻可以开始计算声场	流场与声远场分开，仅在边界处重叠；流场可以更紧凑
缺点	需要声源的先验知识，不能预测声音产生；声源项不能表达声源内的声脉动	三维计算正确性尚未验证	要求高精度流场计算
优点	方法简洁,源域计算精度要求不高 用单极子、偶极子和四极子可表述移动表面的声辐射、噪声载荷和脉动雷诺应力	源域计算精度要求不高 直接获得声源强度，并说明了声音辐射和散射的原因 流场、声场可同步计算，适用于等熵流动和不等熵流动	当边界变量包含声脉动时，声域计算成为 LES 的声学延续，且不增加额外的噪声源，精确的流域计算给出精确的结果

2.2　流体运动发声的基本规律

在经典声学中，通常不考虑流体介质本身的有序或无序运动，例如湍流运动产生的声波问题。声波通常被认为是由某个物体表面的机械振动引起的，介质只是声波传播的载体。然而，实际上流体运动本身也会产生声音，例如风的呼啸声、喷气式飞机的轰鸣声，以及高速运动舰船或鱼雷产生的各种流体噪声，这些伴随流体运动而产生的声音被称为流体动力噪声。

从物理角度来看，任何流动的不稳定性都可能引起介质密度的波动，并以声波形式向外辐射。这些不稳定性包括质量（密度）波动、力波动、应力波动等，它们分别对应不同阶次的辐射声源。弄清各阶声源的声辐射特性及其与流动参数的关系，是研究流动噪声的基础。实际上，流动噪声通常发生在固体界面附近，因此固体界面对流动噪声源的影响也是一个重要的基础性问题。例如，运动表面的声辐射是飞机螺旋桨和直升机旋翼噪声产生的原因之一。

此外，在流动噪声研究中，相似方法占有重要地位。由于研究对象极其复杂，被视为声源的流动区域在空间上是不规则的，时间上是随机变化的，因此很难得到严格的数学解。理论分析只能提供概念性的结果，而大量的工作依赖于实验数据。相似方法是分析实验数据的有力工具，因此被广泛采用。

2.2.1 莱特希尔方程和声类比

莱特希尔（Lighthill）首次推导出了流体动力噪声的基本方程[10]。一般小振幅的线性声学忽略了流体质点运动速度的二次项。而在水动力学中，将运动速度的二次项视为湍流运动的来源，并经过时间平均处理后得到了湍流运动的雷诺方程。莱特希尔突破了这两种理论的限制，将运动速度二次项的时间脉动看作湍流噪声的源，并推导出了流体动力噪声的基本方程。在无限大均匀、静态声介质中包含一个有限的湍流运动区 V，与流动有关的声源都集中在该区域内，如图 2-2 所示。

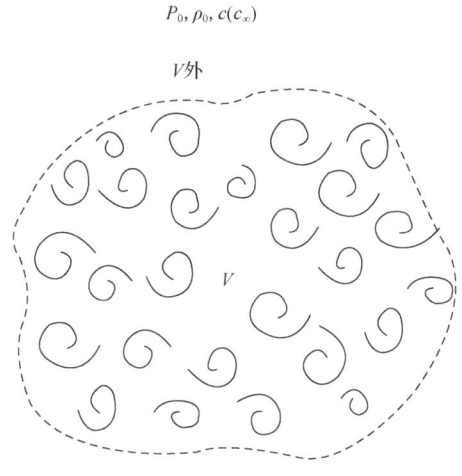

图 2-2 莱特希尔声类比

在区域 V 外：声波满足齐次波动方程，即

$$\nabla^2 p - \frac{1}{c^2}\frac{\partial^2 p}{\partial t^2} = 0 \tag{2-2}$$

式中，p 为压力；c 为等熵条件下的声速；t 为时间。假设介质为均匀、静态的，声压与密度起伏之间的变化关系如下：

$$p = c^2(\rho - \rho_0) = c^2 \rho' \tag{2-3}$$

式中，$\rho' = \rho - \rho_0$；ρ 和 ρ_0 分别为扰动和未扰动时的密度。

在区域 V 内：介质受湍流的扰动，且运动受质量、动量和能量守恒方程制约。设压力为 $P(x,t)$，密度为 $\rho(x,t)$，质点运动速度为 $U(x,t)$，将绝热等熵条件下流体力学方程组重新写为

$$\begin{cases} 连续性方程 \dfrac{\partial \rho}{\partial t} + \dfrac{\partial (\rho U_i(x,t))}{\partial x_i} = Q(x,t) \\ 运动方程 \dfrac{\partial (\rho U_i(x,t))}{\partial t} + \dfrac{\partial (\rho U_i(x,t) U_j(x,t))}{\partial x_j} = -\dfrac{\partial P}{\partial x_i} + \dfrac{\partial \tau_{ij}}{\partial x_j} + F_i(x,t) \\ 状态方程 P = P(\rho, S_0) \end{cases} \quad (2\text{-}4)$$

将第一式对 t 微分，第二式对 x_i 微分，从中消去 $\dfrac{\partial^2(\rho U_i)}{\partial x_i \partial t}$ 项，得到

$$\nabla^2 P - \frac{\partial^2 \rho}{\partial t^2} = -\frac{\partial Q}{\partial t} + \nabla \cdot F - \frac{\partial^2}{\partial x_i \partial x_j}(\rho U_i U_j - \tau_{ij}) \quad (2\text{-}5)$$

在式（2-5）两边同时加 $c^2 \nabla^2 \rho$ 项，得到

$$c^2 \nabla^2 \rho - \frac{\partial^2 \rho}{\partial t^2} = -\frac{\partial Q}{\partial t} + \nabla \cdot F - \frac{\partial^2 T'_{ij}}{\partial x_i \partial x_j} \quad (2\text{-}6)$$

式中，

$$T'_{ij} = \rho U_i U_j + \delta_{ij}(P - c^2 \rho) - \tau_{ij}, \qquad p = P - P_0 \quad (2\text{-}7)$$

进一步线性近似，定义 $\rho' = \rho - \rho_0$。并假设 $\dfrac{p}{P_0}$、$\dfrac{\rho'}{\rho_0}$ 均为小量，且 c 等平均量都不随时间和空间而变。于是，

$$c^2 \nabla^2 \rho' - \frac{\partial^2 \rho'}{\partial t^2} = -\frac{\partial Q}{\partial t} + \nabla \cdot F - \frac{\partial^2 T_{ij}}{\partial x_i \partial x_j} \quad (2\text{-}8)$$

式中，$T_{ij} = \rho U_i U_j + \delta_{ij}(p - c^2 \rho') - \tau_{ij}$ 或 $T_{ij} = p U_i U_j + p_{ij} - c_0^2 \rho \delta_{ij}$，$p_{ij} = \rho \delta_{ij} - \tau_{ij}$。

式（2-8）为莱特希尔方程，T_{ij} 为应力张量。式（2-8）是以密度起伏为变量的等效波动方程，它具有非齐次波动方程的形式。

首先，$\rho U_i U_j$ 相当于湍流中的雷诺应力，而 τ_{ij} 是黏性应力。当流体处于湍流运动状态时，雷诺应力项通常远大于黏性应力，两者比值一般是雷诺数 $UD/\nu = \rho_0 UD/\mu$ 的量级。湍流运动时雷诺数通常很大，因此黏性应力项可以忽略。

其次，$(p - c^2 \rho')$ 项反映由熵 S 的变化所产生的影响，因此在一般情况下，

$$d\rho = \left(\frac{\partial P}{\partial \rho}\right)_S d\rho + \left(\frac{\partial P}{\partial S}\right)_\rho dS \quad (2\text{-}9)$$

最后，对主要的源项 $\rho U_i U_j$ 作进一步近似，因为 ρ 中仍包含声运动引起的起伏量 ρ'，考虑 $\rho'/\rho_0 \ll 1$，源项 $\rho U_i U_j$ 可以忽略与 ρ' 有关的部分。因此，对于低马赫数的水下噪声问题，莱特希尔应力张量可以近似表示为 $T_{ij} \approx \rho_0 U_i U_j$。最终得到流体运动发声的基本方程式：

$$c^2 \nabla^2 \rho' - \frac{\partial^2 \rho'}{\partial t^2} = -\gamma(x,t) \tag{2-10}$$

式中，源函数 $\gamma(x,t) = \frac{\partial Q}{\partial t} - \nabla \cdot F + \frac{\partial^2 (\rho_0 U_i U_j)}{\partial x_i \partial x_j}$。

这样，可以根据有关流动的知识，通过计算或测量直接给出声源强度。上面所作的近似有两种：一种是根据实际流动条件忽略应力张量中的一些小量；另一种是忽略流动与声的相互作用，简单地认为声对流动没有影响。实际上，当流动速度远小于声速，即流动马赫数低时，流动噪声是十分低效的声运动，声能量只占整个流动能量的极小部分，故这种近似是合理的。

2.2.2 各阶声源及其辐射特性

1. 单极子源

若流体介质中某点存在一个随时间脉动的质量源，在波动方程的右边将出现源函数。一个点质量源可以看作一个半径无限小的均匀脉动球，质量的流进与流出等效于球面的膨胀与收缩。简谐情况下，一个体积速度为 $q(t) = q_M e^{-i\omega t}$ 的脉动球产生声压，若设球面振速 $u(t) = u_M e^{-i\omega t}$，则 $q_M = S u_M$，$S = 4\pi a^2$，得到

$$p(r,t) = -i\omega \rho_0 \frac{S u_M}{4\pi r} e^{i(k_0 r - \omega t)} \tag{2-11}$$

联系到流动源

$$Q(t) = \rho_0 q(t), \ p(r,t)$$
$$= -i\omega \rho_0 \frac{q_M e^{i(k_0 r - \omega t)}}{4\pi r} I \sim \left(\frac{\rho_0 S_u f}{r}\right)^2$$

则

$$p(r,t) = \frac{1}{4\pi r} \frac{\partial}{\partial t} Q\left(t - \frac{r}{c}\right) \tag{2-12}$$

声学量与流动量的类比关系为

$$ka = \frac{2\pi f}{c}a = 2\pi\left(\frac{U}{D}\right)\frac{a}{c} \sim M \tag{2-13}$$

$$I \sim \frac{\rho_0 U^4 D^2}{r^2 c} = \frac{\rho_0 U^3 D^2}{r^2}M \tag{2-14}$$

2. 偶极子源

若流体介质中某点有一个随时间变化的力源，则相当于一个声偶极子，在起伏力作用下介质呈微团运动，如同一个摆动球，摆动球两边的介质扰动具有相反的相位，因此产生偶极子型辐射。

建立作用力 $F(t)$ 与声偶极矩 A 的联系，一个沿 Z 方向以简谐规律摆动的球具有声场：

$$p(r,t) = i\omega\rho_0 \frac{A}{4\pi}\frac{\partial}{\partial r}\left(\frac{e^{i(k_0 r - \omega t)}}{r}\right)\cos\theta \tag{2-15}$$

式中，$A = 2\pi a^3 u$ 为偶极矩，u 为小球摆动速度；θ 为 x 轴与观察点矢径的夹角。

要使小球具有摆动速度 u，必须施加作用力 $F = F_1 + F_2$。F_1 是不考虑周围介质阻力时所需要的作用力，$F_1 = M_0(\mathrm{d}u/\mathrm{d}t)$，$M_0 = \rho_0(4/3)\pi a^3$。$F_2$ 是克服周围介质阻力所需的力，$F_2 = M_0'(\mathrm{d}u/\mathrm{d}t)$，$M_0'$ 为共振质量。

当 $k_0 a \ll 1$，共振质量 $M_0' = 0.5\rho_0(4/3)\pi a^3$，于是

$$Fe^{-i\omega t} = -(M_0 + M_0')i\omega u e^{-i\omega t} \tag{2-16}$$

得

$$u = \frac{F}{-i\omega\rho_0 2\pi a^3} \tag{2-17}$$

可得 F 的等效偶极矩 $A = F/(-i\omega\rho_0)$，因此沿 X 方向作用的集中点力 F 所产生的声压是

$$\begin{aligned}p(r,t) &= -\frac{F}{4\pi}\frac{\partial}{\partial r}\left(\frac{e^{i(k_0 r - \omega t)}}{r}\right)\cos\theta \\ &= -\frac{F}{4\pi}\frac{\partial}{\partial x}\left(\frac{e^{i(k_0 r - \omega t)}}{r}\right)\end{aligned} \tag{2-18}$$

一般地，$F = (F_1, F_2, F_3)$，所以

$$p(x,t) = -\frac{F_i}{4\pi}\frac{\partial}{\partial x_i}\left(\frac{e^{i(k_0 r - \omega t)}}{r}\right) = -\frac{F}{4\pi}\nabla\cdot\left(\frac{e^{i(k_0 r - \omega t)}}{r}\right) \tag{2-19}$$

令 $F_i(t) = F_i \mathrm{e}^{-\mathrm{i}\omega t}$，则

$$p(x,t) = -\frac{1}{4\pi}\frac{\partial}{\partial x_i}\left(\frac{F_i(t-r/c)}{r}\right) \tag{2-20}$$

由简谐摆动球声场可得远场 $(k_0 r \gg 1)$ 条件下的声强度

$$I = \frac{k_0^2 \omega^2 \rho_0^2}{2\rho_0 c}\frac{AA^*}{16\pi^2}\frac{\cos^2\theta}{r^2} \sim \frac{f^4 \rho_0 a^6 u^2}{c^3 r^2}\cos^2\theta \tag{2-21}$$

与流动量联系起来，则有

$$I \sim \frac{\rho_0}{c^3}U^6\frac{D^2}{r^2}\cos^2\theta = \rho_0 U^3 M^3 \left(\frac{D}{r}\right)^2 \cos^2\theta \tag{2-22}$$

3. 四极子源

一对大小相等、相位相反的偶极子构成四极子，如图 2-3 所示。简单的情况，设偶极子的取向与 x 轴平行，而偶极子对的取向与 y 轴平行。

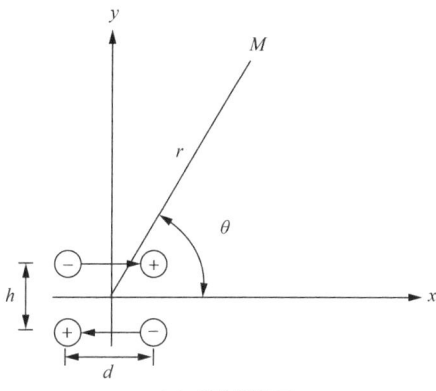

（a）横向四极子

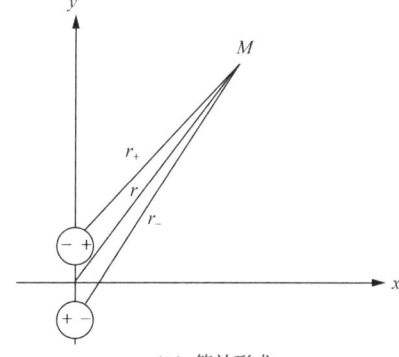

（b）等效形式

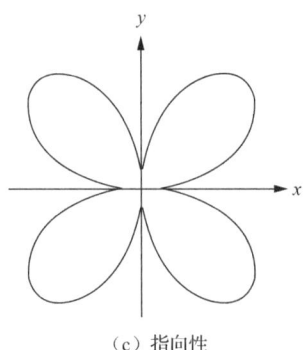

（c）指向性

图 2-3 横向四极子及其等效形式和指向性

考虑简谐情况并设 $d \ll \lambda$，$h \ll \lambda$，处在 xy 平面的接收点 M 处的声压为

$$p(x,t) = \mathrm{i}\omega\rho_0 \frac{A}{4\pi}\left(\frac{\partial}{\partial x}\left(\frac{\mathrm{e}^{\mathrm{i}k_0 r_+}}{r_+}\right) - \frac{\partial}{\partial x}\left(\frac{\mathrm{e}^{\mathrm{i}k_0 r_-}}{r_-}\right)\right)\mathrm{e}^{-\mathrm{i}\omega t} = -\mathrm{i}\omega\rho_0 \frac{Ah}{4\pi}\frac{\partial^2}{\partial y \partial x}\left(\frac{\mathrm{e}^{\mathrm{i}k_0 r}}{r}\right)\mathrm{e}^{-\mathrm{i}\omega t} \quad (2\text{-}23)$$

利用关系式 $\partial r/\partial x = -\cos\theta$，$\partial r/\partial y = -\sin\theta$，式（2-23）可以写作：

$$p(x,t) = -\mathrm{i}\omega\rho_0 \frac{Ah}{4\pi}\frac{\partial^2}{\partial r^2}\left(\frac{\mathrm{e}^{\mathrm{i}k_0 r}}{r}\right)\mathrm{e}^{-\mathrm{i}\omega t}\cos\theta\sin\theta \quad (2\text{-}24)$$

在远场 $(k_0 r \gg 1)$ 条件下有

$$p(x,t) = -\mathrm{i}\omega\rho_0 \frac{Ah}{4\pi}\frac{k_0^2}{r}\mathrm{e}^{\mathrm{i}(k_0 r - \omega t)}\cos\theta\sin\theta \quad (2\text{-}25)$$

四极子辐射的主要特征：声压与频率的 3 次方成正比，而偶极子声压与频率的平方成正比，因此在低频情况下四极子的辐射频率更低，比偶极子有更强的指向性。

若偶极子由起伏力 F 产生，则可令

$$R_{xy} = -\mathrm{i}\omega\rho_0 Ah = Fh \quad (2\text{-}26)$$

式（2-26）表示在 xy 平面上的横向四极子距，于是有

$$p(r,t) = \frac{R_{xy}}{4\pi}\frac{\partial^2}{\partial y \partial x}\left(\frac{\mathrm{e}^{\mathrm{i}k_0 r}}{r}\right)\mathrm{e}^{-\mathrm{i}\omega t} \quad (2\text{-}27)$$

若构成四极子的两个轴相重合，则会得到纵向四极子，如图 2-4 所示。

若以 R_{xx} 表示相应的四极子距，则得到声压表达式为

$$p(x,t) = \frac{R_{xx}}{4\pi}\frac{\partial^2}{\partial x^2}\left(\frac{\mathrm{e}^{\mathrm{i}k_0 r}}{r}\right)\mathrm{e}^{-\mathrm{i}\omega t} = \frac{R_{xx}}{4\pi}\frac{\partial^2}{\partial r^2}\left(\frac{\mathrm{e}^{\mathrm{i}k_0 r}}{r}\right)\mathrm{e}^{-\mathrm{i}\omega t}\cos^2\theta \quad (2\text{-}28)$$

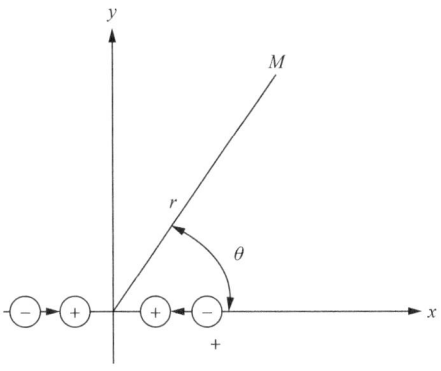

(a) 纵向四极子

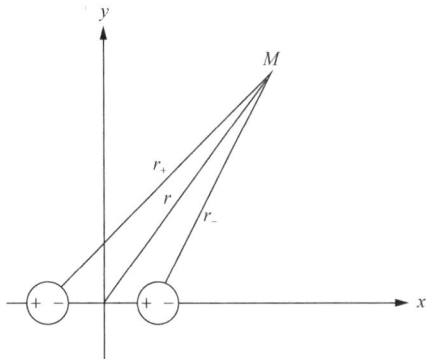

(b) 等效形式

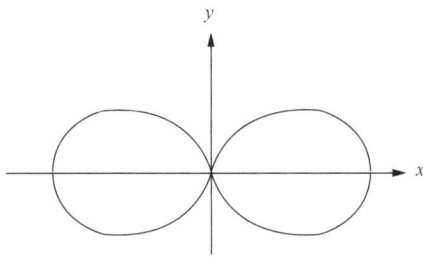

(c) 指向性

图 2-4 纵向四极子及其等效形式和指向性

一般情况下，一个空间任意取向的四极子具有 9 种分布形式，它产生的声压为

$$p(x,t) = \frac{R_{ij}}{4\pi} \frac{\partial^2}{\partial x_i \partial x_j}\left(\frac{e^{ik_0 r}}{r}\right) e^{-i\omega t} \tag{2-29}$$

考虑 R_{ij} 是不依赖于 x_i 的振幅项，令 $R_{ij}(t) = R_{ij} e^{-i\omega t}$，则有

$$p(x,t) = \frac{1}{4\pi} \frac{\partial^2}{\partial x_i \partial x_j}\left(\frac{R_{ij}(t-r/c)}{r}\right) \tag{2-30}$$

例如，取各边长为 1 的单位体元，在 x_i 方向两个面上作用有三对应力

$$T_{11}(x_1^+), -T_{11}(x_1^-); \quad T_{12}(x_1^+), -T_{12}(x_1^-); \quad T_{13}(x_1^+), -T_{13}(x_1^-)$$

因此，构成三个四极子，作用在单位体积上的起伏应力张量 T_{ij} 产生的总声压是

$$p(x,t) = \frac{1}{4\pi} \frac{\partial^2}{\partial x_i \partial x_j}\left(\frac{T_{ij}(t-r/c)}{r}\right) \tag{2-31}$$

四极子声场与流动量的关系为

$$I = \frac{k_0^4 \omega^2 \rho_0^2}{2\rho_0 c} \frac{AA^* h^2}{r^2} R^2(\theta) \tag{2-32}$$

联系流动量以及类比关系，可以得到

$$\begin{aligned} I &= \frac{\rho_0 U^8}{c^5} \frac{D^2}{r^2} R^2(\theta) \\ &= \rho_0 U^3 M^5 \frac{D^2}{r^2} R^2(\theta) \end{aligned} \tag{2-33}$$

可以看出，四极子源的声强度与特征速度的 8 次方成正比。可见在低速流动时，四极子源的辐射效率很低，但随着速度的增加，它以 8 次方的速度增加，因而在高马赫数的流动中，四极子源的声辐射可能很强，它是高速喷气流的主要发声机理[11]。

4. 各阶声源的辐射效率

设球面振动与方位角 φ 无关，只依赖于极角 θ，$U = U(\theta)e^{-i\omega t}$，声场是各阶球面波的叠加，可以写成如下形式：

$$p(r,\theta,\varphi,t) = \sum_{m=0}^{\infty} A_m P_m(\cos\theta) h_m^{(1)}(kr) e^{-i\omega t} \tag{2-34}$$

式中，$h_m^{(1)}(\cdot)$ 是球汉克尔函数[12]；勒让德函数 $P_m(\cos\theta)$ 给出 m 阶球面波的指向性，$P_0(\cos\theta) = 1$，$P_1(\cos\theta) = \cos\theta$，$P_2(\cos\theta) = (3\cos\theta + 1)/4$，阶次越高，指向性越尖锐。

声学中定义各阶球面辐射器的单位面积辐射阻抗 $Z_m = R_m + iX_m$，辐射声功率与总机械功率之比（R_m / X_m）为辐射声功率。对于 $ka \ll 1$ 的低频辐射情况，利用球函数的小宗量展开式可以证明：

$$\begin{cases} R_m = \rho_0 c \dfrac{(ka)^{2m+2}}{(2m+1)(m+1)^2 (1\cdot 3\cdot 5\cdots(2m-1))^2} \\ X_m = \rho_0 c \dfrac{ka}{(2m+1)(m+1)} \end{cases} \tag{2-35}$$

$$\frac{R_m}{X_m} = \frac{(ka)^{2m+1}}{(m+1)(1\cdot 3\cdot 5\cdots(2m-1))^2} \tag{2-36}$$

当 $m=0$ 时，$1\cdot 3\cdot 5\cdots(2m-1)$ 取为 1。

5. 连续分布的各阶源

非齐次波动方程在自由空间中的推迟势解：

$$p(x,t) = \frac{1}{4\pi}\int_V \frac{\gamma(y,t-r/c)}{r}\mathrm{d}y, \quad r=|x-y| \tag{2-37}$$

式中，$\mathrm{d}y$ 是用矢量 y 表示的源区域的体积分源；积分区域 $V(y)$ 表示函数 γ 不为零的全部空间。空间中 x 点对 t 时刻的场由体积 V 内 y 点在辐射时间产生的叠加组成，各点的辐射时刻不同，但同时在 t 时刻到达 x 点。令

$$(g(y,t)) = g\left(y, t-\frac{r}{c}\right) \tag{2-38}$$

将三类声源的源函数代入，分别得到：连续分布质量源

$$p_M = \frac{1}{4\pi}\int \frac{1}{r}\left(\frac{\partial Q(y,t)}{\partial t}\right)\mathrm{d}y \tag{2-39}$$

连续分布力源

$$p_F = -\frac{1}{4\pi}\int \frac{1}{r}\left(\frac{\partial F_i(y,t)}{\partial y_i}\right)\mathrm{d}y \tag{2-40}$$

连续分布应力源

$$p_S = \frac{1}{4\pi}\int \frac{1}{r}\left(\frac{\partial^2 T_{ij}(y,t)}{\partial y_i \partial y_j}\right)\mathrm{d}y \tag{2-41}$$

利用高斯-格林定理进行变换，对任意函数 $g(y,t)$ 有关系式：

$$\begin{cases} \dfrac{\partial}{\partial y_i}(g(y,t)) = \left(\dfrac{\partial g}{\partial y_i}\right) + \left(\dfrac{\partial g}{\partial t}\right)\left(-\dfrac{1}{c}\dfrac{\partial r}{\partial y_i}\right) = \left(\dfrac{\partial g}{\partial y_i}\right) + \left(\dfrac{\partial g}{\partial t}\right)\left(\dfrac{x_i-y_i}{cr}\right) \\ \dfrac{\partial}{\partial x_i}(g(y,t)) = \left(\dfrac{\partial g}{\partial t}\right)\left(-\dfrac{1}{c}\dfrac{\partial r}{\partial x_i}\right) = -\left(\dfrac{\partial g}{\partial t}\right)\left(\dfrac{x_i-y_i}{cr}\right) \\ \dfrac{\partial}{\partial t}(g(y,t)) = \left(\dfrac{\partial g}{\partial t}\right) \end{cases} \tag{2-42}$$

设 $A=(A_1, A_2, A_3)$ 是定义在体积 V 上的任一向量，由高斯-格林定理（散度定理）给出：

$$\int \frac{\partial A_i}{\partial y_i}\mathrm{d}y = \int_S A_i n_i \mathrm{d}S(y) \tag{2-43}$$

式中，等号右边是面积分，S 是包围 V 的封闭曲面，$\mathrm{d}S(y)$ 表示 y 坐标系中的积分面元，简

记为 dS；$n=\{n_1,n_2,n_3\}$ 表示 S 的外法线。可以得到

$$\int \frac{1}{r}\left(\frac{\partial A_i}{\partial y_i}\right)dy = \int n_i[A_i]\frac{dS}{r} + \frac{\partial}{\partial x_i}\int \frac{1}{r}[A_i]dy \qquad (2\text{-}44)$$

如图 2-5 所示，由高斯-格林定理变换后的关系式有

$$\begin{aligned}\int \frac{1}{r}\left(\frac{\partial A_i}{\partial y_i}\right)dy &= \int \frac{\partial}{\partial y_i}[A_i]\frac{dy}{r} - \int \frac{x_i - y_i}{cr}\left(\frac{\partial A_i}{\partial t}\right)\frac{dy}{r} \\ &= \int n_i[A_i]\frac{dS}{r} - \int [A_i]\frac{\partial}{\partial y_i}\left(\frac{1}{r}\right)dy - \int \frac{x_i - y_i}{cr}\left(\frac{\partial A_i}{\partial t}\right)\frac{dy}{r}\end{aligned} \qquad (2\text{-}45)$$

但是，

$$\begin{aligned}\frac{\partial}{\partial x_i}\left(\frac{[A_i]}{r}\right) &= [A_i]\frac{\partial}{\partial x_i}\left(\frac{1}{r}\right) - \frac{1}{r}\left(\frac{\partial A_i}{\partial t}\right)\frac{x_i - y_i}{cr} \\ &= -[A_i]\frac{\partial}{\partial y_i}\left(\frac{1}{r}\right) - \frac{1}{r}\left(\frac{\partial A_i}{\partial t}\right)\frac{x_i - y_i}{cr}\end{aligned} \qquad (2\text{-}46)$$

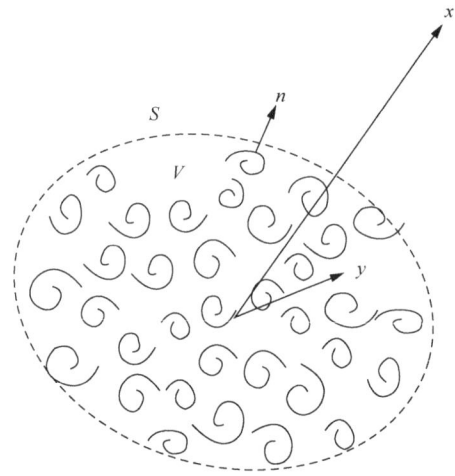

图 2-5 高斯-格林定理积分区域

对力源的公式，利用普遍关系式，考虑到力作用的体积有限，在足够大的 S 面上，作用力源应该消失，即 $F_i(y,t)|_S = 0$，于是面积分消失，得到

$$p_F = -\frac{1}{4\pi}\frac{\partial}{\partial x_i}\int F_i(y,t-r/c)\frac{dy}{r} \qquad (2\text{-}47)$$

若作用力集中于一点 y_0，以 $F_i(y,t-r/c)$ 代替 $F_i(y,t-r/c)\delta(y-y_0)$，对 y 积分得到

$$p_F(x,t) = -\frac{1}{4\pi}\frac{\partial}{\partial x_i}\left(\frac{F_i(y_0, t-|x-y_0|/c)}{|x-y_0|}\right) \tag{2-48}$$

若接收点远离源区域 V，前一项 r^{-2} 为近场成分，在远场中可以忽略，可得

$$p_F(x,t) = \frac{1}{4\pi}\int \frac{x_i - y_i}{cr^2}\frac{\partial}{\partial t}F_i(y, t-r/c)\mathrm{d}y \tag{2-49}$$

可知，不随时间变化的力对远场没有贡献，只有近场起作用。特别地，当距离远大于源区域的尺寸（$|x|\gg|y|$）时，可进一步近似为

$$p_F(x,t) \approx \frac{1}{4\pi}\frac{x_i}{cr^2}\int \frac{\partial}{\partial t}F_i\left(y, t-\frac{r}{c}\right)\mathrm{d}y \tag{2-50}$$

得到计算起伏力源产生的声场基本公式。类似地，变换连续分布应力源函数。先令 $A_i = \partial T_{ij}/\partial y_j$，应用普遍关系式得

$$\int \frac{1}{r}\left(\frac{\partial^2 T_{ij}}{\partial y_i \partial y_j}\right)\mathrm{d}y = \int \frac{n_i}{r}\left(\frac{\partial T_{ij}}{\partial y_j}\right)\mathrm{d}S + \frac{\partial}{\partial x_i}\int \frac{1}{r}\left(\frac{\partial T_{ij}}{\partial y_j}\right)\mathrm{d}y \tag{2-51}$$

右边第二项再应用普遍关系式得

$$\int \frac{1}{r}\left(\frac{\partial^2 T_{ij}}{\partial y_i \partial y_j}\right)\mathrm{d}y = \frac{\partial^2}{\partial y_i \partial y_j}\int \frac{1}{r}(T_{ij})\mathrm{d}y + \frac{\partial}{\partial x_i}\int \frac{n_i}{r}(T_{ij})\mathrm{d}S + \int \frac{n_i}{r}\left(\frac{\partial T_{ij}}{\partial y_j}\right)\mathrm{d}S \tag{2-52}$$

对于有限声源区域的情况，在界面 S 上有 $T_{ij}(y,t)|_S = \partial T_{ij}/\partial y_j|_S = 0$，因此面积分全部消失，最终得到对于连续分布的应力源：

$$p_S(x,t) = \frac{1}{4\pi}\frac{\partial^2}{\partial x_i \partial x_j}\int \frac{T_{ij}(y, t-r/c)}{r}\mathrm{d}y \tag{2-53}$$

如果应力源集中于一点 y_0，容易得到声压：

$$p_S(x,t) = \frac{1}{4\pi}\frac{\partial^2}{\partial x_i \partial x_j}\int \frac{T_{ij}(y_0, t-|x-y_0|/c)}{|x-y_0|} \tag{2-54}$$

在远场情况下，忽略高于 r^{-1} 的小量，可得

$$p_S(x,t) = \frac{1}{4\pi c^2}\int \frac{(x_i - y_i)(x_j - y_j)}{r^3}\frac{\partial^2}{\partial t^2}T_{ij}(y, t-r/c)\mathrm{d}y \tag{2-55}$$

特别地，当观察点距离远大于源区域的尺寸（$|x|\gg|y|$）时，可进一步近似为

$$p_S(x,t) \approx \frac{1}{4\pi c^2} \frac{x_i x_j}{r^3} \int \frac{\partial^2}{\partial t^2} T_{ij}(y, t-r/c) \mathrm{d}y \quad (2\text{-}56)$$

6. 各阶噪声源的近场、远场

声学理论证明，任何一个有尺寸声源辐射的声场，在距离较近时，由于源面上发出的声波的干涉作用，声压幅度随距离和方位变化剧烈，但超过一定距离后，声压幅度按球面扩展规律衰减[13]。理想情况下，如果传播介质无损耗，辐射声功率应该在传播过程中不变，声波可以将能量传播到无限远处。辐射声功率用远场中任意一个封闭面 S 的积分式计算，将 S 面取为球面，在球坐标(r,θ,φ)中，远场声压按球面扩展规律衰减，$p=(A/r)R(\theta,\varphi)$，A 为声波振幅，$R(\theta,\varphi)$ 是描述角度依赖关系的指向性因子。这时波阵面是不断扩展的球面，$\mathrm{d}S = r^2 \sin\theta \mathrm{d}\theta \mathrm{d}\varphi$，于是辐射声功率为

$$P = \frac{|A|^2}{2\rho_0 c} \oint_S R^2(\theta,\varphi) \sin\theta \mathrm{d}\theta \mathrm{d}\varphi \quad (2\text{-}57)$$

在传播介质无损耗的情况下，辐射声功率与距离无关，声波可以传播到无限远。若声压 p 中含有 $1/r^{(1+\alpha)} (\alpha > 0)$ 的项，附加项在封闭球面的积分将含有因子 $1/r^{2\alpha}$，对辐射声功率的贡献随着距离的增加趋于 0，对远场无贡献。因此，在讨论辐射声场时用 $1/r$ 衰减规律作为判断远场分量的标准。

例如，点偶极子声场：

$$\begin{aligned} p(r,t) &= -\frac{F}{4\pi} \frac{\partial}{\partial r}\left(\frac{\mathrm{e}^{\mathrm{i}(k_0 r-\omega t)}}{r}\right)\cos\theta \\ &= -\frac{F}{4\pi}\left(-\frac{1}{r^2} + \frac{\mathrm{i}k_0}{r}\right)\mathrm{e}^{\mathrm{i}(k_0 r-\omega t)}\cos\theta \\ &= -\frac{F}{4\pi}\frac{\mathrm{i}k_0}{r}\mathrm{e}^{\mathrm{i}(k_0 r-\omega t)}\cos\theta, |r|\to\infty \end{aligned} \quad (2\text{-}58)$$

式中，当 $|r|\to\infty$ 时，含有 $1/r^2$ 的项衰减很快，对远场没有贡献。

2.2.3 低马赫数涡旋声理论

莱特希尔的声类比法使用等效四极子源来描述由不稳定流动产生的噪声。由于这种声源的强度与湍流的雷诺应力起伏直接相关，非常适合用于分析湍流产生的噪声。然而，流动中另一个关键的物理特征是涡旋结构，许多实际的流动场景都表现出明显的涡旋特征。Powell[14]在实验中首次观察到，当喷嘴的边缘形成较大涡旋时，会产生明显的声脉冲。这表明声音的产生也可能与涡旋的生成和演变有关。通过数学推导，这一概念得到了证

实。Powell[14]建立了低马赫数涡旋声理论，随后由 Howe[15]、Möhring[16]等进一步发展。这种理论为不稳定流动产生噪声的机理提供了新的视角。从流体力学角度看，整个流场可以视为各种规模涡旋的叠加，相应地，与流动密切相关的声场也与这些非定常涡旋场有关。

1. 涡旋声场的基本方程

从莱特希尔方程 $\nabla^2 p - \frac{1}{c^2}\frac{\partial^2 p}{\partial t^2} = -\frac{\partial^2 T_{ij}}{\partial x_i \partial x_j}$ 出发，假设流动的马赫数很低，并设涡旋的特征尺寸为 D，则特征波长 $\lambda = c/f \sim c/(U/D) = D/M \gg D$。对于低马赫数流动，莱特希尔应力张量近似等于 $\rho_0 U_i U_j$，且其中的有关量可以看作不可压缩流场的解，即速度矢量满足：

$$\nabla \cdot U = 0 \tag{2-59}$$

涡旋声理论的基本思想是把整个流场看成一个涡旋场，并进一步将源函数用涡旋场表示出来。引入涡旋向量：

$$\omega = \nabla \cdot U \tag{2-60}$$

并假设 U 和 ω 只存在于有限区域 V 内。对于不可压缩非黏性流体，可以定义一个向量势函数 A，使得

$$U = \nabla \cdot A \tag{2-61}$$

由向量分析可知，在满足以下条件时，

$$A = \frac{1}{4\pi}\int \frac{\omega(y)}{|x-y|}\mathrm{d}y \tag{2-62}$$

可以直接导出：

$$U = \left(\frac{1}{|x|^3}\int (y\cdot\omega)\mathrm{d}y\right), \quad |x|\to\infty \tag{2-63}$$

式中的积分应当收敛。这说明在不可压缩流场中，存在于有限区域内的涡旋场对应的速度在远距离上以距离的三次方衰减。利用向量关系式 $\frac{\partial^2 U_i U_j}{\partial x_i \partial x_j} = \nabla\cdot(\omega\cdot U) + \nabla^2(U^2/2)$，低马赫数流动的声类比方程可以改写为

$$\nabla^2 p - \frac{1}{c^2}\frac{\partial^2 p}{\partial t^2} = -\rho_0 \nabla\cdot(\omega\cdot U) - \rho_0 \nabla^2(U^2/2) \tag{2-64}$$

上式在自由场中可分解为 $p = p_1 + p_2$，其中

$$p_1 = \frac{\rho_0}{4\pi}\int \left(\nabla \cdot (\omega \cdot U)\right)\frac{\mathrm{d}y}{r}, \quad p_2 = \frac{\rho_0}{4\pi}\int \left(\nabla^2 \left(U^2/2\right)\right)\frac{\mathrm{d}y}{r} \qquad (2\text{-}65)$$

一个尺度为 D 的集中涡旋分布，在远场中的声压为

$$p_1(x,t) \sim 0\left((D/|x|)\rho_0 U^2 M^2\right), \quad p_2(x,t) \sim 0\left((D/|x|)\rho_0 U^2 M^4\right) \qquad (2\text{-}66)$$

因此，对于低马赫数涡旋运动，远场中 $p_2 \ll p_1$。远场辐射可以改用下式来描述：

$$\nabla^2 p - \frac{1}{c^2}\frac{\partial^2 p}{\partial t^2} = -\rho_0 \nabla \cdot (\omega \cdot U) \qquad (2\text{-}67)$$

在紧致源和远场条件下，将被积函数按推迟时间变量展开，取 $|x-y| \approx |x| - x \cdot y/|x|$，展开得到

$$\left(g(y,t)\right) \approx \left(g(y,t)\right)_0 + \frac{x \cdot y}{c|x|}\frac{\partial}{\partial t}\left(g(y,t)\right)_0 + \cdots \qquad (2\text{-}68)$$

其中，下标 0 表示取 0 阶辐射时间 $t - |x|/c$ 的值。利用这个展开式，p_1 可以表示为

$$p_1 \approx \frac{\rho_0}{4\pi}\frac{1}{|x|}\int \left(\nabla \cdot (\omega U)\right)_0 \mathrm{d}y + \frac{\rho_0}{4\pi}\frac{1}{|x|}\int \frac{xy}{c|x|}\frac{\partial}{\partial t}\left(\nabla \cdot (\omega U)\right)_0 \mathrm{d}y \qquad (2\text{-}69)$$

第一项恒积分为 0，将第二项的空间倒数换为时间倒数，有

$$p_1 \approx \frac{\rho_0}{4\pi}\frac{1}{c^2|x|}\cdot\frac{\partial^2}{\partial t^2}\int \left(\frac{x \cdot y}{|x|}\right)\left(\frac{x \cdot (\omega \cdot U)}{|x|}\right)_0 \mathrm{d}y \qquad (2\text{-}70)$$

因此，低马赫数涡旋声方程在远场中的一个解为

$$p(x,t) \approx \frac{\rho_0}{4\pi c^2|x|}\cdot\frac{\partial^2}{\partial t^2}\int \left(\frac{x \cdot y}{|x|}\right)\left(\frac{x \cdot (\omega \cdot U)}{|x|}\right)_0 \mathrm{d}y \qquad (2\text{-}71)$$

2. 源分布的不唯一性

上面的讨论反映了声学的一个基本原理：不可能从源区域以外的声场完全地确定源的本质。设产生声场的源函数 Q 只在源区域内有值，在辐射场区域内为 0，所产生的声场 p 满足波动方程 $\left(\nabla^2 - \frac{1}{c^2}\frac{\partial^2}{\partial t^2}\right)p = Q$。设另一个函数 q 也只在源区域有值，但不产生声场，两者叠加，得到新的方程：

$$\left(\nabla^2 - \frac{1}{c^2}\frac{\partial^2}{\partial t^2}\right)(p+q) = Q + \left(\nabla^2 - \frac{1}{c^2}\frac{\partial^2}{\partial t^2}\right)q = Q' \qquad (2\text{-}72)$$

由于函数 q 的特性,在源以外的区域,新的声场 $p+q$ 与 p 完全相同,但是新的声源 Q' 却与 Q 不同。源分布的不唯一性在流动噪声问题中更加突出。莱特希尔的声类比法把流动用等效源类比,而等效源可以有不同的形式。

例如,在低马赫数流动时,声源可以用各种形式等效:

$$Q(x,t) = \begin{cases} -\dfrac{\partial^2 (\rho_0 U_i U_j)}{\partial x_i \partial x_j}, & \text{等效四极子源} \\ \rho_0 \nabla F, \ F = U \cdot \omega, & \text{等效偶极子源} \\ -\dfrac{1}{c^2} \dfrac{\partial^2 P}{\partial t^2}, & \text{等效单极子源} \end{cases} \quad (2\text{-}73)$$

2.3 湍流边界层压力起伏

当火箭、飞机、导弹、潜艇、鱼雷或水下拖曳体等运载器在大气或水中移动时,流体的黏性会在表面产生边界层。如果流体的雷诺数高到一定程度,这一边界层就会处于湍流状态。在这种湍流区域,流动是不稳定的,表面的阻碍使得壁面附近的动量波动与表面的压力波动(也被称为脉动压力)相平衡。这种湍流边界层的压力波动通常被称为流噪声。然而,流噪声的概念实际上更为广泛。根据 Skudrzyk 等的定义,流噪声包括流体流过物体表面时产生的所有噪声类型,这不仅包括压力波动,还涵盖了由表面粗糙度引起的涡旋噪声以及压力波动引发的空腔共振和壁面振动[17-18]。Ffowcs-Williams[20]认为,由不稳定流场引起的所有压力波动都可以称为流噪声,而这些压力波动不限于仅由边界层引起。无论定义如何,湍流边界层中的压力波动都是流噪声的核心成分。通常将硬壁表面的压力波动称为阻断压力,理论上其值是在没有硬壁存在的情况下同一流场中压力波动的两倍。在忽略固体表面振动对流场影响的情况下,可以使用阻断压力来近似描述固体表面边界层的压力波动。

在水下噪声问题中湍流边界层压力起伏具有特殊性,主要表现在以下两方面。

(1)湍流边界层的压力起伏是声呐设备自身噪声的主要来源之一。如果接收声波的压力传感器与壁面齐平,或者通过一层薄薄的透声材料安装,这种干扰就会更加明显,如鱼雷的声呐基阵、拖曳线列阵声呐、舷侧阵声呐等设备。在这些情况下,湍流边界层中的压力起伏直接导致流噪声的干扰。

(2)湍流边界层的压力起伏还能激发载体壁面和其他结构部件的振动,这不仅向周围介质辐射噪声,也会在载体内部产生噪声。例如,飞机和高速列车的舱内空气噪声,以及声呐导流罩内部的自噪声等。在这些情形中,湍流边界层的压力起伏作为随机激励源,引发板材和壳体的振动,并由此再次辐射出噪声。

2.3.1 湍流边界层压力起伏——伪声的概念

莱特希尔的声类比法将湍流区的声辐射视为分布在静态声介质中的等效四极子源来进行研究,主要关注的是湍流区以外的声场,而不涉及湍流区内部的声场和压力场的细节。这种方法揭示了湍流区内外声场的不同特性。

(1)直接将压力传感器置于湍流区内,可以测得非常强烈的压力起伏。当传感器仅移出湍流区一小段距离后,这些压力起伏会迅速衰减,其衰减速度远超过一般通过声场的球面衰减规律所预期的速度。

(2)在湍流区内外测得的压力起伏的频谱存在显著差异。湍流区内的压力起伏以低频分量为主,而高频分量则难以检测;而在湍流区外,无论是低频分量还是高频分量均能被检测到。

(3)在湍流区内的传感器外部加装导流罩后,压力起伏显著减小。因此,对于声呐基阵等敏感设备,添加导流罩或风罩是必要的,以减少湍流噪声的干扰。

通过比较水动力学方程和声波波动方程,可以看出流场和声场的一些重要区别,特别是声压和水动力压力的不同。实际上,在一个不稳定的流场中,只要有速度起伏就会同时伴随压力起伏。由于速度起伏引起介质的动量起伏,为了平衡这个动量起伏,局部的压力也随之起伏。忽略外作用力的动量方程是

$$\frac{\partial(\rho U_i)}{\partial t} + \frac{\partial(\rho U_i U_j)}{\partial x_j} = -\frac{\partial P}{\partial x_i} + \mu \frac{\partial^2 U_i}{\partial x_i \partial x_j} \qquad (2\text{-}74)$$

显然,速度的任一变化将引起压力 P 的相应变化。如果速度随时间起伏,压力也就随之起伏,这种起伏并不涉及介质的可压缩性。当然,对于可压缩介质,不仅速度的起伏导致压力的起伏,密度的变化也会引起压力的变化。在湍流区内速度的相对起伏远大于密度的相对起伏,因此在湍流区内接收到的主要是压力起伏或脉动压力。

重新从流体运动方程组出发推导压力起伏和声波各自满足的方程,忽略黏性的作用,流体运动方程组为

$$\begin{cases} \dfrac{\partial \rho}{\partial t} + \dfrac{\partial(\rho U_i)}{\partial x_i} = 0 \\ \dfrac{\partial(\rho U_i)}{\partial t} + \dfrac{\partial(\rho U_i U_j)}{\partial x_j} = -\dfrac{\partial P}{\partial x_i} \end{cases} \qquad (2\text{-}75)$$

对于低马赫数流动,忽略流动和声波的耦合,将声学量和流动量分开表示。令

$$\begin{cases} U_i = U_i^0(x,t) + u_i(x,t) \\ P(x,t) = P_0 + \Delta P(x,t) + p(x,t) \\ \rho(x,t) = \rho_0 + \rho'(x,t) \end{cases} \tag{2-76}$$

首先取方程的零级近似，即忽略声运动部分，得到

$$\begin{cases} \dfrac{\partial U_i^0}{\partial x_i} = 0, \quad \text{或} \nabla \cdot U^0 = 0 \\ \rho_0 \dfrac{\partial U_i^0}{\partial t} + \rho_0 \dfrac{\partial U_i^0 U_j^0}{\partial x_j} = -\dfrac{\partial \Delta P}{\partial x_i} \end{cases} \tag{2-77}$$

由方程的第二式可以看出，局部压力起伏与动量起伏相平衡。将此式改写为

$$\rho_0 \frac{DU_i^0}{Dt} = -\frac{\partial \Delta P}{\partial x_i} \tag{2-78}$$

式中，$\dfrac{DU_i^0}{Dt} = \dfrac{\partial U_i^0}{\partial t} + U_j^0 \dfrac{\partial U_i^0}{\partial x_j}$。

利用关系式 $\nabla^2 \left(\dfrac{1}{r}\right) = -4\pi\delta(r)$，将上式两边乘以 $\partial\left(\dfrac{1}{r}\right)\!\Big/\partial x_i$，得到

$$\frac{\partial}{\partial x_i}\left(\Delta P \frac{\partial}{\partial x_i}\left(\frac{1}{r}\right)\right) + 4\pi \Delta P \delta(r) + \rho_0 \frac{DU_i^0}{Dt} \frac{\partial}{\partial x_i}\left(\frac{1}{r}\right) = 0 \tag{2-79}$$

应用高斯-格林定理，第一项可以化为面积分并等于 0。故当 x 在 V 内时，局部压力起伏是

$$\Delta P(x,t) = -\frac{1}{4\pi}\int \rho_0 \frac{DU_i^0}{Dt} \frac{\partial}{\partial y_i}\left(\frac{1}{r}\right) dy \tag{2-80}$$

可以看出，局部压力起伏与不可压缩流动的速度起伏相联系，它的衰减速率大约是 r^{-2}。因为它与密度起伏无关，所以是伪声。

局部压力起伏的另一种积分表达式由其满足的泊松方程的积分解给出。可以证明局部压力起伏满足如下的泊松方程：

$$\nabla^2(\Delta P) = -\rho_0 \frac{\partial^2 \left(U_i^0 U_j^0\right)}{\partial x_i \partial x_j} \tag{2-81}$$

在无界空间中的积分解是

$$\Delta P = \frac{1}{4\pi}\int \frac{\rho_0}{r} \frac{\partial^2 \left(U_i^0 U_j^0\right)}{\partial y_i \partial y_j} dy \tag{2-82}$$

进一步将作为一级近似的声学量考虑在内，忽略二级以上小量，可得到

$$\frac{\partial \rho'}{\partial t} + U_i^0 \frac{\partial \rho'}{\partial x_i} + \rho_0 \frac{\partial u_i}{\partial x_i} = 0 \tag{2-83}$$

对动量方程作同样处理，也利用零级近似满足的方程，可得到

$$U_i^0 \frac{\partial \rho'}{\partial t} + \rho_0 \frac{\partial u_i}{\partial t} + \rho' \frac{\partial U_i^0}{\partial t} + \frac{\partial \left(\rho U_i U_j - \rho_0 U_i^0 U_j^0\right)}{\partial x_j} = -\frac{\partial p}{\partial x_i} \tag{2-84}$$

利用式（2-83）和式（2-84），可得到

$$c^2 \nabla^2 \rho' - \frac{\partial^2 \rho'}{\partial t^2} = -\frac{\partial^2 \left(\rho U_i U_j - \rho_0 U_i^0 U_j^0\right)}{\partial x_i \partial x_j} - \frac{\partial^2 p}{\partial x_i \partial x_i} + c^2 \nabla^2 \rho' \tag{2-85}$$

再利用局部压力起伏满足的泊松方程式得到

$$c^2 \nabla^2 \rho' - \frac{\partial^2 \rho'}{\partial t^2} = -\frac{\partial^2 T_{ij}}{\partial x_i \partial x_j} \tag{2-86}$$

式中，$T_{ij} = \rho U_i U_j + \left((\Delta P + p) - c^2 \rho'\right)\delta_{ij}$。

利用局部压力起伏满足的泊松方程式，低马赫数湍流辐射声压中莱特希尔应力张量的空间导数可以近似为

$$\frac{\partial^2 T_{ij}(y,t)}{\partial y_i \partial y_j} \approx \rho_0 \frac{\partial^2 \left(U_i^0 U_j^0\right)}{\partial y_i \partial y_j} = -\frac{\partial^2 \Delta P}{\partial y_i \partial y_j} \tag{2-87}$$

得到低马赫数条件下莱特希尔方程的另一种近似表示式

$$c^2 \nabla^2 \rho' - \frac{\partial^2 \rho'}{\partial t^2} = \frac{\partial^2 \Delta P}{\partial x_i \partial x_i} \tag{2-88}$$

其远场解是

$$c^2 \rho'(x,t) = -\frac{1}{4\pi} \int \left(\frac{\partial^2 \Delta P(y,t)}{\partial y_i \partial y_i} \frac{1}{r}\right) dy \tag{2-89}$$

应用高斯-格林定理不难证明

$$p(x,t) = -\frac{1}{4\pi c^2} \int \frac{\partial^2 \Delta P(y, t-r/c)}{\partial t^2} \frac{1}{r} dy \tag{2-90}$$

因此，低马赫数湍流噪声源也可以等效为强度 $-(1/c^2)\partial^2 \Delta P/\partial t^2$ 的单极子源。应当指出，这

仅仅是数学上的等效,并不意味局部压力起伏 ΔP 本身直接产生声辐射。以上讨论说明,在低马赫数流动中,流场中的压力可以人为地分成局部压力起伏和声压。局部压力起伏满足的泊松方程式虽然有形式解,但进一步的运算却碰到了致命的困难,这是因为压力起伏是随机函数,有意义的是它的时空相关函数:

$$\left\langle \Delta P(x_1,t_1)\Delta P(x_2,t_2) \right\rangle = \frac{\rho_0^2}{16\pi^2} \iint \frac{1}{r_1 r_2} \left\langle \frac{\partial^2 \left(U_{1i}^0 U_{1j}^0\right)}{\partial y_{1i} \partial y_{1j}} \frac{\partial^2 \left(U_{2i}^0 U_{2j}^0\right)}{\partial y_{2i} \partial y_{2j}} \right\rangle \mathrm{d}y_1 \mathrm{d}y_2 \quad (2\text{-}91)$$

进一步的运算需要已知速度起伏的四阶张量。但是,对于湍流运动无法一般地给出各阶矩,于是只得引入假设或近似。必须强调的是,虽然湍流边界层内部起作用的主要是具有伪声本质的压力起伏,但是湍流边界层中并非只有伪声,同时还有能够传播到远距离的真声。

2.3.2 湍流边界层压力起伏基本特性

1. 边界层概貌

当黏性流体流过一光滑薄平板时,在其表面的不同区域形成不同的边界层。以到端点的距离 x 定义雷诺数 $Re = U_\infty x / v$,其中,U_∞ 是自由流速,$v = \mu / \rho_0$ 是动黏性系数。图 2-6 为光滑薄边界层概貌。在板的前缘,由于雷诺数不够高,黏性的影响较大,故形成一个层流边界层 I。然后进入过渡区,又称转捩区 II,既有层流又有湍流。随着距离的进一步增加,整个边界层除了靠近壁面的很小一层外全都处于湍流状态,形成充分发展的湍流边界层 III。

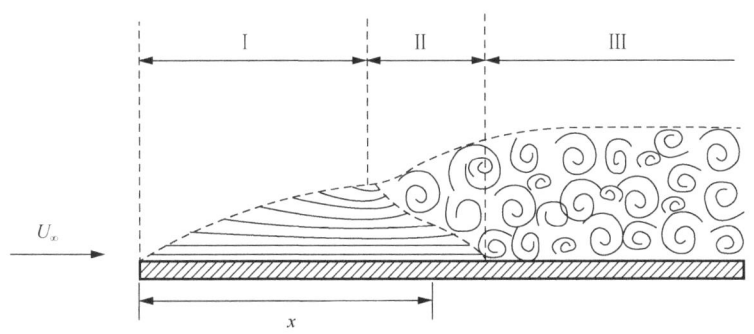

图 2-6 光滑薄边界层概貌[21]

一般说来,湍流边界层有复杂的内部结构,分为内层和外层。内层根据速度及受力等依次分为黏性层、过渡区和对数层,厚度占边界层总厚度的 10%~20%。外层为速度亏损律层和黏性上层,占边界层总厚度的 80%~90%。

薄平板的情况可以推广到轴对称回转体,如水下拖曳体或鱼雷等。但是,轴对称回转体与平板有很大的不同。对于轴对称回转体,头部中心点 A 处的流速为零,称为驻点或停滞点。

然后，速度增加，压力减小，所以轴对称回转体的头部存在压力梯度（压力沿流向变化），而边界层中压力梯度为零。

边界层的特性用两个基本量描述，它们是边界层厚度 δ 和剪应力速度 u_*。边界层厚度 δ 为边界层中流速达到自由流速 99%处的厚度。排挤厚度 δ^* 为被边界层排挤（亏损）的那部分流体流量相应的厚度。设边界层中的速度分布是 $U(y)$，y 是到边界的距离，则 δ^* 满足：

$$\int_0^\infty \rho_0 \left(U_\infty - U(y)\right) \mathrm{d}y = \rho_0 U_\infty \delta^* \tag{2-92}$$

动量厚度 θ 是被边界层排挤掉的那部分流体的动量对应的厚度，满足：

$$\int_0^\infty \rho_0 U(y)\left(U_\infty - U(y)\right) \mathrm{d}y = \rho_0 U_\infty^2 \theta \tag{2-93}$$

湍流边界层中的速度分布通常用 $1/n$ 定律描述：

$$\frac{U(y)}{U_\infty} = \left(\frac{y}{\delta}\right)^{1/n} \tag{2-94}$$

对于不同的雷诺数，边界层速度分布规律不同，有

$$n = \begin{cases} 7, & Re = 10^6 \sim 2 \times 10^7 \\ 8, & Re = 3 \times 10^7 \sim 3 \times 10^8 \\ 9, & Re = 3 \times 10^8 \sim 3 \times 10^{10} \end{cases} \tag{2-95}$$

将 $1/n$ 定律代入式（2-92）和式（2-93）可得

$$\delta^* = \frac{1}{1+n}\delta$$
$$\theta = \frac{n}{(1+n)(2+n)}\delta \tag{2-96}$$

边界层剪应力速度 u_* 又称摩擦速度，它与壁面摩擦剪切应力 τ_W 的关系是

$$\tau_W = \mu \frac{\partial U(y)}{\partial y} = \rho_0 u_*^2 \tag{2-97}$$

若引入摩擦阻力系数 $C_f = \dfrac{\tau_W}{\rho_0 U_\infty^2 / 2}$，可得到

$$u_* / U_\infty = \sqrt{C_f / 2} \tag{2-98}$$

对于光滑薄平板，可采用斯特林插值公式：

$$C_f = 0.455 (\lg Re)^{-2.58} \tag{2-99}$$

一般情况下，近似取 $C_f = 3.0 \times 10^{-3}$，由此给出 $u_* \approx 0.04 U_\infty$。在确定的流速下，表面凹凸不平的高度 h 超过某个值时，流动的底层形成涡旋，变成流体动力学上不光滑表面，此时压力起伏明显增大。保证表面流体动力学上光滑的条件是 $u_* h / \nu < 5$。

2. 湍流边界层压力起伏的一些早期试验结果

湍流边界层压力起伏谱可以根据涡旋叠加的图像来分析。通常认为边界层中的压力传感器受到的压力起伏是由湍流涡旋的连续迁移引起的。每通过一个涡旋，水听器就感应出一个压力脉冲。一般认为只要知道边界层的涡旋结构就可以估计频谱函数。湍流边界层压力起伏的自谱密度可以表示成

$$\Phi(\omega) = \begin{cases} C_1 \rho_0^2 U_\infty^3 \delta, & \omega < \omega_0 \\ C_2 \rho_0^2 U_\infty^6 / (\omega^3 \delta^2), & \omega \geqslant \omega_0 \end{cases} \quad (2\text{-}100)$$

特征频率为 $\omega_0 = 2\pi U_\infty / \delta = 2\pi U_\infty / (5 \delta^*)$。

自谱密度表达式表明压力起伏的谱密度在低频段与频率无关，在高频段与频率的 3 次方成反比，因此高频衰减很快。图 2-7 给出威尔马斯在内径 4in（1in=2.54cm）的低噪声风洞中测量的湍流边界层压力起伏谱的一个典型结果[22]。由图 2-7 可见，低频段压力起伏的谱密度与频率无关，此规律满足得很好，当频率升高时数据离散变大，这实际上是受接收器尺度的影响。

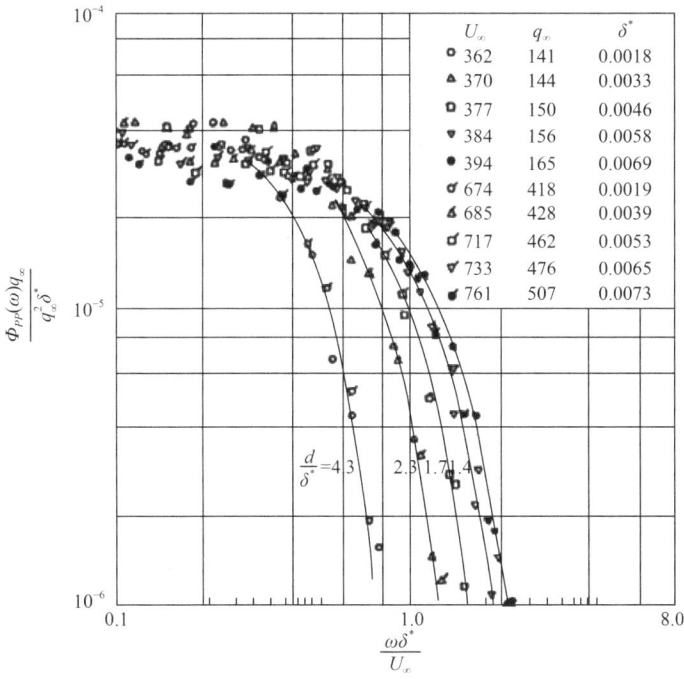

图 2-7 威尔马斯在风洞中测量的湍流边界层压力起伏谱

3. 湍流边界层压力起伏的均方根值

从压力起伏谱可以得到压力起伏的均方根值：

$$\sqrt{\overline{(\Delta P)^2}} = \bar{\alpha} \frac{1}{2} \rho_0 U_\infty^2 \tag{2-101}$$

物理上容易理解，压力起伏的均方根值应正比于摩擦应力，也就是正比于 $\rho_0 u_*^2$。而试验证明 u_* 正比于自由流速 U_∞，因此压力起伏的均方根值正比于动压力 $q = \rho_0 U_\infty^2 / 2$。根据结果建议 $\bar{\alpha}$ 取值：$\bar{\alpha} \approx \begin{cases} 6.0 \times 10^{-3}, \text{在空气动力学中} \\ 2.0 \times 10^{-3}, \text{在水动力学中} \end{cases}$。

4. 湍流边界层压力起伏的时间-空间相关特性

窄带接收时，设中心频率为 f，带宽为 Δf，根据试验数据归纳得到纵向（流动方向）时间-空间相关函数是

$$R_{PP}(y_1, 0, 0, \tau) = A(St) \frac{\sin(\pi \Delta f (\tau - y_1/U_c))}{\pi \Delta f (\tau - y_1/U_c)} \cos(2\pi f (\tau - y_1/U_c)) \tag{2-102}$$

式中，y_1 是纵向间距；τ 是时间间隔；U_c 是 y_1 方向的迁移速度，由试验数据拟合得出；$St = fy_1/U_c$ 是斯特劳哈尔数，$A(St)$ 是无因次函数，也由试验数据拟合得出。当接收的频带很窄时，$\frac{\sin(\pi \Delta f (\tau - y_1/U_c))}{\pi \Delta f (\tau - y_1/U_c)}$ 实际上等于 1，因此有窄带时间-空间相关函数：

$$R_{PP}(y_1, 0, 0, \tau) = A(St) \cos(2\pi f (\tau - y_1/U_c)) \tag{2-103}$$

Bakewell[23]在直径 3.5 in 的气流管道中测得 1/2 倍频程带宽纵向空间相关系数（$\tau = 0$），绘制的曲线如图 2-8 所示，其中，雷诺数为 3×10^5。

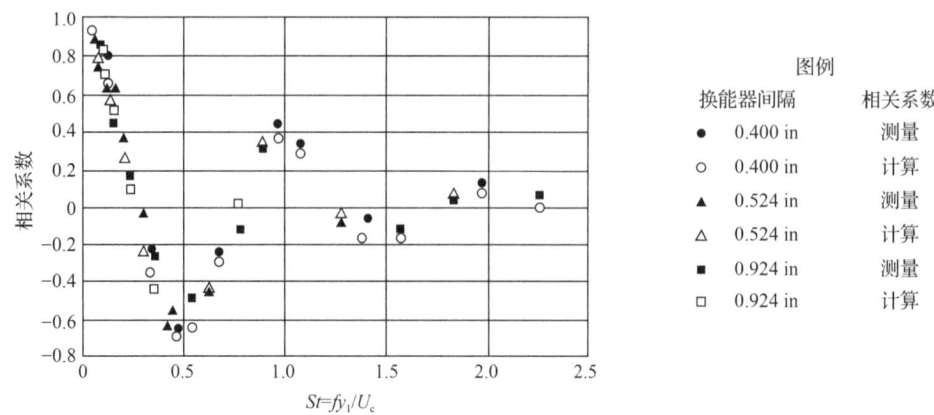

图 2-8　1/2 倍频程带宽纵向相关系数（$\tau = 0$）曲线

在许多理论研究场合要用到湍流边界层压力起伏的互谱密度函数，它是时间-空间相关函数在时间域的傅里叶变换，在(y_1, y_3)平面中：

$$\Phi_{PP}(y_1, y_3, \omega) = \frac{1}{2\pi} \int_{-\infty}^{\infty} R_{PP}(y_1, y_3, \tau) e^{i\omega\tau} d\tau \tag{2-104}$$

Corcos[24]根据相关函数的测量结果，首先建议湍流边界层压力起伏的互谱密度取以下形式：

$$\Phi_{PP}(y_1, y_3, \omega) = \Phi(\omega) A(\omega y_1 / U_c) B(\omega y_3 / U_c) e^{i\omega y_1 / U_c} \tag{2-105}$$

式中，$\Phi(\omega)$是压力起伏的自谱密度，根据实测曲线拟合得出的迁移速度U_c在不同模型中的取值稍有不同，通常$U_c \approx 0.7 U_\infty$；A和B分别是表征纵向和横向衰减特性的两个无因次函数，这里已经假设纵向和横向衰减特性是可以分离的，即

$$\begin{cases} A(\omega y_1 / U_c) = e^{-\alpha_1 |\omega y_1 / U_c|} \\ B(\omega y_3 / U_c) = e^{-\alpha_3 |\omega y_3 / U_c|} \end{cases} \tag{2-106}$$

Blake[25]将几个作者的测量数据进行了归纳，得到归一化的纵向互谱密度，如图2-9所示。

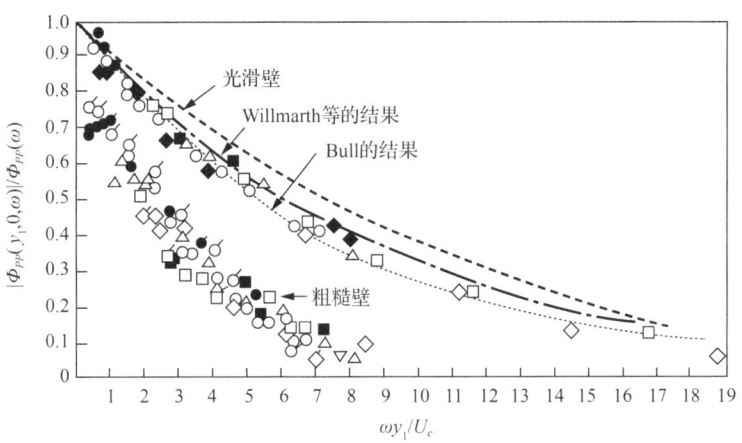

图2-9 壁面湍流边界层压力起伏归一化纵向互谱密度

纵向衰减特性与表面粗糙度有关。拟合得出，对于光滑壁面，$\alpha_1 = 0.116$，对于粗糙壁面，$\alpha_1 = 0.32$，说明粗糙壁面比光滑壁面衰减得快。横向衰减特性与表面粗糙度关系不大，$\alpha_3 = 0.7$。因此，横向比纵向衰减快得多，也就是横向相关半径比纵向相关半径小得多。

2.3.3 湍流边界层压力起伏的波数-频率谱分析

1. 波数-频率谱的定义和基本特性

任意一个时间和空间变化的函数 $P(y,t)$ 的波数-频率谱 $\tilde{P}(k,\omega)$ 定义为

$$\tilde{P}(k,\omega) = \frac{1}{(2\pi)^{n+1}} \int_{-\infty}^{\infty}\int_{-\infty}^{\infty} P(y,t) \mathrm{e}^{-\mathrm{i}(ky-\omega t)} \mathrm{d}y \mathrm{d}t \tag{2-107}$$

式中，k 是波数向量；n 是向量 y 的维数，平面情况下 $n=2$。由于时间和空间傅里叶变换的独立性，波数-频率谱也可以看作互谱 $P(y,\omega)$ 的空间傅里叶变换，即波数变换：

$$\tilde{P}(k,\omega) = \frac{1}{(2\pi)^{n}} \int_{-\infty}^{\infty} P(y,t) \mathrm{e}^{-\mathrm{i}ky} \mathrm{d}y \tag{2-108}$$

式中，$P(y,t)$ 的频域傅里叶变换是 $P(y,\omega)$，$P(y,\omega) = \frac{1}{2\pi}\int_{-\infty}^{\infty} P(y,t) \mathrm{e}^{\mathrm{i}\omega t} \mathrm{d}t$。所以，$P(y,\omega)$ 和 $\tilde{P}(k,\omega)$ 是空间和波数域傅里叶变换对，上式的逆变换是

$$P(y,\omega) = \int_{-\infty}^{\infty} \tilde{P}(k,\omega) \mathrm{e}^{\mathrm{i}ky} \mathrm{d}k \tag{2-109}$$

假设湍流边界层压力起伏在空间和时间上是均匀的，即在空间上均匀、时间上平稳。在这种情况下，湍流边界层压力起伏的统计特性可以由二阶矩，即时间-空间相关函数确定：

$$R_{PP}(r,\tau) = P(y,t) P^{*}(y-r,t-\tau) \tag{2-110}$$

对于时间和空间均匀的随机场，相关函数与时间和空间的起点无关，只与间距有关。这样，表示随机场的波数-频率谱定义为时间-空间相关函数的傅里叶变换：

$$\varPhi_{PP}(k,\omega) = \frac{1}{(2\pi)^{n+1}} \int_{-\infty}^{\infty}\int_{-\infty}^{\infty} R_{PP}(r,\tau) \mathrm{e}^{-\mathrm{i}(kr-\omega\tau)} \mathrm{d}r \mathrm{d}\tau \tag{2-111}$$

波数-频率谱也可以表示成互谱密度函数：

$$\varPhi_{PP}(r,\omega) = \frac{1}{2\pi} \int_{-\infty}^{\infty} R_{PP}(r,\tau) \mathrm{e}^{\mathrm{i}\omega\tau} \mathrm{d}\tau \tag{2-112}$$

空间傅里叶变换：

$$\varPhi_{PP}(k,\omega) = \frac{1}{(2\pi)^{n}} \int_{-\infty}^{\infty} \varPhi_{PP}(r,\omega) \mathrm{e}^{-\mathrm{i}kr} \mathrm{d}r \tag{2-113}$$

作为特殊情况，自相关函数和自谱密度是

$$R_{PP}(\tau) = P(t)P^*(t-r) = R_{PP}(0,\tau)$$

$$\Phi_{PP}(\omega) = \frac{1}{2\pi}\int_{-\infty}^{\infty} R_{PP}(0,\tau)\mathrm{e}^{\mathrm{i}\omega\tau}\mathrm{d}\tau$$

波数-频率谱具有以下几个重要性质。

（1）与时间-空间相关函数或互谱密度一样，波数-频率谱可以完全确定随机场的统计特性。

（2）波数-频率谱是通过线性变换得到的，因此满足线性叠加原理。若已知一个线性系统的波数-频率谱传递函数 $H(k,\omega)$，那么当激励信号的波数-频率谱是 $g(k,\omega)$ 时，系统的响应 $G(k,\omega)$ 为

$$G(k,\omega) = g(k,\omega)H(k,\omega) \tag{2-114}$$

（3）对于随机场存在下面的关系式：

$$\begin{cases} \tilde{P}(k,\omega)\tilde{P}^*(k',\omega') = \Phi_{PP}(k,\omega)\delta(k-k')\delta(\omega-\omega') \\ \tilde{P}(k,\omega)\tilde{P}^*(k',\omega) = \Phi_{PP}(k,\omega)\delta(k-k') \\ \tilde{P}(k,\omega)\tilde{P}^*(k,\omega') = \Phi_{PP}(k,\omega)\delta(\omega-\omega') \end{cases} \tag{2-115}$$

波数-频率谱也可以用于声场的分析，将声场分解成各种传播方向和频率成分的平面波的叠加就是波数-频率谱分解。声场必须满足波动方程，导致波数 k 必须满足 $|k|^2 = k_0^2 = \omega^2/c^2$。由于声速 c 较大，声波数 k_0 是低波数。

2. 刚性壁面湍流边界层压力起伏的波数-频率谱分析

对湍流边界层压力起伏进行理论建模是十分困难的。壁面附近的流场中既有不可压缩分又有可压缩成分，它们都对壁压起伏有贡献，只不过起作用的波数区域不同[20]。实际上，莱特希尔方程是从质量和动量守恒方程严格导出的，原则上适用于流场的任何区域，包括界面附近区域。

考虑最简单的情况，设界面是无限大刚性壁面，在界面以上的半空间中布满了强度为 $T_{ij}(y,t)$ 的四极子源。计及刚性壁面的反射作用，莱特希尔方程在界面以上空间 $y_2 > 0$ 的解是

$$P(x,t) = \frac{1}{2\pi}\int \left(\frac{\partial^2 T_{ij}(y,t)}{\partial y_i \partial y_j}\right)\frac{\mathrm{d}y}{r} \tag{2-116}$$

下面只讨论 x 在刚性壁面上的情况。$x(x_1,x_3)$ 是平面矢量，对应的波数 k 也是平面矢量 $k(k_1,k_3)$。对上式作波数-频率谱分析可得到

$$\tilde{P}(k,\omega) = \frac{1}{(2\pi)^3} \int_{-\infty}^{\infty} \int_{-\infty}^{\infty} \left(\frac{1}{2\pi} \int \left(\frac{\partial^2 T_{ij}(y,t)}{\partial y_i \partial y_j} \right) \frac{\mathrm{d}y}{r} \right) \mathrm{e}^{-\mathrm{i}(kx-\omega t)} \mathrm{d}x \mathrm{d}t \qquad (2\text{-}117)$$

记 $T_{ij}(y,t) = \int_{-\infty}^{\infty} T_{ij}(y,\omega') \mathrm{e}^{-\mathrm{i}\omega' t} \mathrm{d}\omega'$，则有

$$\left(\frac{\partial^2 T_{ij}(y,t)}{\partial y_i \partial y_j} \right) = \int_{-\infty}^{\infty} \frac{\partial^2 T_{ij}(y,\omega')}{\partial y_i \partial y_j} \mathrm{e}^{-\mathrm{i}\omega'(t-r/c)} \mathrm{d}\omega' \qquad (2\text{-}118)$$

将式（2-118）代入式（2-117）并利用关系式 $\lim_{T \to \infty} \int_{-T/2}^{T/2} \mathrm{e}^{\mathrm{i}(\omega'-\omega)t} \mathrm{d}t = 2\pi \delta(\omega - \omega')$ 对 ω' 积分得

$$\tilde{P}(k,\omega) = \frac{1}{(2\pi)^3} \int \frac{\partial^2 T_{ij}(y,\omega)}{\partial y_i \partial y_j} \mathrm{d}y \int_{-\infty}^{\infty} \frac{\mathrm{e}^{-\mathrm{i}kx+\mathrm{i}\omega r/c}}{r} \mathrm{d}x \qquad (2\text{-}119)$$

利用展开式 $z \geqslant 0$，$\dfrac{\mathrm{e}^{\mathrm{i}kr}}{r} = \dfrac{\mathrm{i}}{2\pi} \int_{-\infty}^{\infty} \int_{-\infty}^{\infty} \dfrac{\mathrm{e}^{\mathrm{i}(k_x x + k_y y + k_z z)}}{\sqrt{k^2 - k_x^2 - k_y^2}} \mathrm{d}k_x \mathrm{d}k_y$ 可以证明：

$$\frac{1}{2\pi} \int_{-\infty}^{\infty} \mathrm{e}^{-\mathrm{i}kx+\mathrm{i}k_0 r} \frac{\mathrm{d}x}{r} = \mathrm{i} \frac{\mathrm{e}^{\mathrm{i}\sqrt{k_0^2 - k^2} y_2}}{\sqrt{k_0^2 - k^2}} \mathrm{e}^{-\mathrm{i}ky} \qquad (2\text{-}120)$$

于是，压力的波数-频率谱可以表示为

$$\tilde{P}(k,\omega) = \frac{\mathrm{i}}{(2\pi)^2} \int \frac{\partial^2 T_{ij}(y,\omega)}{\partial y_i \partial y_j} \frac{\mathrm{e}^{\mathrm{i}\sqrt{k_0^2 - k^2} y_2}}{\sqrt{k_0^2 - k^2}} \mathrm{e}^{-\mathrm{i}ky} \mathrm{d}y \qquad (2\text{-}121)$$

分部积分两次后得到

$$\tilde{P}(k,\omega) = \frac{\mathrm{i}}{(2\pi)^2} \int T_{ij}(y,\omega) \left(\sqrt{k_0^2 - k^2} \delta_{i_2} + k_i \right) \left(\sqrt{k_0^2 - k^2} \delta_{j_2} + k_j \right) \frac{\mathrm{e}^{\mathrm{i}\sqrt{k_0^2 - k^2} y_2}}{\sqrt{k_0^2 - k^2}} \mathrm{e}^{-\mathrm{i}ky} \mathrm{d}y \qquad (2\text{-}122)$$

T_{ij} 先对 y_1, y_3 积分，得到 y_2 为常数的平面层上源的密度：

$$\tilde{T}_{ij}(y_2, k, \omega) = \frac{1}{(2\pi)^2} \int_{-\infty}^{\infty} \int_{-\infty}^{\infty} T_{ij}(y,\omega) \mathrm{e}^{-\mathrm{i}(k_1 y_1 + k_3 y_3)} \mathrm{d}y_1 \mathrm{d}y_3 \qquad (2\text{-}123)$$

最终得到刚性壁面压力的波数-频率谱表示式：

$$\tilde{P}(k,\omega) = \mathrm{i} \int_0^{\infty} \tilde{T}_{ij}(y_2, k, \omega) \left(\sqrt{k_0^2 - k^2} \delta_{i_2} + k_i \right) \left(\sqrt{k_0^2 - k^2} \delta_{j_2} + k_j \right) \frac{\mathrm{e}^{\mathrm{i}\sqrt{k_0^2 - k^2} y_2}}{\sqrt{k_0^2 - k^2}} \mathrm{d}y_2 \qquad (2\text{-}124)$$

式中，k_0 是声波数；k 是壁面压力波数。

上式说明，刚性壁面压力的波数-频率谱可以看作平行于界面的各层上的应力源贡献之和。应力源中包含高波数成分和低波数成分。高波数成分的相速度小于声速，沿 y_2 方向指数衰减，因此是近场成分。低波数成分具有超声速的相速度，是一种对远距离起作用的传播成分，即声波成分。

从另一个角度看，由于 $\sqrt{k_0^2-k^2}=\sqrt{\omega^2/c^2-k^2}$，对任意一个确定的波数 k 存在一个临界频率，在此频率以上应力源呈现声波特性，在此频率以下应力源随距离指数衰减，是近场成分。

对于高波数成分，当 $k \gg k_0$ 时，$\sqrt{k_0^2-k^2} \approx ik$，此时介质的可压缩性对壁面压力没有什么影响。远处的应力源的贡献可以忽略，应力起伏主要由壁面附近的应力源决定。对于低波数成分，当 $k \ll k_0$，即 $\omega \gg ck$ 时，得到近似式：

$$\tilde{P}(k,\omega) \approx i\int_0^\infty \tilde{T}_{ij}(y_2,k,\omega)(k_0\delta_{i2}+k_i)(k_0\delta_{j2}+k_j)\frac{e^{-ik_0 y_2}}{k_0}dy_2 \tag{2-125}$$

特别是，当 $k \to 0$ 时：

$$\tilde{P}(0,\omega) \approx i\int_0^\infty \tilde{T}_{22}(y_2,0,\omega)k_0 e^{-ik_0 y_2}dy_2 \tag{2-126}$$

说明壁面上的压力谱的低波数成分由垂直于壁面湍流流动的声辐射确定。

3. 波数-频率谱分析方法

波数-频率谱的一个关键特征在于，对于线性系统遵循线性叠加原理[27]。在水动力噪声问题中，以下几种情况涉及线性传递系统：①接收器和接收器阵列。这些具有特定形状和灵敏度分布的设备（如水听器）对湍流边界层的压力起伏谱密度作出响应。②黏弹性覆盖层。为了减少流噪声，接收器上覆盖了一层或多层黏弹性材料。这些覆盖层的响应表现为流噪声的衰减效果。③结构振动和声辐射。可利用波数-频率谱计算湍流边界层压力起伏所引起的结构振动与声辐射，既可以得到结构表面的振速和压力，也可以得到周围流体中的声压。

利用波数-频率谱特性式，得到响应的时间-空间相关函数：

$$R(r_1,r_2,\tau) = \iint H(k,r_1,\omega)\Phi_{PP}(k,\omega)H^*(k,r_2,\omega)e^{-i\omega\tau}dkd\omega \tag{2-127}$$

式中，$\Phi_{PP}(k,\omega)$ 是随机激励力的波数-频率谱，即湍流边界层压力起伏的波数-频率谱。由此可直接得到两点响应的互谱密度函数：

$$\Phi(r_1,r_2,\tau) = \int_{-\infty}^\infty H(k,r_1,\omega)\Phi_{PP}(k,\omega)H^*(k,r_2,\omega)dk \tag{2-128}$$

一点响应的自相关和自谱密度函数是

$$R(r,\tau) = \int_{-\infty}^\infty \int_{-\infty}^\infty \Phi_{PP}(k,\omega)|H(k,r,\omega)|^2 e^{-i\omega\tau}dkd\omega \tag{2-129}$$

$$\Phi(r,\omega) = \int_{-\infty}^{\infty} \Phi_{PP}(k,\omega) |H(k,r,\omega)|^2 dk \qquad (2\text{-}130)$$

用式（2-130）表示的波数-频率谱传递函数方法包含下面几类情况。

（1）当结构简化为具有一定形状和灵敏度分布的接收器和接收器阵列时，传递函数退化为灵敏度响应函数的波数变换 $S(k)$，波数积分给出接收器测量的谱密度：

$$\Phi_M(\omega) = \int_{-\infty}^{\infty} \Phi_{PP}(k,\omega) |S(k)|^2 dk \qquad (2\text{-}131)$$

（2）当结构表面覆盖有黏弹性层或多层结构时，给定覆盖层的波数-频率谱传递函数 $T(k,\omega)$，就有

$$\Phi(r,\omega) = \int_{-\infty}^{\infty} \Phi_{PP}(k,\omega) |T(k,\omega)|^2 |H(k,r,\omega)|^2 dk \qquad (2\text{-}132)$$

波数-频率谱传递函数方法要求湍流边界层压力起伏在时间上平稳、空间上均匀，而实际问题中湍流边界层压力起伏往往在空间上不均匀，因此这种方法有一定的局限性[28]。

2.3.4 边界层转捩区的压力起伏

边界层从层流向湍流的转变过程中存在一个过渡区，也称为转捩区。尽管这个区域在边界层中只占据很小的一部分，但它对振动和噪声（尤其是自噪声）有着重要影响。一方面，由于转捩区的流动状态不稳定，压力波动可能较大，因此作为激励源的强度更高；另一方面，对于像鱼雷这样的轴对称流线型物体，转捩区的直接声辐射会传输到头部，成为头部停滞区的主要噪声来源。

1. 边界层转捩的形成机理

边界层转捩的基本形成机理如下：当边界层的雷诺数达到临界值 $Re = 3.0 \times 10^5 \sim 5.0 \times 10^5$ 时，层流边界层中的任意小扰动都可能发展成周期性波动，这是一种流体波动，称为托尔明-施利希廷（Tollmien-Schlichting，T-S）波。当 T-S 波的振幅达到足够大时，二维波发展成三维波并形成涡旋，在局部涡旋区发生湍流猝发，其标志是在速度起伏大的地方间歇性地出现湍流斑。

在转捩区，边界层处于层流和湍流并存且交替变化的状态。根据压力测量的等值线图确定湍流斑大致呈箭头形，在以平均速度 U_c 向下游迁移的过程中逐渐成长。

描述转捩区统计特性的重要量是间隙因子 γ 和湍流斑发生率 N。用一个函数 I 指示流动状态[29]，层流时取 0，湍流时取 1。这个指示函数是依赖位置坐标和时间 t 的随机函数，严格说来，$I = I(\eta_1, \eta_3, y, t)$。假设板的横向无限大，来流也是横向无限延展的，则三维流动退

化成二维流动：

$$\gamma(\eta_1) = \lim_{T \to \infty} \frac{1}{T} \int_0^T I(\eta_1, t) \mathrm{d}t \tag{2-133}$$

随机指示函数的时间平均值定义为间隙因子 $I = I(\eta_1, t)$。间隙因子是描述转捩区统计特性的重要量。只要知道间隙因子就可以估计边界层参数的局部平均特性[30]，如转捩区内边界层的速度 u、压力 p 可以分别表示为

$$u = (1-\gamma)u_L + \gamma u_T \tag{2-134}$$

$$p = (1-\gamma)p_L + \gamma p_T \tag{2-135}$$

阻力系数 C_Z 也可以按下式估计：

$$C_Z = (1-\gamma)C_{ZL} + \gamma C_{ZT} \tag{2-136}$$

式中，下标 L 表示层流状态；T 表示湍流状态。实际上，转捩区边界层状态的改变不是瞬时完成的[31]。Gedney 等[32]引入时间常数 t_R 表示流体微元从层流（湍流）变为湍流（层流）所需的时间。在此时间内，认为排挤厚度 δ^* 以指数函数规律变化。定义指数形式的随机指示函数：

$$I(t) = \begin{cases} 1 - \mathrm{e}^{-t/t_R}, & \text{层流} \to \text{湍流} \\ 1, & \text{湍流} \\ \mathrm{e}^{-t/t_R}, & \text{湍流} \to \text{层流} \end{cases}$$

利用指示函数，转捩区边界层排挤厚度可表示为

$$\delta^* = (1 - I(t))\delta_L^* + I(t)\delta_T^* \tag{2-137}$$

式中，δ_T^*、δ_L^* 分别是转捩区边界层中湍流和层流的排挤厚度。

归纳一些研究成果，对于零压力梯度的平板转捩区，间隙因子随转捩区距离变化规律可以用下式描述：$\gamma(x_1) = 1 - \mathrm{e}^{-C_1 x_1^2}$。

转捩区的另一个统计量是湍流斑的发生率，用 $N(\eta_1)$ 表示。它描述在给定点单位时间内出现湍流斑的平均数。它与间隙因子的关系是

$$N = C_2 \left((1-\gamma) \ln \frac{1}{1-\gamma} \right)^{1/2} \tag{2-138}$$

式中，$C_2 \approx 2.38 U_\infty / \Delta x$。如图 2-10 所示，图中的发生率已按 $N^* = N\Delta x / U_\infty$ 归一化。

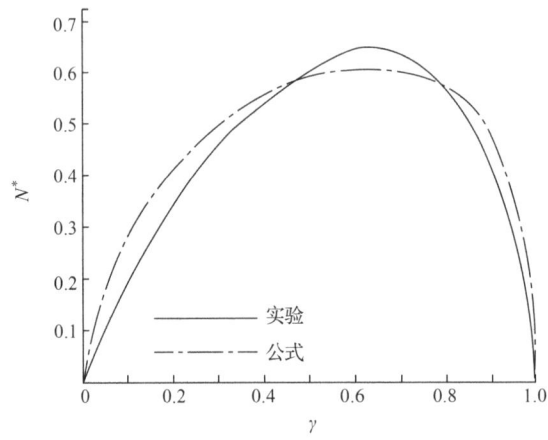

图 2-10 湍流斑发生率与间隙因子的关系

2. 边界层转捩区的压力起伏谱函数

边界层转捩区压力起伏的首次测量在消声风洞中进行。试验表明，平板转捩区壁压起伏谱服从一个简单关系：

$$\Phi(\omega) = \gamma \Phi_{\text{TBL}}(\omega) \tag{2-139}$$

式中，$\Phi(\omega)$ 是转捩区在特定的间隙因子 γ 时测量的壁压起伏的自谱密度函数；$\Phi_{\text{TBL}}(\omega)$ 是充分发展湍流区的相应值。Josserand 等[33]的试验测量了光滑和粗糙平板表面边界层转捩时的自谱和互谱，给出用湍流区壁压起伏归一化的转捩区壁压起伏均方值与间隙因子 γ 的关系，与式（2-139）一致。Gedney 等[32]的试验也指出，顺流方向的由转捩产生壁压起伏的相关性在粗糙表面比光滑表面衰减得更快，这与充分发展的湍流边界层壁压起伏的结果完全符合。White[34]发展了边界层转捩区波数-频率谱的一个半经验模型。按定义，转捩区内两点壁压的互相关函数是

$$R_{PP}(\eta_1, \xi_1, \xi_3, \tau) = P(\eta_1, \eta_3, t) P(\eta_1 + \xi_1, \eta_3 + \xi_3, t + \tau) \tag{2-140}$$

式中，ξ_1、ξ_3 是位置增量。做傅里叶变换得到波数-频率谱：

$$\Phi_{PP}(\eta_1, k_1, k_3, \omega) = \frac{1}{(2\pi)^3} \int_{-\infty}^{\infty} \int_{-\infty}^{\infty} \int_{-\infty}^{\infty} R_{PP}(\eta_1, \xi_1, \xi_3, \tau) e^{i(\omega\tau - k_1\xi_1 - k_3\xi_3)} d\xi_1 d\xi_3 d\tau \tag{2-141}$$

用 $P_I(\eta_1, \eta_3, t)$ 表示转捩区中点 (η_1, η_3) 的壁压起伏，$P_T(\eta_1, \eta_3, t)$ 表示同一点同样雷诺数条件下充分发展湍流边界层时的压力起伏，转捩区壁压起伏的集平均可以表示为

$$P_I(\eta_1, \eta_3, t) = I(\eta_1, \eta_3, t) P_T(\eta_1, \eta_3, t) \tag{2-142}$$

于是可以得到转捩区壁压起伏的相关函数：

$$R_{\text{tran}}(\eta_1,\xi_1,\xi_3,\tau) = I(\eta_1,\eta_3,t)P_T(\eta_1,\eta_3,t)I(\eta_1+\xi_1,\eta_3+\xi_3,t+\tau)P_T(\eta_1+\xi_1,\eta_3+\xi_3,t+\tau)$$
$$= R_I(\eta_1,\xi_1,\xi_3,\tau)R_{\text{TBL}}(\xi_1,\xi_3,\tau) \tag{2-143}$$

式中，R_I 是间隙指示函数 $I(\eta_1,\eta_3,t)$ 的时间-空间相关函数。

对试验结果作合理的近似，Josserand 等[33]得到平板转捩时波数-频率谱的半经验模型

$$R_{\text{tran}}(\eta_1,\xi_1,\xi_3,\tau) \simeq \gamma(\eta_1)R_{\text{TBL}}(\xi_1,\xi_3,\tau) \tag{2-144}$$

$$\Phi_{\text{tran}}(\eta_1,k_1,k_3,\omega) \simeq \gamma(\eta_1)\Phi_{\text{TBL}}(k_1,k_3,\omega) \tag{2-145}$$

3. 边界层转捩区声源模型

由有固体界面存在的辐射噪声可知，表面法向速度起伏相当于厚度噪声，径向距离 r 处的辐射声压可表示为

$$p(r,t) = \frac{\rho_0}{4\pi r}\frac{\partial}{\partial t}\int_S u_n\left(\eta,t-\frac{|x-\eta|}{c}\right)\mathrm{d}\eta \tag{2-146}$$

式中，$r=|x-\eta|$；S 是转捩区表面；η 是表面上源点矢量。定义距离 r 处声压（单边）谱密度函数为

$$\Phi(r,\omega) = 2\int_{-\infty}^{\infty} p(r,t)p(r,t+\tau)\mathrm{e}^{\mathrm{i}\omega\tau}\mathrm{d}\tau \tag{2-147}$$

利用前两个式子，并设转捩区为 Δx，$\Delta\delta^*(\eta_1)$ 独立于 η_1，可以移除积分号，得到

$$\Phi(r,\omega) \simeq \frac{\rho_0^2(\Delta\delta^*)^2\omega^2}{8\pi^2 r^2}\int_{-\infty}^{\infty}\int_S\int_S\frac{\partial I(\eta,t-r/c)}{\partial t}\frac{\partial I(\xi,t-r/c+\tau)}{\partial t}\mathrm{d}\eta\mathrm{d}\xi\mathrm{e}^{\mathrm{i}\omega\tau}\mathrm{d}\tau \tag{2-148}$$

进一步假设转捩区沿 η_3 方向均匀分布，只沿 η_1 方向不均匀分布。利用平稳随机过程的相关性与时间起点无关的性质，得到

$$\Phi(r,\omega) \simeq \frac{\rho_0^2(\Delta\delta^*)^2\omega^2}{8\pi^2 r^2}\int_{-\infty}^{\infty}\int_{\eta_1}\int_{\eta_3}\int_{\xi_1}\int_{\xi_3}\frac{\partial I(\eta_1,0,0)}{\partial t}\frac{\partial I(\eta_1+\xi_1,\xi_3,\tau)}{\partial t}\mathrm{d}\eta_1\mathrm{d}\eta_3\mathrm{d}\xi_1\mathrm{d}\xi_3\mathrm{e}^{\mathrm{i}\omega\tau}\mathrm{d}\tau \tag{2-149}$$

指示函数的导数是形状为指数函数的随机脉冲序列。它可以用脉冲 δ 随机序列的相关函数和脉冲形状因子 $|J(\mathrm{i}\omega)|^2$ 来表示：

$$\frac{\partial I(\eta_1,0,0)}{\partial t}\frac{\partial I(\eta_1+\xi_1,\xi_3,\tau)}{\partial t} = |J(\mathrm{i}\omega)|^2 I_\delta(\eta_1,0,0)I_\delta(\eta_1+\xi_1,\xi_3,\tau) \tag{2-150}$$

式中，I_δ 是 δ 函数随机脉冲序列；$J(\mathrm{i}\omega)$ 简单地等于单个脉冲形状的傅里叶变换。对于形状为指数函数的随机脉冲，有

$$|J(\mathrm{i}\omega)|^2 = \left(1+(\omega t_R)^2\right)^{-1} \tag{2-151}$$

式中，t_R 是指数函数的时间常数。若指示函数 $I(t)$ 在时间上平稳，根据

$$\frac{\partial I(\eta,t-r/c)}{\partial t}\frac{\partial I(\xi,t-r/c+\tau)}{\partial t} = -\frac{\partial^2}{\partial \tau^2}I(\eta,t-r/c)I(\xi,t-r/c+\tau) \tag{2-152}$$

可得到

$$\begin{aligned}\Phi(r,\omega) &\simeq \frac{\rho_0^2(\Delta\delta^*)^2\omega^4}{8\pi^2 r^2}|J(\mathrm{i}\omega)|^2\int_{-\infty}^{\infty}\mathrm{e}^{\mathrm{i}\omega\tau}\mathrm{d}\tau\\ &\times \int_{\eta_1}\int_{\eta_3}\int_{\xi_1}\int_{\xi_3}I_\delta(\eta_1,0,0)I_\delta(\eta_1+\xi_1,\xi_3,\tau)\mathrm{d}\eta_1\mathrm{d}\eta_3\mathrm{d}\xi_1\mathrm{d}\xi_3\end{aligned} \tag{2-153}$$

根据一系列测量结果拟合出转捩区辐射声压谱密度函数：

$$I_\delta(\eta_1,0,0)I_\delta(\eta_1+\xi_1,\xi_3,\tau) = R_1(\eta_1,\xi_1,\tau)R_2(\eta_1,\xi_3) \tag{2-154}$$

$$\int_{-\infty}^{\infty}R_2(\eta_1,\xi_3)\mathrm{d}\xi_3 \approx 3\eta_1\tan\alpha \approx \eta_1/2, \quad \alpha=9.6° \tag{2-155}$$

$$R_1(\eta_1,\xi_1,\tau) \approx \gamma(\eta_1)\mathrm{e}^{-\alpha^*|\xi_1|}\mathrm{e}^{-2N|\tau-\xi_1/U_c|} \tag{2-156}$$

对 ξ_3 积分，然后对 η_3（相当于横向 x_3）微分，得到单位横向长度转捩区产生的声压谱密度：

$$\frac{\partial\Phi(r,\omega)}{\partial x_3} \simeq \frac{\rho_0^2(\Delta\delta^*)^2\omega^4}{16\pi^2 r^2}|J(\mathrm{i}\omega)|^2\int_0^{\Delta x}\eta_1\gamma(\eta_1)\theta\int_{-\eta_1}^{\Delta x-\eta_1}\int_{-\infty}^{\infty}\mathrm{e}^{-\alpha^*|\xi_1|}\mathrm{e}^{-2N|\tau-\xi_1/U_c|}\mathrm{d}\eta_1\mathrm{d}\xi_1\mathrm{e}^{\mathrm{i}\omega\tau}\mathrm{d}\tau \tag{2-157}$$

2.3.5 接收器对湍流边界层压力起伏的空间过滤

接收器的空间过滤作用可以这样来理解：湍流边界层压力起伏就像是形状"冻结"的湍流涡旋在接收器表面上连续迁移[35]，涡旋的特征尺度 $D \sim U_c/f$。接收器或接收器阵列的空间过滤有两个用途：一是作为测量工具在测量过程中滤出所需要的波数-频率谱分量；二是作为水声中的抗噪措施抑制压力起伏产生的干扰[36]。

用波数-频率谱分析方法更容易处理接收器对压力起伏的空间过滤。假设：①有限接收面镶嵌在无限大刚硬壁面上，表面是充分发展的湍流边界层压力起伏；②压力起伏是在时间上平稳、空间上均匀的随机场。

用 $P(y,t)$ 表示压力起伏场,其中,y 是平面矢量。有限接收面接收的总压力是

$$P_M(t) = \int_S P(y,t)(h(y)/S)\mathrm{d}S(y) \tag{2-158}$$

式中,$h(y)/S$ 是接收器的单位面积灵敏度函数-响应核。$P_M(t)$ 是一个随机量,定义接收信号的时间自相关函数 $R_M(\tau) = P_M(t)P_M^*(t-\tau)$。

按定义将随机压力起伏做波数-频率谱变换:

$$P(y,t) = \int_{-\infty}^{\infty}\int_{-\infty}^{\infty} \tilde{P}(k,\omega)\mathrm{e}^{\mathrm{i}(ky-\omega t)}\mathrm{d}k\mathrm{d}\omega \tag{2-159}$$

代入压力表达式得到

$$P_M(t) = \int_S (h(y)/S)\mathrm{d}S(y)\int_{-\infty}^{\infty}\int_{-\infty}^{\infty} \tilde{P}(k,\omega)\mathrm{e}^{\mathrm{i}(ky-\omega t)}\mathrm{d}k\mathrm{d}\omega \tag{2-160}$$

接收器的空间(平面)响应也可以进行波数域分解,取按面积平均的波数域滤波函数:

$$S(k) = (1/S)\int_S h(y)\mathrm{e}^{\mathrm{i}ky}\mathrm{d}S(y) \tag{2-161}$$

于是有

$$P_M(t) = \int_{-\infty}^{\infty}\int_{-\infty}^{\infty} \tilde{P}(k,\omega)S(k)\mathrm{e}^{-\mathrm{i}\omega t}\mathrm{d}k\mathrm{d}\omega \tag{2-162}$$

$$R_M(\tau) = \int_{-\infty}^{\infty}\int_{-\infty}^{\infty}\int_{-\infty}^{\infty}\int_{-\infty}^{\infty} \tilde{P}(k,\omega)\tilde{P}^*(k',\omega')S(k)$$
$$S(k')\mathrm{e}^{-\mathrm{i}(\omega-\omega^*)t}\mathrm{e}^{-\mathrm{i}\omega'\tau}\mathrm{d}k\mathrm{d}k'\mathrm{d}\omega\mathrm{d}\omega' \tag{2-163}$$

利用波数-频率谱分析的特性得到

$$R_M(\tau) = \int_{-\infty}^{\infty}\int_{-\infty}^{\infty} \Phi_{PP}(k,\omega)|S(k)|^2 \mathrm{e}^{-\mathrm{i}\omega\tau}\mathrm{d}k\mathrm{d}\omega \tag{2-164}$$

或

$$\Phi_M(\omega) = \int_{-\infty}^{\infty} \Phi_{PP}(k,\omega)|S(k)|^2 \mathrm{d}k \tag{2-165}$$

式(2-165)表示接收器对压力起伏的波数-频率谱进行波数域滤波,$S(k)$ 就是波数域滤波函数,可以用来分析各种形状和灵敏度分布的接收器对压力起伏的响应。

具体讨论接收器对压力起伏的波数域滤波作用。首先,一个特例是不失真地接收,要求滤波函数 $h(y)/S = 1$,得到

$$\Phi_M(\omega) = \int_{-\infty}^{\infty} \Phi_{PP}(k,\omega)\mathrm{d}k = \Phi(\omega) \tag{2-166}$$

这时接收器直接测到压力起伏的自谱密度。条件是接收器必须对所有波数有均匀的响应，也就是具备空间无限频带宽谱响应，要求接收器的几何尺寸无限小。

2.4　有固体界面存在时的湍流噪声

在空气动力学和水动力学领域，经常有固体构件如风扇、压缩机和透平机的转子，以及飞机、舰船的螺旋桨和直升机的旋翼等，在湍流区域运作。这些情况下的湍流噪声对实际应用具有重要意义。当湍流区存在固体界面时，即便该界面是刚性的，也会影响湍流区的声辐射场。

固体界面对噪声的影响主要体现在两个方面：首先，它改变了噪声源的特性。流体在界面上的起伏力转化为面分布的力源，由于这种力源具有偶极子型辐射机制，其成为更有效的声辐射源。在低马赫数情况下，引入面分布的力源会显著增强辐射噪声。其次，湍流的等效源在界面上会发生反射和散射。如果界面尺寸远小于声波长，即形成一个紧致界面，反射和散射效应可以忽略；如果界面尺寸与声波长相当，即形成一个非紧致界面，反射和散射则不可忽视。对于紧致界面，分布力源的噪声表现为偶极子型指向性；而非紧致界面的指向性会偏离偶极子型。

在分析湍流区中多极子源通过界面反射的情形时，界面的存在导致形成边界层。通常，边界层的厚度远小于特征声波长，使多极子源几乎可以视为紧靠边界。如果假设界面为刚性反射面，可以进一步探讨各阶源在固体边界上的反射行为。

界面对多极子源的反射如图 2-11 所示。如图 2-11（a）所示，一个单极子源及其镜像对于远处接收点来说，等同于源强度翻倍的效果。如图 2-11（b）所示，一个平行于界面的偶极子和它的镜像产生两倍的源强度，作用在边界面的切向力就是这种情况。如图 2-11（c）所示，一个垂直于界面的偶极子的镜像具有负的源强度，因此垂直偶极子经过界面反射后变成纵向四极子。表面剪应力便是这种情况，辐射效率低。如图 2-11（d）、图 2-11（e）所示，由于界面对于雷诺应力的作用，纵向四极子（对应法向应力）和它的镜像使得源强度加倍。切向四极子（对应剪应力，除 $\rho_0 U_1 U_3$ 外）的镜像产生负的源变成八极子，显然其辐射效率更低。因此，壁面增强法向应力的辐射，同时减弱剪应力的辐射。

进一步讨论湍流区中存在界面的一般情况。湍流噪声源存在界面如图 2-12 所示，假设结构表面 S 被平均流速为零的湍流区包围。湍流区 V 存在于表面 S 外，仍保持 n 是从体积 V 指向外部的法线，所以变成表面 S 的内法线。空间点 x 的声场首先由 Curle[36]导出，Powell[37]则讨论了湍流噪声在界面的反射定理。后来 Ffowcs-Williams 和 Hawkings[38]又推导了表面 S 为任意运动情况的湍流噪声理论，得到著名的 FW-H 方程[39-40]。

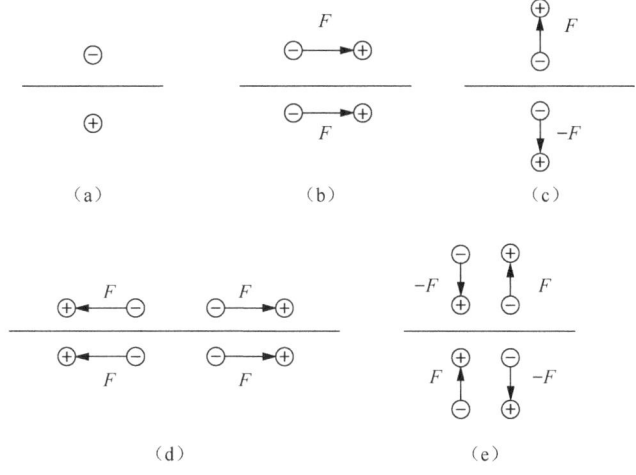

图 2-11 界面对多极子源的反射

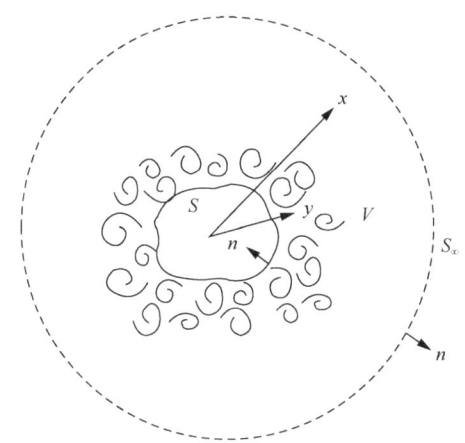

图 2-12 湍流噪声源存在界面

假设不存在外质量源和力源，在湍流区 V 内以下方程成立：

$$\nabla^2 \rho' - \frac{1}{c^2}\frac{\partial^2 \rho'}{\partial t^2} = -\frac{1}{c^2}\frac{\partial^2 T_{ij}}{\partial x_i \partial x_j} \qquad (2\text{-}167)$$

式中，$T_{ij} = \rho U_i U_j + p_{ij} - c^2 \rho \delta_{ij}$，$p_{ij} = p\delta_{ij} + \tau_{ij}$。

利用数学物理方法中的基尔霍夫公式[41]，得到有界面时式（2-167）的解：

$$\rho'(x,t) = \frac{1}{4\pi c^2}\int \frac{\partial^2 T_{ij}}{\partial y_i \partial y_j}\frac{\mathrm{d}y}{r} + \frac{1}{4\pi}\int \left(\rho'\frac{n_i}{r^2}\frac{\partial r}{\partial y_i} + \frac{n_i}{r}\frac{\partial \rho'}{\partial y_i} + \frac{n_i}{cr}\frac{\partial r}{\partial y_i}\frac{\partial \rho'}{\partial t}\right)\mathrm{d}S \qquad (2\text{-}168)$$

当表面 S 不存在时，右边第二项消失，第一项变换为

$$p = c^2 \rho' = \frac{1}{4\pi} \frac{\partial^2}{\partial x_i \partial x_j} \int \frac{T_{ij}(y, t - r/c)}{r} dy \tag{2-169}$$

类似前面的推导，应用高斯-格林定理时保留面积分，可得

$$\int \frac{1}{r} \frac{\partial^2 T_{ij}}{\partial y_i \partial y_j} dy = \int \frac{n_i}{r} \frac{\partial T_{ij}}{\partial y_j} dS + \frac{\partial}{\partial x_i} \int \frac{1}{r} \frac{\partial T_{ij}}{\partial y_j} dy \tag{2-170}$$

$$\int \frac{1}{r} \frac{\partial T_{ij}}{\partial y_j} dy = \int \frac{n_j}{r} T_{ij} dS + \frac{\partial}{\partial x_j} \int \frac{1}{r} T_{ij} dy \tag{2-171}$$

结合式（2-170）、式（2-171）可得到

$$\int \frac{1}{r} \frac{\partial^2 T_{ij}}{\partial y_i \partial y_j} dy = \frac{\partial^2}{\partial x_i \partial x_j} \int \frac{1}{r} T_{ij} dy + \frac{\partial}{\partial x_i} \int \frac{n_j}{r} T_{ij} dS + \int \frac{n_i}{r} \frac{\partial T_{ij}}{\partial y_j} dS \tag{2-172}$$

这里用到普遍的关系式：

$$\frac{\partial}{\partial x_i}\left(\frac{1}{r} g(y,t)\right) = -\left(\frac{[g]}{r^2} + \frac{1}{cr} \frac{\partial g}{\partial t}\right) \frac{\partial r}{\partial x_i} \tag{2-173}$$

考虑到对 ρ' 求导等于对 ρ 求导：

$$4\pi c^2 \rho' = \frac{\partial^2}{\partial x_i \partial x_j} \int \frac{T_{ij}}{r} dy + \int \frac{n_i}{r} \frac{\partial}{\partial t}(\rho U_i U_j + p_{ij}) dS$$

$$+ \frac{\partial}{\partial x_i} \int \frac{n_i}{r} (\rho U_i U_j + p_{ij}) dS \tag{2-174}$$

利用动量方程，可得到关系式：

$$\frac{\partial}{\partial y_i}(\rho U_i U_j + p_{ij}) = -\frac{\partial}{\partial t} \rho U_i \tag{2-175}$$

最终得到

$$4\pi c_0^2 \rho' = \frac{\partial^2}{\partial x_i \partial x_j} \int \frac{T_{ij}}{r} dy - \int \frac{n_i}{r} \frac{\partial}{\partial t}(\rho U_i) dS$$

$$+ \frac{\partial}{\partial x_i} \int \frac{n_j}{r} (\rho U_i U_j + p_{ij}) dS \tag{2-176}$$

方程右边是存在固体界面时各种等效声源的贡献。令

$$Q = -\rho n_i U_i = -\rho U_n, \quad F_i = -n_j (\rho U_i U_j + p_{ij}) \tag{2-177}$$

得到

$$4\pi c_0^2 \rho' = \frac{\partial^2}{\partial x_i \partial x_j} \int \frac{[T_{ij}]}{r} dy + \int \frac{1}{r}\left[\frac{\partial Q}{\partial t}\right] dS - \frac{\partial}{\partial x_i} \int \frac{1}{r}[F_i] dS \quad (2\text{-}178)$$

从这些等效声源来看，存在固体界面时声辐射来自三种机理的贡献：①分布于湍流区域 V 内的四极子源 $T_{ij} \approx \rho_0 U_i U_j$。②分布于表面 S 上的单极子（脉动）源 $Q = -\rho U_n$，Q 是表面向外的法向质量速度。这种噪声称为厚度噪声，因为只有表面具有一定厚度时才会产生，若表面厚度趋于 0，由于表面两边速度相等、方向相反，面积分等于 0。③分布于表面 S 上的偶极子（力）源 $F_i = -n_j(\rho U_i U_j + p_{ij})$，由湍流在面上的压力和黏性应力引起，称为负荷噪声。

如果表面是刚硬的，且整体运动，有

$$n_i U_i = 0, \quad F_i = -n_j p_{ij} = -n_j(p\delta_{ij} - \tau_{ij}) \quad (2\text{-}179)$$

得到柯尔方程：

$$4\pi c^2 \rho' = \frac{\partial^2}{\partial x_i \partial x_j} \int \frac{T_{ij}(y, t-r/c)}{r} dy - \frac{\partial}{\partial x_i} \int \frac{F_i(y, t-r/c)}{r} dS \quad (2\text{-}180)$$

在远场区域内，不难导出

$$\rho' = \frac{x_i x_j}{4\pi c^4 r^3} \int \frac{\partial^2 T_{ij}(y, t-r/c)}{\partial t^2} dy + \frac{x_i}{4\pi c^3 r^2} \int \frac{\partial F_i(y, t-r/c)}{\partial t} dS \quad (2\text{-}181)$$

如果四极子源 T_{ij} 和偶极子源 F_i 的时间尺度 T 和空间尺度 L 具有同一数量级，那么式(2-181)中第一项和第二项之比具有 $L/cT \sim u/c \ll 1$ 的量级，因而可以忽略前一项，有

$$p = c^2 \rho' \approx \frac{x_i}{4\pi c r^2} \int \frac{\partial F_i(y, t-r/c)}{\partial t} dS(y) \quad (2\text{-}182)$$

所以，对于低马赫数湍流运动，流动的固体表面产生的力源是主要噪声源。鲍威尔的反射定理是柯尔方程的推广，它强调邻近湍流区边界的影响。一有限大湍流区域 V_0 与边界 BB 以 S_0 相接触，边界不一定是刚性的，但假设它的平均速度为 0。边界面 S_1 上没有湍流运动，$T_{ij} = 0$。用一足够大的面 S_2 包围湍流区和边界，并假设扰动达不到面 S_2，如图 2-13 所示。

考虑莱特希尔方程的解时可认为在 S_0 面上 $T_{ij} \neq 0$，而在 S_1 和 S_2 面上都有 $T_{ij} = 0$。直接应用柯尔方程式，考虑到 $n_i U_i = U_n$。将 S_0 和 S_1 面的作用分开时，考虑到在 S_0 上压力起伏包括流体动力学和声学的贡献，而在 S_1 上只有声压的贡献，得到空间 x 点的声压：

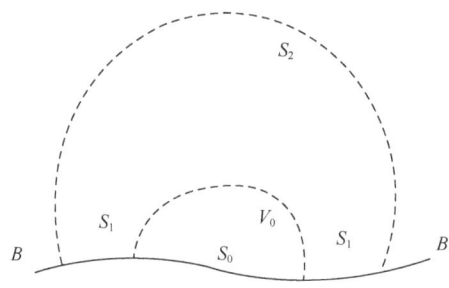

图 2-13 任意界面上反射

$$4\pi p(x,t) = \frac{\partial^2}{\partial x_i \partial x_j} \int_{V_0} \frac{T_{ij}}{r} \mathrm{d}y - \int_{S_0} \frac{n_n}{r} \rho \frac{\partial U_n}{\partial t} \mathrm{d}S - \int_{S_1} \frac{n_n}{r} \rho \frac{\partial U_n}{\partial t} \mathrm{d}S$$
$$+ \frac{\partial}{\partial x_i} \int_{S_0} \frac{1}{r} (\rho U_i U_n + p\delta_{in} - \tau_{in}) \mathrm{d}S + \frac{\partial}{\partial x_i} \int_{S_1} \frac{n_i}{r} p(y,t) \mathrm{d}S \quad (2\text{-}183)$$

平面边界的情况在实际中有重要意义。如图 2-14 所示,平面表面 $S_0 + S_1$ 将空间分成实际流动区和虚源区。对于虚源区,T_{ij}' 用另外一组面 $S_0' + S_1' + S_2'$ 封闭,在封闭区域之外的点 x 的声场为 0,得到

$$0 = \frac{\partial^2}{\partial x_i \partial x_j} \int_{V_0'} \frac{T_{ij}'}{r'} \mathrm{d}y' - \int_{S_0'} \frac{n_n'}{r'} \rho \frac{\partial U_n'}{\partial t} \mathrm{d}S' - \int_{S_1'} \frac{n_n'}{r'} \rho \frac{\partial U_n'}{\partial t} \mathrm{d}S'$$
$$+ \frac{\partial}{\partial x_i} \int_{S_0'} \frac{1}{r'} (\rho U_i' U_n' + p'\delta_{in} - \tau_{in}') \mathrm{d}S' + \frac{\partial}{\partial x_i} \int_{S_1'} \frac{n_i'}{r'} p'(y',t) \mathrm{d}S' \quad (2\text{-}184)$$

将空间 x 点的声压公式和上式相加,在边界上和 $V_0 + V_0'$ 内,有

$$n = -n', U_n = -U_n', U_{S_i} = U_{S_i}', \ p = p', \frac{\partial}{\partial y_n} = -\frac{\partial}{\partial y_n'}$$

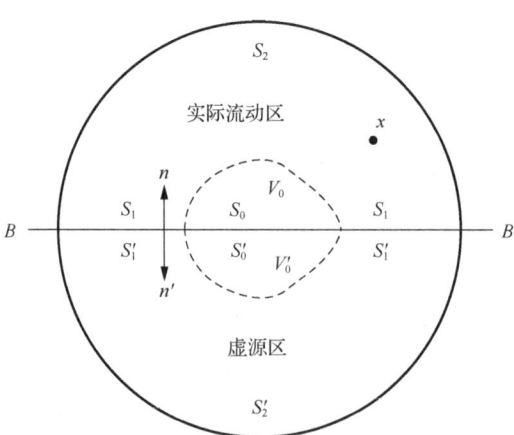

图 2-14 平面界面上反射

式中，U_{S_i} ($i=1,2$) 是平面界面上切向速度起伏，对实际源和虚源相同，而法向速度起伏 U_n 则大小相同、方向相反，得到

$$4\pi p(x,t) = \frac{\partial^2}{\partial x_i \partial x_j} \int_{V_0+V_0'} \frac{T_{ij}}{r} dy - \int_{S_0} \frac{2}{r} \rho \frac{\partial U_n}{\partial t} dS$$
$$- \int_{S_1'} \frac{2}{r} \rho \frac{\partial U_n}{\partial t} dS + \frac{\partial}{\partial x_i} \int_{S_0'} \frac{2}{r} \left(\rho U_{S_i} U_n - \tau_{S_n} \right) dS \quad (2\text{-}185)$$

如果表面刚硬且流体无黏（$\tau_{S_n} = 0$），得到简单结果：

$$4\pi p(x,t) = \frac{\partial^2}{\partial x_i \partial x_j} \int_{V_0+V_0'} \frac{T_{ij}}{r} dy \quad (2\text{-}186)$$

在这种情况下，表面只有四极子类型的湍流应力源[41]，得到如下公式：

$$4\pi p(x,t) = \frac{\partial^2}{\partial x_i \partial x_j} \int_{V_0+V_0'} \frac{T_{ij}}{r} dy - \frac{\partial}{\partial x_S} \int_{S_0} \frac{2}{r} \left[\tau_{S_n} \right] dS \quad (2\text{-}187)$$

参 考 文 献

[1] 尤立克. 水声原理[M]. 3 版. 洪申, 译. 哈尔滨: 哈尔滨船舶工程学院出版社, 1990.

[2] 何祚镛, 赵玉芳. 声学理论基础[M]. 北京: 国防工业出版社, 1981.

[3] 凌芳芳. 湍流边界层脉动压力激励潜艇模型振动声辐射[D]. 大连: 大连理工大学, 2013.

[4] 俞孟萨, 叶剑平, 吴有生, 等. 船舶声呐部位自噪声的预报方法及其控制技术[J]. 船舶力学, 2002, 6(5): 80-94.

[5] 张楠, 吕世金, 沈泓萃, 等. 潜艇围壳线型优化抑制脉动压力与流激噪声的数值模拟研究[J]. 船舶力学, 2014, 4(18): 448-458.

[6] 章文文, 徐荣武. 指挥室围壳水动力噪声及控制技术研究综述[J]. 中国舰船研究, 2020, 15(6): 72-89.

[7] 刘孝斌, 吕世金, 俞孟萨. 湍流边界层激励下腔体内水动力自噪声预报与测量[J]. 声学学报, 2015, 40(6): 845-849.

[8] Smith T A, Rigby J. Underwater radiated noise from marine vessels: A review of noise reduction methods and technology[J]. Ocean Engineering, 2022, 266: 112863.

[9] 李环, 刘聪尉, 吴方良, 等. 水动力噪声计算方法综述[J]. 中国舰船研究, 2016, 11(2): 72-89.

[10] Lighthill M J. On sound generated aerodynamically I. General theory[J]. Proceedings of the Royal Society A, 1952, 211(1107): 564-587.

[11] Lighthill M J. On sound generated aerodynamically II. Turbulence as a source of sound[J]. Proceedings of the Royal Society A, 1954, 222(1148): 1-32.

[12] Ross D. Mechanics of Underwater Noise[M]. New York: Pergamon Press, 1976.

[13] Goldstein M E. Aeroacoustics[M]. New York: McGraw-Hill, 1976.

[14] Powell A. Theory of vortex sound[J]. The Journal of the Acoustical Society of America, 1964, 36(1): 177-195.

[15] Howe M S. Contributions to the theory of aerodynamic sound, with application to excess jet noise and the theory of the flute[J]. Journal of Fluid Mechanics, 1975, 71(4): 625-673.

[16] Möhring M. On vortex sound at low Mach number[J]. Journal of Fluid Mechanics, 1978, 85(4): 685-691.

[17] Skudrzyk E J, Haddle G P. Noise production in a turbulent boundary layer by smooth and rough surfaces[J]. The Journal of the Acoustical Society of America, 1960, 32(1): 19-34.

[18] Haddle G P, Skudrzyk E J. The physics of flow noise[J]. The Journal of the Acoustical Society of America, 1969, 46(1B): 130-157.

[19] Ffowcs-Williams J E. Surface pressure fluctuations induced by boundary-layer flow at finite Mach number[J]. Journal of Fluid Mechanics, 1965, 22(3): 507-519.

[20] 许维德. 流体力学[M]. 北京: 国防工业出版社, 1989.

[21] Willmarth W W, Wooldridge C E. Measurements of the fluctuating pressure at the wall beneath a thick turbulent boundary layer[J]. Journal of Fluid Mechanics, 1962, 14(2): 187-210.

[22] Bakewell H P. The Longitudinal space-time correlation function in turbulent air flow[J]. Journal of the Acoustical Society of America, 1963, 35(6): 936-937.

[23] Corcos G M. Resolution of pressure in turbulence[J]. The Journal of the Acoustical Society of America, 1963, 35(2): 192-199.

[24] Blake K. Mechanics of Flow-Induced Sound and Vibration[M]. New York: Academic Press, 1986.

[25] Ko S H, Nuttall A H. Analytical evaluation of flush-mounted hydrophone array response to the Corcos turbulent wall pressure spectrum[J]. The Journal of the Acoustical Society of America, 1991, 90(1): 579-588.

[26] Ko S H. Performance of various shapes of hydrophones in the reduction of turbulent flow noise[J]. The Journal of the Acoustical Society of America, 1993, 93(3): 1293-1299.

[27] Lauchle G C. Hydroacoustics of transitional boundary-layer flow[J]. Applied Mechanics Reviews, 1991, 44(12): 517-531.

[28] Lauchle G C. On the radiated noise due to boundary-layer transition[J]. The Journal of the Acoustical Society of America, 1980, 67(1): 158-168.

[29] Lauchle G C. Transition noise-the role of fluctuating displacement thickness[J]. The Journal of the Acoustical Society of America, 1981, 69(3): 665-671.

[30] Gedney C J, Leehey P. Wall pressure fluctuations during transition on a flat plate[J]. Journal of Vibration and Acoustics-Transactions of the ASME, 1991, 113(2): 255-266.

[31] Josserand M, Lauchle G C. Modeling the wavevector-frequency spectrum of boundary-layer wall pressure during transition on a flat plate[J]. Journal of Vibration and Acoustics, 1990, 112(4): 523-534.

[32] White P H. Effect of transducer size, shape and surface sensitivity on the measurement of boundary-layer pressures[J]. The Journal of the Acoustical Society of America, 1967, 41(6): 1358-1363.

[33] Maidanik G. Flush-mounted pressure transducer systems as spatial and spectral filters[J]. The Journal of the Acoustical Society of America, 1967, 42(5): 1017-1024.

[34] Curle N. The influence of solid boundaries upon aerodynamic sound[J]. Proceedings of the Royal Society A, 1955, 231(1187): 505-514.

[35] Powell A. Aerodynamic noise and the plane boundary[J].The Journal of the Acoustical Society of America, 1960, 32(8): 982-990.

[36] Ffowcs-Williams J E, Hawkings D L. Sound generation by turbulence and surfaces in arbitrary motion[J]. Philosophical Transactions of the Royal Society of London, 1969, 264: 321-342.

[37] Farassat F. Discontinuities in aerodynamics and aeroacoustics: The concept and appli cation of generalized derivatives[J]. Journal of Sound and Vibration, 1977, 55(2): 165-193.

[38] 索波列夫. 数学物理方程[M]. 钱敏, 等译. 北京: 人民教育出版社, 1958.

[39] 汤渭霖, 俞孟萨, 王斌. 水动力噪声理论[M]. 北京: 科学出版社, 2019.

第 3 章　结构振动声辐射及其控制

3.1　声波的辐射

本节将关注声源在介质中的振动行为及其对声能的辐射。这一过程涉及声源与介质之间的相互作用机制,即声源作为振动系统在介质中受到的反作用力。通过深入研究这一机制,可以进一步揭示声场作用力的本质,并精确计算施加振源的辐射阻抗[1]。为此,本节将求解声场中声压振速的分布函数,以便准确描述辐射声能在声场中的分布情况,为声源辐射声波的应用提供更为准确的理论依据[2]。

3.1.1　声波的辐射现象

1. 电声换能器的类比电路和等效电路

作为声源使用的电声换能器,其构成主要包含机械系统与电路系统两大组成部分。其机械系统涉及惯性、弹性和损耗等多个方面。其中,惯性以等效质量来量化表达,而弹性则以等效力顺 C_m（亦可称为柔顺系数,它与刚性系数 D 之间呈倒数关系）进行表示。至于内阻尼损耗,则通过其等效阻力系数 R_m 来进行描述。弹性体可被视为等效的集中参数系统。通过机电类比方法,得以构建出最基础的单自由度系统的等效电路,如图 3-1 所示。

在电声换能器工作时,机电系统之间的相互耦合作用尤为关键。具体而言,当电路系统中有电量输入时,机械系统会相应地产生力学量。以压电换能器为例,一旦在其一端施加电压 $U_\sim$,机械系统便会立即产生相应的力 $F_\sim$。对于线性转换系统而言:

$$F_\sim = NU_\sim, \quad u = -\frac{I}{N} \tag{3-1}$$

式中,N 为电声系统机电转换系数,取决于系统本身的参量。

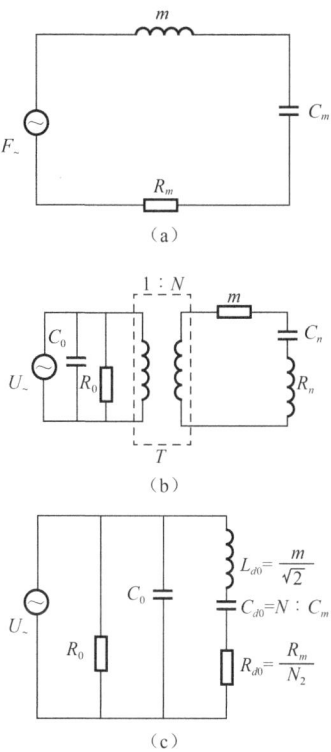

图 3-1 压电式电声换能器的等效电路

采用严谨的电路分析方法类比，机电转换过程可视为电路中变压器耦合的过程。将电路与机械系统之间的耦合关系转化为机电类比电路，具体见图 3-1（b）。图中虚线所圈定的部分 T 为机电变压器[3]。

基于上述类比电路，进一步推导出机电系统的等效电路，具体细节见图 3-1（c）。在这个等效电路中，参数 C_0 和 R_0 分别表示换能器机械部分在固定不动状态下的电容和电阻。值得注意的是，机电变压器的变压比等于 N。此外，L_{d0}、R_{d0} 和 C_{d0} 则分别表示换能器机械系统在电路中反映出的等效电感、等效电阻和等效电容。最后，根据变压器阻抗变换原理，可以得出初级回路的阻抗 Z_{d0} 为

$$Z_{d0} = \frac{Z_{m0}}{N^2} = R_{d1} + \mathrm{i}\left(L_{d0}\omega - \frac{1}{\omega C_{d0}}\right) \quad (3\text{-}2)$$

$$R_{d0} = \frac{R_m}{N^2}, \quad L_{d0} = \frac{m}{N^2}, \quad C_{d0} = N^2 C_m \quad (3\text{-}3)$$

式中，Z_{d0} 为电声换能器等效电路的动态阻抗；L_{d0}、C_{d0}、R_{d0} 分别为动态电感、动态电容和动态电阻。

在图 3-1（c）输入端的输入总导纳——换能器等效的电导纳可以写作：

$$\begin{cases} Y_{e0} = Y_{e0} + Y_{d0} = g_{e0} + ib_{e0} \\ Y_{d0} = \dfrac{1}{R_0} + i\omega C_0, \quad Y_{d0} = g_{d0} + ib_{d0} \\ g_{e0} = \dfrac{1}{R_0} + g_{d0}, \quad b_{e0} = i\omega C_0 + b_{d0} \\ g_{d0} = \dfrac{R_{d0}}{R_{d0}^2 + \left(\omega L_{d0} - \dfrac{1}{\omega C_{d0}}\right)^2}, \quad b_{d0} = \dfrac{-\left(\omega L_{d0} - \dfrac{1}{\omega C_{d0}}\right)}{R_{d0}^2 + \left(\omega L_{d0} - \dfrac{1}{\omega C_{d0}}\right)^2} \end{cases} \quad (3\text{-}4)$$

不难看出，电导最大值相应的频率 $f_0 = \omega_0/(2\pi)$，即

$$\begin{cases} \omega L_{d0} - \dfrac{1}{\omega C_{d0}} = 0 \\ f_0 = \dfrac{1}{2\pi}\dfrac{1}{\sqrt{L_{d0}C_{d0}}} = \dfrac{1}{2\pi}\dfrac{1}{\sqrt{mC_m}} \end{cases} \quad (3\text{-}5a)$$

它等于机械系统的谐振频率。在此频率上，

$$\begin{cases} g_{s0\max} = \dfrac{1}{R_0} + \dfrac{1}{R_{d0}} = \dfrac{1}{R_0} + \dfrac{N^2}{R_m} \\ b_{s0} = iC_0\omega_0 \end{cases} \quad (3\text{-}5b)$$

式（3-4）的曲线如图 3-2（a）所示。经过分析，发现单振子在空气中的实验频率特性曲线与理论分析的曲线吻合度极高。然而，当将同一个换能器置于水中进行测量时，所得到的结果与空气中的测量结果存在显著差异。

具体而言，在空气环境中，导纳曲线呈现出尖锐的特点，通频带相对较窄。通过计算，得知其机械品质因数 Q_m 通常可达几十至上百赫兹，若置于真空环境中，这一数值还将进一步上升。然而，在水介质中，导纳曲线变得相对平坦，机械品质因数 Q_m 显著下降，仅有几至十几赫兹。这一现象表明，系统在水中的阻尼明显增大，如图 3-2（b）所示[4]。

根据实验结果，当将换能器置于水中进行测试时，得到的曲线与在空气中的相比最大值存在一定的偏离。此现象表明，谐振频率的变化可能源于系统中质量或刚度的变动。在单自由度的机械系统中，单个辐射器在辐射声波时，相较于空气中的谐振频率会轻微下降。显然，这些观测到的现象与换能器在水中产生声辐射的过程密切相关。具体而言，当换能器辐射声波时，会在介质中构建出一个声场，此声场对振动面产生一定的作用，进而导致换能器的工作特性发生变化。

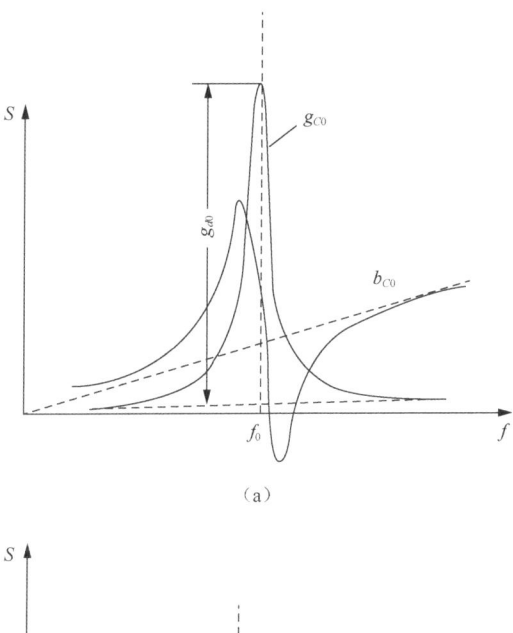

(a)

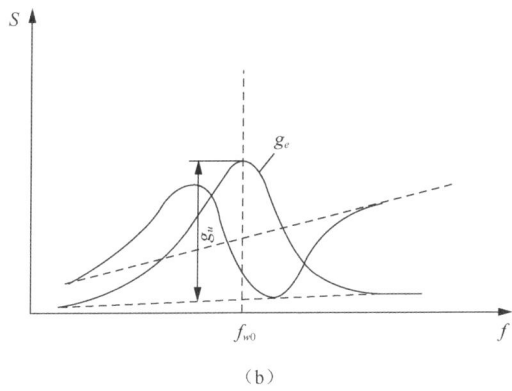

(b)

图 3-2 换能器在真空中和水中的电导纳频率特性曲线

2. 声场对辐射器的作用

当水中换能器受到外加电压作用时,其振动面将产生振动并辐射声波。这一振动过程不仅使贴近其表面的介质产生形变,还将系统的部分机械能传递给介质,从而在声场中形成声能。

在发射辐射声波的过程中,换能器同样受到声场的作用。这种作用具体表现为贴近振动面的介质对其施加的作用力。此作用力与振动面施加在介质上的力在数值上相等但方向相反,体现了力的相互作用原理[5]。

振源产生的声场可通过声压的空间分布函数进行描述。介质对振动面的作用力则取决于贴近其表面的介质声压。因此,根据发射面上声压分布沿振动面的积分,可以精确计算出介质对振动面所施加的作用力 X,从而更深入地了解声场的传播特性及其与介质之间的相互作用。

$$X = \iint_{s_0} p_a \mathrm{d}s \tag{3-6}$$

式中，p_a 为发射面上分布的声压，一般说来，它的分布不均匀，而且相位也不同。

在声场之中，声压与相应位置的介质质点振速之间呈正比关系，即 $p = uZ_0$，声压 Z_0 与该点介质的波阻抗紧密相关。具体而言，当介质贴近发射面时，其质点的法向振速与发射面的法向振速保持一致，这里法向振速的正向定义为指向介质的方向。因此，发射面上的声压分布可以准确地表达为质点法向振速的函数。

$$p_a = u_a Z_a \tag{3-7}$$

式中，u_a 为发射面上的法向振速；Z_a 为贴近发射面处的介质波阻抗。将上式代入式（3-6）中，得到声场对发射器的作用力：

$$X = -\iint_{s_0} p_a \mathrm{d}s = \iint_{s_0} u_a Z_a \mathrm{d}s \tag{3-8}$$

在上述公式中，负号用以指示力的作用方向与发射面的外法线方向呈现相反态势，即当声场作用力施加于某一面上时，其方向被定义为与该面所受压力的方向一致，以正方向表示。这种定义方式下，X 与振速方向呈现相反态势。通常情况下，振动面上各点的振速存在差异。然而，在特定情况下，振动面上法向振速呈现等幅同相的特点，此时被称为"活塞式"辐射器。因此，式（3-8）中的 u_a 可以提到积分号外部进行计算：

$$X = -u_a \iint_{s_0} Z_a \mathrm{d}s \tag{3-9}$$

仅在平面波辐射的情形下，波阻抗 $Z_0 = \rho_0 c$ 呈现实数特性。因此，通过对最终式的积分运算，可以确定辐射器在声场单位面积上所受到的作用力为 $u_a \rho_0 c$，该作用力实质上表现为一种有功阻力。然而，在一般声场环境中，波阻抗不仅随空间坐标的变化而变化，而且呈现复数的特性，具体表达为 $Z_a = R_a + \mathrm{i} x_a$。基于这一特性，上式需相应地进行改写：

$$\begin{cases} X = -u_d \iint_{s_0} (R_a + \mathrm{i} x_a) \mathrm{d}s = -u_a (R_s + \mathrm{i} x_s) = -u_a Z_s \\ Z_s \to 复数量, \quad Z_s = R_s + \mathrm{i} x_s \end{cases} \tag{3-10}$$

此式明确指出，声场作用于发射器上的力以及发射器为了驱动介质而产生的激发声场的力，与振源表面振动速度的相位之间存在差异。显然，当发射器置于介质中运行时，其机械系统所承受的外力不仅包含振动力，还包括声场作用力 X。故在构建换能器机械系统的运动方程式时，应纳入声场作用力 X 的影响：

$$m \frac{\mathrm{d}^2 \xi_a}{\mathrm{d}t^2} + R_{mi} \frac{\mathrm{d}\xi_a}{\mathrm{d}t} - \frac{1}{C_m} \xi_a = F - X \tag{3-11}$$

将式（3-10）代入式（3-11）中，并令 $\dfrac{\mathrm{d}\xi_a}{\mathrm{d}t}=u_a$，则在谐和力 $F_\sim$ 的作用下，有

$$\left[R_{mi}+\mathrm{i}\left(m\omega-\dfrac{1}{C_m\omega}\right)\right]u_a = F_\sim - u_a Z_s \tag{3-12}$$

$$F_s = (Z_{m0}+Z'_s)u_a = Z_m u_a \tag{3-13}$$

从而得到机械系统水中的机械阻抗：

$$Z_m = Z_{m_0}+Z_s \quad \text{或} \quad Z_m = (R_{mi}+R_s)+\mathrm{i}\left(m\omega-\dfrac{1}{\omega C_m}+x_s\right) \tag{3-14}$$

显然，当辐射器在介质中运行时，声场的影响体现为在发射器的机械系统内引入了额外的外力作用[6]。这一外力可被视为一个附加的机械阻抗 Z_s，它实际上充当了声源声辐射的负载，因此被命名为辐射阻抗。

3. 辐射阻抗、辐射声功率和辐射效率

发射器在介质中运作时所产生的辐射阻抗，由实部 R_s 与虚部 R_{mi} 两部分共同构成。其中，实部 R_s 与虚部 R_{mi} 呈现出相似性，均涉及对有功功率的吸收。然而，两者之间又存在本质的差异。具体而言，实部 R_{mi} 吸收的功率主要用于机械系统内部阻尼的消耗，这部分能量往往转化为分子无规运动的形式，进而表现为热损耗。相比之下，实部 R_s 吸收的有功功率则实际上代表了声源部分机械能向介质中辐射声能的转化。

简单声结构、单自由度系统的辐射器在介质中工作时，R_s 恒为正值，一般情况下 m_s 也是正值。如果 $x_s>0$，则辐射阻抗表现为惯性作用，可表示成 $x_s=m_s\omega$，即

$$m_s = \dfrac{x_s}{\omega} \tag{3-15}$$

式中，m_s 为共振质量，即声源在辐射声波时，需克服介质特定作用以推动周围介质的质量。将式（3-15）代入式（3-14）中的 x_s 对应项，可以推导出压电换能器介质在声辐射过程中的类比电路与等效电路，如图 3-3 所示。

得到换能器在介质中辐射声波时，等效电导和等效电纳为

$$g_s = \dfrac{1}{R_0}+g_d, \quad b_s = b_d+\mathrm{i}\omega C_0 \tag{3-16}$$

式中，动态电导 g_d 和动态电纳 b_d 为

$$\begin{cases} g_d = -\cfrac{R_d}{R_d^2 + \left(L_d\omega - \cfrac{1}{\omega C_d}\right)^2}, \quad b_d = \cfrac{-\left(\omega L_d - \cfrac{1}{\omega C_d}\right)}{R_d^2 + \left(\omega L_d - \cfrac{1}{\omega C_d}\right)^2} \\ R_d = -\cfrac{R_{m,t} + R_s}{N^2}, \quad L_d = -\cfrac{m + m_s}{N^2}, \quad C_d = N^2 C_m \end{cases} \quad (3\text{-}17)$$

这时，谐振频率变为

$$f_{w0} = \frac{1}{2\pi\sqrt{L_d C_d}} = \frac{1}{2\pi\sqrt{(m + m_s)C_m}} \quad (3\text{-}18)$$

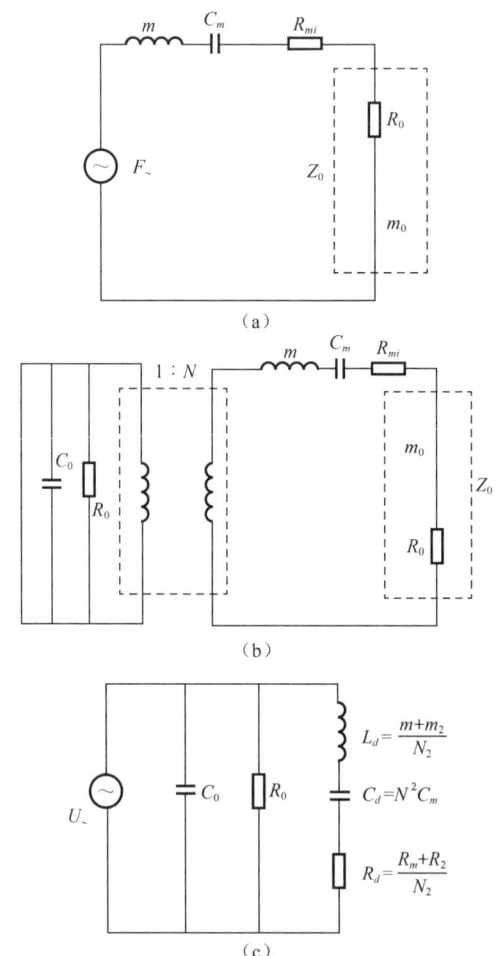

图 3-3 压电换能器声辐射时类比电路和等效电路

可见，$f_{w_0} < f_0$，故谐振时等效电导达到最大。

$$\begin{cases} g_{s_{\max}} = \dfrac{1}{R_0} + \dfrac{1}{R_d} = \dfrac{1}{R_0} + \dfrac{N^2}{R_{ms} + R_s} \\ b_s = \mathrm{i}C_0\omega_{w0} \end{cases} \quad (3\text{-}19)$$

由等效电路不难给出换能器辐射状态下的电功率，与空气中的情况相比，该装置在特定环境下所表示的 θ_m 值有所减小，导致其电导峰值明显降低，且谐振曲线表现出更为平坦的特性。电声换能器在真空环境中运行时，其负载状态为零，因此不产生声辐射现象[7]。

依据等效电路的分析，可以轻易推导出换能器在辐射状态下的电功率。当电端电压的有效值 U_0 达到某一特定值时，换能器的性能将表现出相应的变化规律：

$$W_e = U_0^a g_d = U_0^a \left(\dfrac{1}{R_0} + g_d \right) = W_{ei} + W_{em} \quad (3\text{-}20)$$

式中，W_e 为总消耗功率；W_{ei} 为电路系统中的损耗功率；$W_{em} = \dfrac{U_0^a}{R_0}$ 为电声系统转换到机械系统的功率。

$$\begin{aligned} W_{am} &= \dfrac{F_0^2}{N} \dfrac{R_d}{|Z_d|^2} = \dfrac{F_0^2}{N^4} \dfrac{R_{mi} + R_s}{|Z_s|^2} = \dfrac{F_0^2}{|Z_m|^2}(R_{mi} + R_s) \\ &= u_{a0}^2 (R_{mi} + R_r) = W_{mi} + W_{ma} \end{aligned} \quad (3\text{-}21)$$

式中，W_{am} 为机械系统的总功率；F_0 为电、机耦合的力（有效值）；u_{a0} 为辐射面的振动速度（有效值）；$W_{mi} = u_{a0}^2 R_{mi}$ 为发射器机械系统的内损耗功率；$W_{ma} = u_{a0}^2 R_s$ 为机械系统对介质做功的功率，即机械能转换为声能的功率，称为辐射声功率，简称为辐射功率（后文用 W_a 表示）。电声学中定义：

$$\begin{cases} \eta_{m/e} = \dfrac{W_{em}}{W_e} \times 100\% = \dfrac{g_d}{g_e + g_d} \times 100\% \\ \eta_{a/m} = \dfrac{W_{ma}}{W_{em}} \times 100\% = \dfrac{R_s}{R_{mi} + R_s} \times 100\% \end{cases} \quad (3\text{-}22)$$

式中，$\eta_{m/e}$ 为电-机效率；$\eta_{a/m}$ 为机-声效率，从而可得到电声系统的电声效率：

$$\eta_{a/e} = \dfrac{W_a}{W_e} = \dfrac{W_{ma}}{W_{ea}} \dfrac{W_{em}}{W_e} = \eta_{a/m} \eta_{m/e} \quad (3\text{-}23)$$

显然，当系统以机械谐振频率进行辐射时，其辐射功率将达到最大值，且效率也将趋近于最佳状态。在工程实践应用中，为了优化性能，通常将换能器的谐振频率设定在所需的工作频率上[8]。

提升换能器的电声效率在大功率发射过程中具有至关重要的作用。增大发射功率必然需要提高电源功率。若电声效率低下，则电源功率的利用率也会相应降低，导致大部分能量在电路和机械系统内部被消耗，并转化为热能。这不仅会使换能元件及其周围环境的温度升高，还可能导致元件的电声参数变差，进而影响换能器的性能稳定性。这一现象在某些压电晶体材料中尤为显著。例如：酒石酸钾钠在温度达到 50℃时可能完全丧失压电效应；尽管锆钛酸铅的居里点较高，但其电声参数仍会随温度的变化而发生显著变化。因此，在设计和应用换能器时，必须充分考虑电声效率的影响因素，以确保系统的稳定性和可靠性。

提高换能器效率需从多方面着手。首要任务是优化换能器元件的材料性能，即提升压电系数及机电耦合系数，同时降低强场损耗，并增强电声参数的温度稳定性，进而降低 g_a 值并提高变压比 N 的性能。此外，还需关注换能器振动系统的结构与工艺。通过减少系统等效内损耗，如改善换能器油的黏滞性、增加反声后衬、采用去耦材料和结构，以及减少不必要的振动模式耦合等方式，可以进一步优化换能器的性能[9]。

另外，提升辐射声阻同样关键，需防止不利于辐射声阻提高的声耦合作用产生。鉴于换能器结构形式繁多，不同形式的振动面辐射阻抗各异，且换能器结构往往很复杂，因此需综合考虑材料选择及声学结构设计，以提高辐射声阻。对于带有反声罩的水下声系统，反声罩的结构形式和壁的声学特性对各个阵元的辐射阻抗具有显著影响，且相控辐射时，阵元间的声场互耦合作用亦会影响辐射功率输出。

综上所述，声辐射现象在电声系统中表现为辐射阻抗，涉及换能器材料、振子及基阵的声学结构。本节虽不对声学系统设计问题进行深入讨论，但将针对声辐射的典型问题展开探讨，以帮助读者对声辐射相关规律有基本了解。

3.1.2 球形声源的辐射

在声介质中，球形声源通过其辐射面实现各向均匀的脉动，进而产生均匀球面波。这种声辐射形式最为基础，例如，采用压电陶瓷制作而成的均匀球壳，在外加电压频率相对较低的情况下，其产生的声辐射即呈现此种形式。实际上，对于绝大多数低频发射器而言，当其尺寸与介质中声波波长之比很小时，其声辐射特性可近似等效于一个脉动球面发射器，所辐射的声波亦趋近于均匀球面波。

1. 辐射阻抗

在无限介质中，球面波声场中的波阻抗为

$$Z(r) = \rho c \frac{(kr)^2}{1+(kr)^2} + \mathrm{i} \rho c \frac{kr}{1+(kr)^2} \tag{3-24}$$

则在球面上（球的半径 $r = a$）的波阻抗为

$$Z_a = 0c\frac{(ka)^2}{1+(ka)^2} + \mathrm{i}p_i\frac{ka}{1+(ka)^2} \tag{3-25}$$

由于球面振速 u_s 是均匀的，$u(r,t)_{r=a} = u_a\mathrm{e}^{\mathrm{i}\omega t}$，可得球面的辐射阻抗为 $Z_s = \iint Z_s\mathrm{d}s = Z_s \cdot 4\pi a^2 = R_s + \mathrm{i}x$。这里，

$$\begin{cases} \text{辐射阻} \quad R_s = 4\pi a^2\rho c\cdot\frac{(ka)^2}{1+(ka)^2} \\ \text{辐射抗} \quad x_s = 4\pi a^2\rho c\frac{ka}{1+(ka)^2} = \left(\frac{4}{3}\pi a^3 p\right)\frac{3\omega}{1+(ka)^2} \\ \text{共振质量} \quad m_s = \frac{x_s}{\omega} = 3M_0\frac{1}{1+(ka)^2} \end{cases} \tag{3-26}$$

式中，$M_0 = \frac{4}{3}\pi a^3\rho$ 为球所排开同体积介质的质量。图 3-4 为无因次量 $R_s/\rho cs$ 和 $x_s/\rho cs$ 随着 $k_a = \pi d/\lambda$ 变化的图形（$d = 2a$）。

根据图 3-4 可以观察到，在高频辐射（$a \gg \lambda$）时，$R_s \to \rho cs$，$x_s \to \mathrm{i}\frac{\rho cs}{ka} \approx 0$，球面附近展现出平面波的传播特性。而在低频辐射（$a \ll \lambda$）时，$R_s \ll \rho cs$，$x_s \to 4\pi^2 Pc\frac{a^2}{\lambda^2} = \pi\rho c\frac{s^2}{\lambda^2}$，$m_s \to 3M_0$，辐射阻抗与频率的平方成正比（需要注意的是，当满足一定条件 $d/\lambda = 2a\lambda < 0.1$ 时，误差大约在 1dB）。低频范围内，小球的辐射效率相对较低。然而，在球的直径与介质中波长之比小于十分之一的范围内，随着频率的增加，辐射阻呈现较为迅速的上升趋势。在相同的低频辐射条件下，声场特性显著，辐射抗的部分相较于阻的部分更为显著。也就是说，在单球低频辐射时，球面的声压与振速之间的相位差接近 90°。随着频率的进一步提高，相位差逐渐减小，直至高频时，换能器的 R_s 值逐渐超过 x_s，使相位差趋于零。

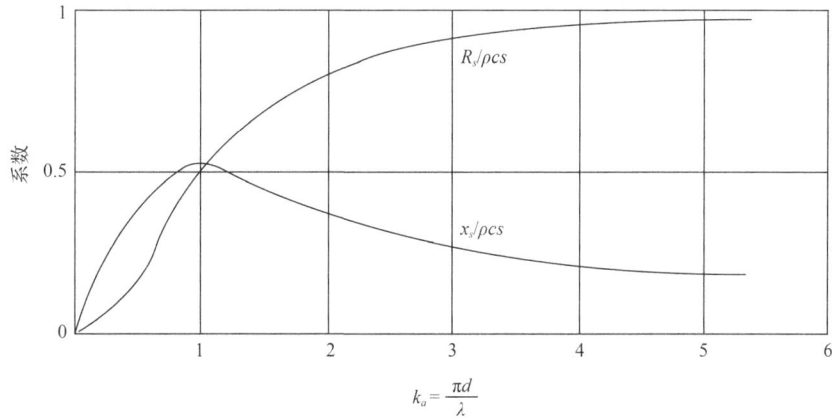

图 3-4 均匀脉动球形辐射器的辐射阻抗

2. 辐射声功率

辐射声功率可以通过辐射阻抗求得：

$$W_a = u_{a_0}^2 R_s = Pc4\pi a^2 u_{a_0}^2 \frac{(ka)^2}{1+(ka)^2} = \frac{u_0^2}{2} \tag{3-27}$$

式中，u_{a_0} 和 u_0 分别为表面振速的有效值及峰值。

当振速不变，低频段的声功率和频率的平方成正比。而在高频段（$d > 2\lambda$）不难看出，声功率趋于极限值 $W_a \to \frac{u_0^2}{2}\rho c 4\pi a^2$。声功率亦可通过声场中的声强对包围声源的封闭面进行积分运算而得出。

根据球面声源表面条件 $u(r,t)|_{r=a} = u_0 e^{i\omega t}$ 求得

$$\begin{cases} 声压式 \quad p(r,t) = \frac{A}{r} e^{i(ms-kr)} \\ 振速式 \quad u(r,t) = \frac{A}{\rho cr} \frac{1+ikr}{ikr} e^{i(ms-kr)} \end{cases} \tag{3-28}$$

式中，系数为

$$A = \frac{k\rho c u_0 a^2 e^{i(k^2+\varphi_0)}}{\sqrt{1+(ka)^2}}, \quad \tan\varphi_0 = \frac{1}{ka} \tag{3-29}$$

声场中的声强为

$$\begin{aligned} I(r) &= \frac{1}{T} \int_0^T R_e\left(p(r,t)\right) \cdot R_e\left(u(r,t)\right) dt \\ &= \frac{1}{2} R_e\left(p(r,t) u^*(r,t)\right) \end{aligned} \tag{3-30}$$

式中，$u^*(r,t)$ 为 $u(r,t)$ 的共轭复数。将式（3-29）代入式（3-30）中，可得

$$I(r) = \frac{1}{2} R_s \left(-\frac{AA^*}{\rho cr^2}\left(1 - \frac{1}{ikr}\right) \right) = \frac{1}{2} \frac{|A|^2}{\rho cr^2} = \frac{u_0^2}{2r^2} \frac{\rho c a^2 (ka)^2}{1+(ka)^2} \tag{3-31}$$

此式证实了按照整个球面积分的声辐射功率等同于施加在等效电阻上的电功率。这个结果揭示了声源向声场提供的有功功率等同于单位时间内通过整个波阵面传递的有功能流。这一结论是无损耗介质中机械能守恒定律的必然体现，特别是在高频辐射时，

$$W_a \approx \frac{1}{2}\rho c s u_0^2 \tag{3-32}$$

在低频辐射时，

$$W_a \approx \frac{1}{2}\rho c s(ka)^2 u_0^2 \tag{3-33}$$

3.1.3 亥姆霍兹方程及其应用

亥姆霍兹方程在声学领域具有广泛的应用价值，如用于计算辐射系统的指向性和曲面射声场等。在此，将亥姆霍兹方程应用于活塞辐射器的辐射问题计算中。活塞辐射器是一种有限平面辐射器，其辐射面上的质点在表面的法线方向上进行同相等幅振动。亥姆霍兹方程通过采用积分公式解的方法，实现对声场的计算。

在已知空间某一封闭曲面上速度势函数 ϕ_s 和它的法向导数函数值 $\left(\dfrac{\partial \phi}{\partial n}\right)$ 的情况下，可以利用亥姆霍兹方程，通过面积分的方式求解出空间任一点的速度势 ϕ_m。因此，亥姆霍兹方程是利用速度势函数 ϕ_s 表示的声场积分 $\left(\dfrac{\partial \phi}{\partial n}\right)$ 的形式解。需要指出的是，此公式主要适用于稳态单频波动情况。而对于非稳定的波动问题，如脉冲波传播等，则需要采用柯克霍夫公式进行计算。

理想流体介质中小振幅声波的波动方程式为

$$\nabla^2 \Phi - \frac{1}{c^2}\frac{\partial^2 \Phi}{\partial t^2} = 0 \tag{3-34}$$

对于单频声波速度势 $\Phi = \phi e^{j\omega t}$，$\Phi$ 是空间分布函数，它满足亥姆霍兹方程

$$\nabla^2 \phi + k^2 \phi = 0, \quad k = \frac{\omega}{c} \tag{3-35}$$

再引入辅助函数 ψ，并设在由封闭曲面 s 所包围的空间区域 V 中，函数 Φ、ψ 在 V 中和 s 上都有一阶和二阶连续有界偏导数，并且 $\phi e^{i\omega t}$ 和 $\psi e^{i\omega t}$ 都满足波动方程式：

$$\begin{cases} \nabla^2 \phi + k^2 \phi = 0 \\ \nabla^2 \psi + k^2 \psi = 0 \end{cases} \tag{3-36}$$

以上引入的函数 Φ、ψ 满足格林公式条件，故有以下关系：

$$\iiint_V (\phi \nabla^2 \psi - \psi \nabla^2 \phi) dV = \iint_s \left(\phi \frac{\partial \psi}{\partial n} - \psi \frac{\partial \phi}{\partial n}\right) ds \tag{3-37}$$

这里 $\dfrac{\partial}{\partial n}$ 是表示沿 s 面外法线方向的偏导数（所谓外法线是指法线引向函数 Φ、ψ 有定义的

以 ϕ 乘以式（3-36）第二式，又以 ψ 乘以式（3-36）第一式然后相减，则式（3-37）左边被积函数恒等于 0，于是有

$$\iint_s \left(\phi \frac{\partial \psi}{\partial n} - \psi \frac{\partial \phi}{\partial n} \right) ds = 0 \tag{3-38}$$

在构建辅助函数 $\psi = e^{-ikr}/r$ 时，选定一个特定的空间点 o 作为参考点，并基于该点计算距离 r。实际上，这个 o 点扮演着观察点的角色。之所以选择这样的辅助函数形式，主要出于以下考虑：界面上单位长度的波源对观察点 o 所产生的影响为特定的值 $\psi e^{i\omega t} = e^{i(\omega t - kr)}/r$。而沿界面进行的面积分，则旨在将界面上各个元波对 o 点产生的扰动效应进行叠加，从而全面反映其对观察点 o 的综合影响。

显然，除函数 $p(r,\omega) = \frac{1}{2\pi} \int_{-\infty}^{\infty} p(r,t) e^{i\omega t} dt$ 在 $r=0$ 点处存在奇点外，该函数在其他所有位置均符合所设定的假设条件及波动方程的要求。基于这一事实，当点 o 位于 s 的外部，并且 Φ 的所有奇点也均位于 s 的外部时，可以断定，函数 ψ 和 Φ 均符合格林公式的应用条件。因此，根据格林公式的性质，相应的积分值将为 0[10]，即

$$\iint_s \left(\phi \frac{\partial}{\partial n} \left(\frac{e^{-ikr}}{r} \right) - \frac{e^{-ikr}}{r} \frac{\partial \phi}{\partial n} \right) ds = 0 \tag{3-39}$$

波动方程的解即为所需的 Φ。在此，Φ 在 s 中不存在奇点，其物理意义在于封闭曲面 s 所围成的区域内不存在点源。因此，式（3-39）所表达的含义是，由 s 面上的振动所产生的对 s 外 o 点的贡献总和为 0。

在考察给定问题时，若 o 点位于 s 区域内，且 s 区域不存在声源（即 Φ 在 s 区域内无奇点），由于 o 点为 ψ 的奇点，故原式无法成立。然而，若构造一个以 o 点为中心、半径为 ε 的小球面 σ，并计算其体积 τ，则在 V 减去 τ 的范围内，ψ 将不再具有奇点。因此，对于体积 $(V-\tau)$ 的积分，式（3-37）的左侧将为 0。同时，对于面 $(s+\sigma)$ 的积分，式（3-37）的右侧亦为 0

$$\iint_s \left(\phi \frac{\partial}{\partial n} \left(\frac{e^{-ikr}}{r} \right) - \frac{e^{-ikr}}{r} \frac{\partial \phi}{\partial n} \right) ds = -\iint_\sigma \left(\phi - \frac{\partial}{\partial n} \left(\frac{e^{-ikr}}{r} \right) - \frac{e^{-ikr}}{r} \frac{\partial \phi}{\partial n} \right) d\sigma$$

$$= \iint_\sigma \left(\left(-ik\phi - \frac{\partial \phi}{\partial r} \right) \frac{e^{-ikr}}{r} - \phi \frac{e^{-ikr}}{r^2} \right) d\sigma \tag{3-40}$$

这里，σ 面的外法线方向元 n 和 r 的增加方向相反（r 以 o 为原点），即 $\frac{\partial}{\partial n} = -\frac{\partial}{\partial r}$。

由于在 σ 球面上 $\mathrm{d}\sigma = \varepsilon^2 \mathrm{d}\Omega$（$\mathrm{d}\Omega$ 为 $\mathrm{d}\sigma$ 所对应的立体角），且 τ 又在 V 内，所以 Φ 和 $\dfrac{\partial \phi}{\partial r}$ 在 σ 上和 τ 内为有限值，于是对式（3-37）右边括号中前一项积分有

$$\iint_{\sigma}\left(-\mathrm{i}k\phi - \frac{\partial \phi}{\partial r}\right) \cdot \frac{\mathrm{e}^{-\mathrm{i}kr}}{r} \mathrm{d}\sigma = \lim_{\varepsilon \to 0} \iint_{\sigma}\left[r\left(-\mathrm{i}k\phi - \frac{\partial \phi}{\partial r}\right)\right]_{r=\varepsilon} \mathrm{e}^{-\mathrm{i}kr} \mathrm{d}\Omega \to 0 \quad (3\text{-}41)$$

而后一项有

$$\lim_{\varepsilon \to 0}\left(-\iint_{\sigma}\left(\phi \frac{\mathrm{e}^{-\mathrm{i}kr}}{r^2} r^2\right)_{r=\varepsilon} \mathrm{d}\Omega\right) \to -4\pi\phi(0) = -4\pi\phi_0 \quad (3\text{-}42)$$

综合两式，可把亥姆霍兹定理描述为：令 Φ 为波动方程式 $(\nabla^2 + k^2)\phi = 0$ 的解，它在封闭曲面上和曲面之中的任意点皆有有界的连续的一阶和二阶偏导数（即 s 内无源），则有

$$\iint_{s}\left(\frac{\mathrm{e}^{-\mathrm{i}kr}}{r}\left(-\frac{\partial \phi}{\partial n}\right)_{s} - \phi_{s}\frac{\partial}{\partial n}\left(\frac{\mathrm{e}^{-\mathrm{i}kr}}{r}\right)\right) \mathrm{d}s = \begin{cases} 4\pi\phi_0, & \text{当}o\text{点在}s\text{内} \\ 0, & \text{当}o\text{点在}s\text{外} \end{cases} \quad (3\text{-}43)$$

式中，ϕ_0 为 $r=0$ 点的速度势函数值；$\dfrac{\partial}{\partial n}$ 为 s 上沿外法线方向的偏导数；r 为 o 点到元面 $\mathrm{d}s$ 的距离；$\mathrm{d}s$ 为函数及其的法向导数在 s 面上的值。

因此，封闭曲面 s 内的任意点 o 的速度势函数 ϕ_0 均可通过边界面 s 上的速度势函数值 ϕ_s 及其法向导数 $\left(\dfrac{\partial \phi}{\partial n}\right)_s$ 的积分式进行精确表达。

式（3-43）所表达的物理意义在于，当声源不位于封闭面 s 内部时，封闭面内任意一点的速度势可以视作由 s 面上各次级声源所发出的元波在该点处产生的叠加效应。这些元波由两部分构成：首先是脉冲源辐射，其源强度等同于 $\left(\dfrac{\partial \phi}{\partial n}\right)_s \mathrm{d}s$，这一强度取决于 s 面上质点的法向振速分布 $u_n = -\left(\dfrac{\partial \phi}{\partial n}\right)_s$；其次是力源声辐射 $\left(\dfrac{\partial \phi}{\partial n}\right) \mathrm{d}s \dfrac{1}{r} \mathrm{e}^{\mathrm{i}(\omega t - kr)}$，表现为压力的打击作用[11]，通过偶极子源的辐射形式传递至观察点 o，力源的偶极子矩由相关参数 $-\phi_s \mathrm{d}s$ 确定，其极化方向沿法线延伸，最终对观察点 o 产生影响的元波 $-\phi_s \mathrm{d}s \dfrac{\partial}{\partial n}\left(\dfrac{\mathrm{e}^{-\mathrm{i}kr}}{r}\right)$ 由此形成。

接下来，分析振源全部位于封闭曲面 s 内部的情形[12]。在此情境下，依然设 Φ 为方程 $(\nabla^2 + k^2)\phi = 0$ 的解。这些源均被包含在 s 所界定的封闭曲面内，其空间特性与先前所作假设保持一致。接着，选择一个更大的球面 Σ，其半径为 R，该球面将 s 界定的区域完全包含在内，具体情形如图 3-5 所示。

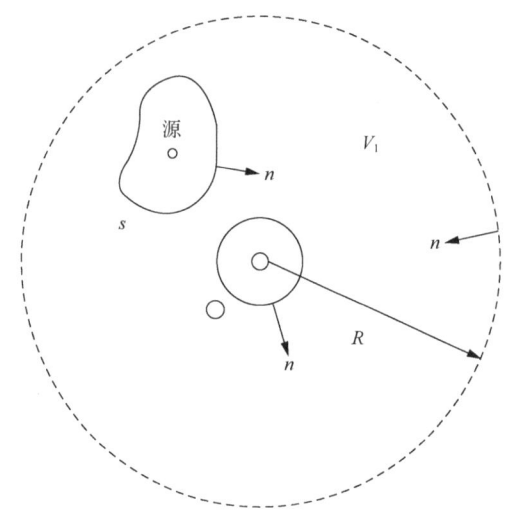

图 3-5 源包含在 s 面内亥姆霍兹方程积分面的取法

利用式（3-43）的结果，则有

$$\iint_s \left(\frac{e^{-ikr}}{r} \cdot \frac{\partial \phi}{\partial n} - \phi \cdot \frac{\partial}{\partial n}\left(\frac{e^{-ikr}}{r}\right) \right) ds + \iint_\Sigma \left(\frac{\partial \phi}{\partial n} - \phi \frac{\partial}{\partial n}\left(\frac{e^{-ikr}}{r}\right) \right) d\Sigma$$

$$= \begin{cases} -4\pi\phi_0, & \text{当}o\text{点在}s\text{和}\Sigma\text{所限体积}V'\text{内} \\ 0, & \text{当}o\text{点在}V'\text{之外} \end{cases} \tag{3-44}$$

式中，导数 $\dfrac{\partial}{\partial n}$ 取内法线方向，即指向体积 V' 内部。由于 n 的取向改变，因此，式（3-44）右边 ϕ_0 前面有一负号。

试计算 $r \to \infty$ 时，式（3-44）左边第二项积分值。令 $d\Sigma = R^2 d\Omega$，$d\Omega$ 为球面 $d\Sigma$ 所对应的立体角。

$$\iint_\Sigma \left\{ \left[\frac{e^{-ikr}}{r} \frac{\partial \phi}{\partial n} - \phi \frac{\partial}{\partial n} \frac{e^{-ikr}}{r} r^2 \right] \right\}_{r=k} d\Omega = -\iint_\Sigma e^{-ikR} \left\{ r\left(\frac{\partial \phi}{\partial r} + ik\phi \right) \right\}_{r=R} d\Omega$$

$$- \iint_\Sigma e^{-ikR} \phi_\Sigma d\Omega \left(\frac{\partial}{\partial n} = -\frac{\partial}{\partial r} \right) \tag{3-45}$$

在假定以下两个条件得以满足的前提下，上方最后一个表达式的积分值将趋向于 0。这所假定的两个条件分别是，无论沿着任何方向（即任意极角 θ 和方向角 ϕ），当 R 扩大时，积分值都将趋于 0。$\phi_\Sigma \to 0$，要求当 $r \to \infty$ 时，$|r\phi| < K$（常数），即

$$\begin{cases} \lim\limits_{r \to \infty} \iint \left| e^{-ikR} \phi_\Sigma d\Omega \right| \to 0, \quad r\left(\dfrac{\partial \phi}{\partial r} + ik\phi \right) \to 0, \\ \text{则} \lim\limits_{R \to \infty} \iint \left| e^{-ikR} \left\{ r\left(\dfrac{\partial \phi}{\partial r} + ik\phi \right) \right\}_{r=R} \right| d\Omega \to 0 \end{cases} \tag{3-46}$$

前一条件被称为有限值条件，而后一条件则被称为辐射条件或者无穷远条件。只有当这两个条件同时满足，才符合式（3-46）的要求，式（3-45）的积分值才能归零。

在实际情况中，如果所有的振源均被包含在区域内，那么在无穷远处就不会存在声源。这是因为，有限物体的振动所产生的声波在远场区域的振幅会随着距离的增加而呈现反比关系衰减。因此，在无穷远处，第一个条件自然得以满足[13]。同样地，如果在有限区域 s 内，仅包含膨胀波的辐射源（$\phi_\infty \frac{1}{r} e^{-ikr}$），那么第二个条件也将随之得到满足。这两个条件共同揭示了一个事实，即在无穷远处不会存在反射波。

在真实的介质中，考虑到介质即使存在极微弱的吸收作用，有限范围内的声源辐射波也会随着距离的增大而逐渐衰减，最终传播至无穷远处消失殆尽。这一条件也被形象地称为熄灭原理。当点源都集中在封闭曲面 s 内时，亥姆霍兹方程可以表达如下。

令 ϕ 为波动方程 $(\nabla^2 + k^2)\phi = 0$ 的解，它除了满足在封闭曲面 s 之内和 s 之外具有一阶和二阶有界连续偏导数条件之外，还满足条件式（3-47），即当 $r \to \infty$ 时，$|r\phi| < K$（有限条件），$r\left(\frac{\partial \phi}{\partial r} + ik\phi\right) \to 0$（辐射条件），则

$$\iint_s \left(\frac{e^{-ikr}}{r} \left(\frac{\partial \phi}{\partial n}\right)_s - \phi_s \frac{\partial}{\partial n}\left(\frac{e^{-ikr}}{r}\right) \right) ds = \begin{cases} -4\pi\phi_0, & o \text{点在} s \text{之外} \\ 0, & o \text{点在} s \text{之内} \end{cases} \quad (3-47)$$

根据式（3-47），在封闭曲面 s 内所有点声源均被囊括的情况下，s 面外某点的速度势 ϕ_0 即为 s 面上各次级元波在 o 点所产生的速度势叠加之和。同时，s 面上所有次级元波对 s 面内任一点的贡献总和为 0。这里需要强调的是，这并不表示 s 面内的声场势函数处处为 0，而是指 s 面上各元波在 s 面内某点处的叠加作用相互抵消，从而导致总贡献为 0[14]。

综上所述，亥姆霍兹定理以数学形式对惠更斯原理进行了表述，明确指出了声场中任意一点的速度势是由新波面上次声源发射的元波在该点所产生的速度势叠加而成。相较于原始的惠更斯原理，亥姆霍兹定理的表述更为严密且精确。这是因为亥姆霍兹方程采用 ϕ 和 $\frac{\partial \phi}{\partial n}$ 边界值的面积分来确定声场中任意点的速度势函数值。因此，在已知边界质点振速的分布以及压力分布值的情况下，可通过亥姆霍兹方程计算出声场中任意点的速度势函数值。

3.2 水下结构振动与声耦合

3.2.1 振动与声耦合概述

分析声波发射问题时，通常根据声源表面的法向速度来推算其发出的声场。这一问题属

于纯粹的声学范畴，并且不涉及声源的物理属性。在数学理论中，这被归类为诺伊曼问题。相比之下，传统的振动问题主要关注结构体自身的振动特性，而忽略了周围介质对结构的影响，基本上假设结构在一个没有介质的环境中振动。然而，在水声学的研究中，这些传统观念面临挑战，因为流体对结构的载荷影响是不能忽视的[15]。

在研究结构向空气的声发射时，可以先确定结构的动态响应，随后依据其表面的速度分布来估算声波的辐射。这种方法将结构的振动分析与声波的辐射视为两个独立的课题，忽略了它们之间的相互影响。对于处于水或其他液体中的结构，由于固体和流体的声阻抗差距较小（大约一个数量级），由振动引发的声压显著，且该声压又会对振动产生影响，因此必须考虑流体与固体间的相互作用，即振声耦合效应。在许多情况下，空气作为一种稀薄介质，其对结构的影响可被忽略，而水作为一种密集介质，其对结构的影响则不能忽视。一个典型的例子是，结构在水中的共振频率通常远低于在空气中的共振频率，这是由于水的附加质量增加了系统的共振质量。鉴于此，当结构置于水中时，其振动特性应更确切地称为结构的振动-声特性。在理论声学领域，结构声学问题涉及物体在流体介质中的振动、声波的发射与散射，以及这些现象之间的相互作用。图3-6展示了弹性结构和流体间的互动机制：外部激励力激发结构振动并导致声波的发射，同时在结构与流体接触面上产生辐射压力，这个压力作为负荷反馈至结构上，进而改变结构的初始动力响应。

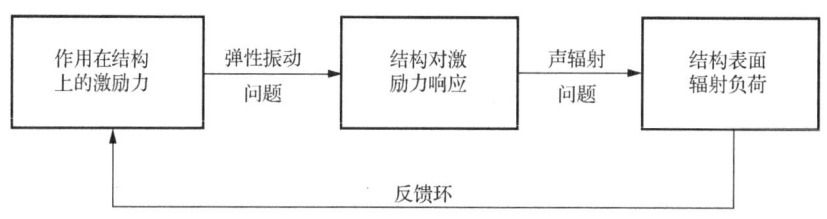

图 3-6　弹性结构与流体相互作用示意图

在数学上，求解结构声学问题要将结构被激振动方程和流体亥姆霍兹方程联合求解。因此，结构声学问题涉及的数学物理问题可以概括如下：①结构部分需遵循描述其动态响应的弹性动力学方程，这可以是完整的三维弹性动力学方程或在某些情况下的简化版本。②流体区域的波动传播遵循波动方程。对于稳态简谐波，可以使用亥姆霍兹方程来描述。③在结构与流体相互作用的边界上，必须满足声-结构耦合条件。这包括边界上的切向力为零以及法向力和位移的连续性。④如果结构置于无限大区域中，声场需要符合在无限远处的辐射条件。若存在其他界面，如水面或由其他介质构成的界面，还应满足这些特定界面上的相应边界条件。

在流体介质中，垂直于流体界面的应力分量反映为声压的相反数，而质点在垂直于界面方向上的移动距离表现为声音的传播距离。只有通过对流体内的声场进行详细研究，才能确定边界上相应的物理量。而在处理涉及声音的结构动力学问题时，通常会使用结合了流体效应的动态平衡方程来计算结构的动态响应，这种方程会直接把声场对结构的影响以声压的形式施加在结构的表面。

在处理弹性结构中声音传播的问题时，情况不同于标准声学理论。在典型的声学场景中，涉及的是声波通过液体介质的折射过程，即从一个流体界面传至另一个流体界面。然而，在涉及弹性结构的场合，声波的传播机制发生了变化。此时，声波不再单纯地通过折射方式传递，而是通过激发该弹性结构的振动，使声波在结构的另一侧重新辐射出来。因此，可以说，在这种情况下，透射的声音实际上是由弹性结构本身的振动及其随后的声音再辐射共同作用的结果。这一现象的核心在于理解和分析振动与声音之间的相互作用和耦合效应。

下面再从两个方面进一步认识振动-声耦合问题。

（1）振动与声波的相互作用会将一部分振动能转化为流体中的声能，形成声波辐射。设想一个无能量损耗的结构处于真空环境中，如果这个结构是无限扩展的，那么它能够传播不减弱的特征波，例如在薄板中传播的弯曲波和压缩波，这种情况下，特征波的数量是实数。然而，一旦环境中存在水这种介质，结构的弹性波就会将部分能量传递到周围的水中转化为声能，因此结构的特征波就变成了衰减波，特征波的数量也变为复数。如果结构是有限的，那么在真空环境中，它将形成模态。这些模态可以被视为特征波从边界反射回来形成的驻波。但是，当环境中存在介质时，由于特征波数与真空中的不同，形成驻波的条件也会改变，因此模态也会发生变化。有时候，将存在水介质负荷时的模态称为湿模态，而将真空中的模态称为干模态。对于同一阶的模态，湿模态的频率（即共振频率）通常显著低于干模态的频率，这是因为水增加了结构的共振质量。

设结构表面沿 x 方向存在波长 λ_p 的简谐弹性波，耦合到相邻流体中产生波长 λ 的声波[16]。因为声波的传播方向与 z 轴有夹角 θ_c，总有 $\lambda \leqslant \lambda_p$，如图 3-7（a）所示。实际上，这是由边界上波矢量一致条件决定的。设结构表面弹性波的波数是 $K = \omega / c_{ph}$，耦合到相邻流体中产生波数 $k_0 = \omega / c$ 的声波，必须满足边界条件 $k_x = k_0 \sin \theta_c = K$。由图 3-7（b）可知，要满足这个条件必须有 $K \leqslant k_0$，也就是 $c_{ph} \geqslant c$ 和 $\lambda_p \geqslant \lambda$，弹性波必须是超声速波。波动问题中的波矢量一致条件，保证沿界面两边波运动的相位匹配，所以又称为相位匹配条件。对于相速度随频率增加由小变大的弯曲波，存在一个临界频率，超过这个频率相速度会变成超声速。这个临界频率称为吻合频率，对应的波数 $k_0 = K$ 是吻合波数。当声波频率高于吻合频率，弯曲波才能通过相位匹配耦合到流体中产生声辐射。吻合效应是振动-声耦合的普遍现象，此现象也存在于圆柱面等弯曲表面。

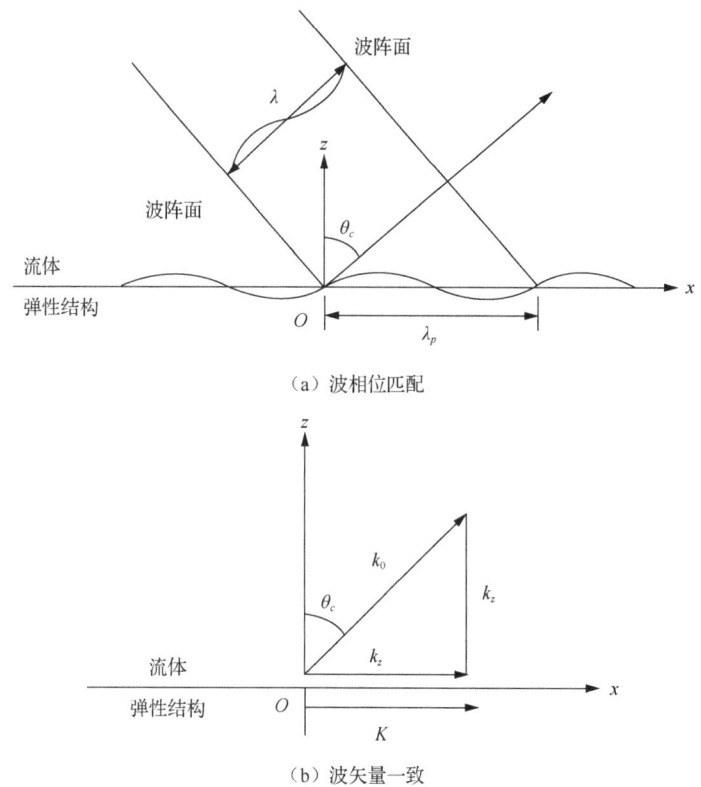

图 3-7　结构与流体界面上波的耦合

（2）流体负荷使得结构振动的阻抗发生变化。在振动-声耦合问题中，弹性结构具有机械阻抗 Z^M，声介质具有声阻抗 Z^a。当结构处在真空中时，在力的激励下产生振动位移 w 或振动速度 $\dot{w}$。定义机械阻抗 Z^M 和导纳 Y^M：

$$Z^M = \frac{F}{w}, \quad Y^M = \frac{1}{Z^M} = \frac{\dot{w}}{F} \tag{3-48}$$

实际上，机械阻抗和导纳在不同问题中会有各种不同的形式，例如对于一个集中振动系统，F 是总作用力，$\dot{w}$ 是结构的整体振动速度。在处理弹性振动结构的分析中，当考虑施加于结构的集中力时，引入了点阻抗的概念。根据不同的应用场景和分析需求，还可能涉及模态阻抗、波数域阻抗等其他类型的机械阻抗。机械阻抗作为一个度量，可以根据特定的情境采取多种不同的定义形式。重要的是要注意，机械阻抗是一个与结构本身属性相关的量度，它假设结构处于真空中，因此不受周围流体特性的影响。由于这个原因，机械阻抗有时也被称作结构阻抗，强调了它仅与结构的内在特性有关。

若构造物置于水环境中，整个系统不但要承受来自机械的阻力，同时亦需应对水这一介质所带来的声学阻力。整体而言，系统的综合阻力是机械阻力与声学阻力的结合体，这一点可以通过对典范问题分析的解答来确认。然而，在面对更加复杂的振动和声音传播问题时，无论是机械阻力还是声学阻力，往往难以用直接的公式来表达。在应用数值方法进行分析时，通常借助阻力矩阵来进行表述。

最终需要明确的是，在水动力学领域，考虑或不考虑声音的发射，水体对结构的动态响应始终扮演着关键角色。当将流体视作不可压缩并与结构相互作用时，便涉及水动力学中的流-固交互作用，也称为水弹性。在水弹性理论中，处理结构和水的互动问题，涉及的范畴包括板和壳的水弹性振动、涡激振动及颤振等现象。而振动与声学的耦合则是在分析结构振动的同时，考虑振动产生的声波发射。在数学领域，流-固耦合中介质的反作用力是拉普拉斯方程 $\nabla^2 p(r) = 0$ 描述的水动力压力。而在振动与声音的耦合过程中，介质的反作用力则是亥姆霍兹方程描述的声压。因此，在振动-声耦合的情况下，可认为介质具备可压缩性，并考虑到流体中的声波传播。相反，在流-固耦合的情况下，假设介质为不可压缩，并且忽略声波的传播。这导致两种耦合机制在物理表现上存在显著差异，例如振动-声耦合会展现吻合效应，而流-固耦合则没有这种现象。从另一个角度看，流-固耦合可以被视为振动-声耦合在低频条件下的近似情况。这是因为当频率趋近于零时，亥姆霍兹方程会转化为拉普拉斯方程。如前所述，对于任何类型的声源，其辐射效率随着频率的降低而减少，所以在极低频的情况下，声源的辐射可以忽略不计。在这种情况下，振动-声耦合和流-固耦合之间的差异将变得微不足道。

3.2.2　振动-声耦合数值计算方法

近年来，关于弹性介质中声波传播的散射与辐射问题的数值分析一直备受关注。利用有限元法处理结构力学响应的技术已发展了五十多年，拥有完善的理论基础并广泛集成于多种软件工具中，这一技术也已被扩展到结构声学的研究，特别是针对振动声学的耦合效应。声场的分布遵循亥姆霍兹方程，同时需考虑结构表面与流体的交互边界条件，以及在远距离处的声波辐射特性。对于形态多样的结构，积分形式的亥姆霍兹方程提供了通用的解决方案，构成了振动与声耦合数值模拟的核心。

振动-声耦合数值计算方法主要分为结构有限元结合声学边界元方法与结构和流体有限元加吸收边界条件方法。

1. 结构有限元结合声学边界元方法

亥姆霍兹表面积分方程建立了结构表面 S 上 $\partial p/\partial n$ 与 p 的关联，揭示了声场对该表面的影响。从物理学角度看，该方程用于计算结构表面的声阻抗，体现了振动与声之间的相互作用。在数值分析过程中，需要将表面划分为多个小面元，这些构成声场边界的面元被称为边界元。利用满足亥姆霍兹表面积分方程的边界元，可以模拟出声场中耦合效应的详细情况。

当涉及弹性结构的辐射或散射问题时,需要综合应用表面积分方程和结构振动方程来求解表面的相关参数。在数值计算过程中,通常采用有限元方法对弹性结构进行离散化处理,同时使用边界元方法对辐射表面进行离散化处理,从而形成一种结合有限元和边界元的计算方法。

边界元法在处理无限壁间结构声学问题时,其优势包括:①自动满足索末菲辐射条件,确保无限远处的解满足物理要求。②基于亥姆霍兹方程,为外部流体中的声场提供了严格的数学解,增加了计算的准确性。③只需对边界面进行离散化,将三维空间问题转化为二维表面问题,有效降低了流体部分的单元维数。因此,结合有限元法和边界元法是解决结构声学问题的一种有效的计算方法。

2. 结构和流体有限元加吸收边界条件方法

鉴于边界元方法自身的一些限制,研究人员不断探寻更简洁且效率更高的计算方法。这类方法的核心在于不直接计算辐射声场,而是精确求解结构表面的 $\partial p/\partial n$ 与 p,进而推导出声场。这要求对流体载荷进行准确评估,其中最具挑战性的是处理无限远的辐射条件。

通过扩展传统的有限元方法,可以实现对结构与流体问题的数值模拟。这涉及在无限流体域中引入一条假想的截断边界 Γ,从而创造出两个不同的区域:一是尺寸有限的内部区域 V,可以应用有限元进行离散化;二是相邻的半无限外部区域 V_∞。在限定的内部区域,结构采用结构有限元进行建模,而流体则采用流体动力学的有限元方法建模。在设定的截断边界上,关键任务是确保波动在穿越此边界时不会反射回来,实现这一目标需要施加特定的吸收边界条件。

人工边界上无反射边界条件可以有多种形式,包括以下几种。

(1)在边界 Γ 上选择合适的诺依曼变换算子 $B=(\partial p/\partial n)/p$,形成吸收边界条件。当人工边界处在远场区时,只要让 $B=\mathrm{i}k-1/r$ 即可,因为远场区外的波一般具有径向球面衰减的形式。若人工边界处在近场区,B 的形式就要复杂得多[17]。

(2)设置延伸到无限远的特殊单元——无限元,用自动满足索末菲辐射条件的径向波函数构造,使波在无限元中衰减掉。

(3)引入完美匹配层(perfectly matched layer,PML)。如图3-8所示,PML是附加在流体边缘的一个特殊区域,其作用是模仿一个开放的、无反射的广阔空间。它通过实施吸收性边界条件来达成这一效果,此层结构能够彻底消除所有传播波,无论这些波具有何种形态或以何角度入射。这表明,当波到达模拟空间的远端时,它们将逐渐衰减至消失。PML通过坐标复变换得到有吸收的扩展坐标系,使波在新的坐标系中可以选择损耗的大小。例如取 xoz 坐标系中的复数扩展坐标变量:

$$x = x'(a_x + \mathrm{i}\omega_x/\omega) \quad (3\text{-}49)$$

式中,实部 a_x 是一个比例因子,虚部表示PML的损耗。

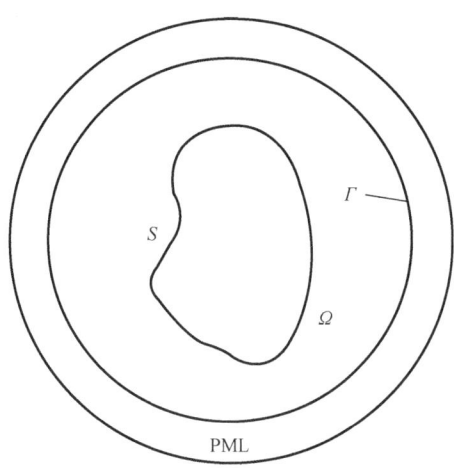

图 3-8 人工边界外完美匹配层

在正常的非 PML 区，$a_x=1, \omega_x=0$。在 PML 区，加入实数 $a_x>1$ 能够加速波的衰减。这可以从具有复波数 $k=k'+\mathrm{i}k''$ 的 x 方向传播的平面波 $\mathrm{e}^{\mathrm{i}kx}$ 看出。在正常坐标中波的衰减是 $\mathrm{e}^{-k''x}$，在扩展坐标中，波的衰减是

$$\mathrm{e}^{\mathrm{i}kx}=\mathrm{e}^{\mathrm{i}(a_x k'-(\omega_x/\omega)k'')x'}\mathrm{e}^{-(a_x k''+(\omega_x/\omega)k')x'} \tag{3-50}$$

PML 技术的核心特征可以概括为：①在不改变介质物理属性的前提下，通过复数坐标变换实现波的衰减。这意味着匹配层与其两侧介质的密度和声速保持一致，没有引入额外的能量损耗，从而确保了界面处波阻抗的连续性，减少界面反射。②PML 对波的衰减作用普遍适用，即对所有类型的波及其传播方向都有效。例如，通过对 z 方向的复数坐标变换，可以实现波在 x 方向的衰减。③PML 的形状设计具有灵活性，可以根据实际结构和流体空间的几何形状来选择平面、圆柱或球面等形状，或者采用这些形状的组合，以适应不同的模拟需求[18]。

总结而言，通过采用复数坐标变换，PML 技术能够在不更改介质固有物理特性的前提下，实现波动的衰减。此技术适用于多种波动类型及其传播方向，并允许在模拟中根据需要调整层的形状，以适应不同场景。尽管有限元方法配合吸收边界条件无法直接提供声场的精确数值解，但该方法能够为人工设置的边界内的有限区域（即近场）提供相当准确的解。通过近似无反射条件，整个空间中的声场分布可借助结构表面的压力和法向速度数据，并应用亥姆霍兹积分公式来计算得出。

在近些年推出的多物理场有限元分析软件中，均包含一个设计精良的声学模块。这个模块内嵌了完美匹配层，其使用起来既便捷又高效。因此，在结构声学的数值计算领域，该模块被大量运用。

3.3 水下结构振动噪声被动控制技术

水下结构产生的振动和噪声来源多样，包括机械设备的运作、流体动力学作用、结构互相碰撞或摩擦，以及水下爆炸和施工等因素。在水下设施如船舶、潜艇和海洋平台中，设备如发动机、泵、发电机和螺旋桨等运行时会产生噪声；流体流过这些结构时，其与结构表面的交互作用会引起涡流和湍流，导致更多振动和噪声；结构或设备的碰撞和摩擦也是噪声的来源之一；此外，军事行动中的水下爆炸和海洋工程活动如打桩和挖掘也会产生强烈的振动和噪声，这些对周边环境有显著的负面影响。

噪声和振动对设备的性能和海洋环境都有深远的影响。噪声可能干扰水下通信和声呐系统，影响其探测和识别功能；振动可能导致机械设备出现疲劳和损坏，降低其使用寿命；此外，它们还可能影响水下人员的工作环境和健康。在环境层面，振动和噪声会扰乱海洋生物的自然行为，尤其是依赖声波导航和交流的鲸鱼和海豚，可能导致它们的行为异常和迁移路径改变，甚至影响种群的数量；同时，振动噪声也可能破坏海底生态系统和生物栖息地，进一步影响海洋生态链的稳定。

因此，研究和控制水下振动和噪声具有至关重要的意义。通过有效管理这些噪声源，不仅能提高设备的性能和可靠性，降低故障和维护成本，延长设备寿命，还能保护海洋生物的栖息环境和维持海洋生态的平衡。此外，提升水下作战平台的隐蔽性和战斗力，增强水下设备的市场竞争力，也是推动相关科技进步的关键因素。

3.3.1 吸振吸声控制

吸振器通过结合弹性体和阻尼材料的作用来吸收和降低振动能量，有效减少结构的振动幅度。它通常由弹性部件（如弹簧）和阻尼部件（例如黏弹性材料）组成。振动传递到吸振器时，弹性部件将振动能量储存并发生形变，而阻尼部件则通过内部摩擦将能量转化为热能，逐渐降低振动能量。这样的设计使得吸振器能够显著减少振动和噪声，从而保护设备和环境。

在振动控制方面，吸振器的应用带来多重益处。首先，它可以显著减少机械设备的振动幅度，降低设备磨损和疲劳，延长其寿命。其次，通过降低振动和噪声，吸振器提高了操作环境的舒适度和安全性。此外，吸振器还能提高高精度设备和敏感仪器的性能和可靠性，减少振动对操作精度的干扰。最后，它有助于保护周围环境，减少振动对结构的影响，防止振动向其他区域传播。

吸振效果受多种因素影响，如共振频率、阻尼和质量比。共振频率是关键参数之一，调整吸振器使其共振频率与激励频率不同，可有效减少共振效应。阻尼部件通过将振动能量转换为热能而减缓振动，其设计直接决定吸振效果。质量比即吸振器与被控系统的质量之比，也显著影响吸振性能，较大的吸振器质量增强了能量吸收和衰减能力，但过重的吸振器可能不适用于所有场合。由此可知，吸振器的设计和性能受到共振频率、阻尼和质量比的影响。在实际应用中，精确调整这些参数以满足特定的振动控制需求，是实现优化吸振效果的关键。通过合理设计和调整，吸振器能在多种环境中有效控制振动，提高设备的性能和寿命。

在结构周围或内部使用吸声材料可以减少声波的反射和传播。吸声原理涉及声学、材料学。简而言之，吸声就是材料对声波的吸收能力。当声波遇到物体时，部分声波能量会被物体吸收转化为其他形式的能量，如热能。这个过程减少了声波的反射和传播，从而改善了声学环境。声阻是材料对声波阻碍的度量，而声抗则是材料的密度与声速的乘积，这两个参数决定了声波在材料内传播和被吸收的效率。理想的吸声材料应具有与空气相近的声抗，以最大化声波的进入和能量转换。材料的表面处理（如凹凸结构、孔洞或特殊涂层）可以增强吸声效果。这些结构有助于打破声波的路径，增加其在材料内的散射和能量损失。

3.3.2 隔振隔声控制

隔振系统主要通过物理隔离来降低振动的传递效率和幅度，依赖于弹性材料和阻尼元件之间的协同作用。这类系统常用橡胶、弹簧、泡沫等弹性材料作为隔振元件，这些材料在振动作用下能够发生变形，储存并释放振动能量，有效减少振动的传递。阻尼元件如黏弹性材料、液体阻尼器和摩擦阻尼器则通过摩擦或内部耗散机制，将振动能量转化为热能，逐步衰减振动。在隔振系统中，也常见引入质量块，通过增加系统的整体惯性来降低振动传递的效率。对于复杂应用，还可能采用多级隔振结构，通过串联或并联多个隔振元件，以在不同频率范围内更有效地衰减振动。

隔振系统的设计需综合考虑振动源的频率特性、受控系统的刚度和质量、环境条件等。合理配置和组合弹性材料、阻尼元件以及质量块，使它们在振动源与受控系统之间形成有效的物理隔离层。这样不仅减少振动的传递效率，还能达到控制振动、保护设备和环境的目的。

在隔振系统中，隔振材料、系统的自然频率和阻尼是三个关键要素。选择合适的隔振材料，如具有良好弹性和阻尼特性的橡胶、弹簧和黏弹性材料，对于振动能量的吸收和释放至关重要。系统的自然频率，即系统在无外力作用下自由振动的频率，应设计得远离激励频率，以避免共振现象，通过调整材料的刚度和质量改变系统的自然频率。阻尼则通过内部摩擦和黏滞阻力将振动能量转化为热能，衰减性能、阻尼系数的大小直接影响系统性能。合理选择和调整阻尼系数，可以在不影响系统动态响应的前提下，有效减少振动传递，提高隔振效果。

隔声控制是指采用各种措施来阻止声音在不同介质间的传播。隔声通常涉及阻断声波的直接路径，使声波难以穿透或绕过隔声结构。声音传播的一个基本规则是，更厚的结构更难被声波穿透。特定的隔声材料可以用于提高结构的隔声能力。这些材料通常具有高密度或特殊结构，能够吸收或反射声波，减少声音的传递。例如，隔声泡沫、隔声板和隔声障壁是常见的选择。隔声板是一种有效的隔声结构，它通过在声源和接收区之间创建一个物理屏障来减少声音的直接传播。隔声板的设计应考虑材料、厚度和密封性，确保尽可能多地阻断声波。多层结构可以提高隔声性能，其中每层材料的选择和组合都旨在增加声波传递的阻力。例如，双层墙体之间可能含有空气层或吸声材料，来增强隔声效果。

3.3.3 阻尼减振控制

阻尼减振的基本原理是通过耗散振动能量来减小振动幅度，从而有效控制振动。这一过程主要通过阻尼元件实现，阻尼元件能将机械能转化为其他形式的能量，通常是热能。这些元件包括黏弹性材料、液体阻尼器、摩擦阻尼器等。

当振动传递至阻尼元件时，由于材料的内部摩擦和变形，振动系统中的摩擦力和黏滞阻力开始作用。这些内部摩擦和阻力将振动能量逐步转化为热能，并最终将热能释放到环境中。例如，当系统因外部激励产生振动时，阻尼元件内的结构发生变形，其内部的分子和颗粒通过相对运动产生摩擦，从而消耗振动能量。同时，黏滞阻力也在作用，通过黏弹性材料或黏性流体内的分子运动，进一步将振动能量转化为热能。

在整个振动系统中，动能和弹性势能在振动过程中相互转化，而阻尼元件通过提供额外的能量耗散途径，帮助系统在每个振动周期中消耗一部分能量。随着能量的连续耗散，系统的振动幅度逐渐降低，直至达到一个较稳定的状态。阻尼材料的摩擦系数、黏滞系数和内部结构等特性，是决定其耗散效率的关键因素。通过精心设计和选用合适的阻尼元件，可以大幅提升振动控制的效果，确保系统在各种工况下都维持在低振动状态。

此外，阻尼减振的设计需要选择合适的阻尼类型和配置，以适应特定的应用需求和工作环境。例如，黏性阻尼适用于需要流体动力学控制的场合，摩擦阻尼适用于需要快速响应和高能量耗散的应用，而材料阻尼则广泛应用于减少结构性噪声和振动的环境中。每种阻尼机制都有其优势和特定的最佳应用场景，通过合理的选择和设计，可以有效提高系统的整体性能和耐用性。

阻尼机制是振动控制技术中的核心，包括黏性阻尼、摩擦阻尼、材料阻尼和结构阻尼，每种机制都有其特定的工作原理和适用场景。

黏性阻尼基于流体的黏性特性。黏性阻尼器常利用油或其他黏性流体，在系统振动时，这些流体在小孔或狭窄通道中流动，其内部摩擦将振动能量转化为热能。这种阻尼器广泛应用于机械设备中，能有效减少振动和冲击，提高系统的平稳性和舒适性。

摩擦阻尼利用固体表面间的摩擦力耗散能量。当两个接触面相对移动时，摩擦力将机械能转换为热能，从而消耗振动能量。摩擦阻尼器通常采用摩擦片或滑动接触面，在机械系统的制动器中特别有效，尤其是在处理大幅度振动和冲击时。

材料阻尼通过材料本身的内部耗散机制来减振。具有较高内部摩擦或黏弹性的材料，如橡胶、聚合物和某些复合材料，能在变形时耗散能量。这类材料广泛应用于机械垫片、隔振垫中，依靠材料的阻尼特性减少振动和噪声。

结构阻尼通过结构设计增强系统的阻尼效果，可以通过嵌入阻尼材料、安装阻尼器或设计特定的结构形状来耗散能量。

阻尼的效果受多种因素影响，包括阻尼比、频率响应和环境因素。阻尼比是描述系统实际阻尼与临界阻尼之间比值的参数，影响振动能量的耗散速度和系统响应速度。频率响应关系到系统对不同频率激励的反应，通过精确调整阻尼参数可以有效降低或避免共振现象。环境因素，如温度和湿度，也会影响阻尼材料的性能，设计阻尼系统时需考虑这些因素以确保材料在实际操作条件下的最佳性能。

3.4 水下结构振动噪声主动控制技术

当处理分布式结构，如弹簧、质量和阻尼系统而非集中系统时，描述这种结构的运动将涉及偏微分方程，而不是常微分方程。这是因为在分布式系统中，物理属性如质量和弹性不是集中在单一点，而是连续分布在整个结构中。

3.4.1 全局振动噪声控制

该控制方法侧重于调整或控制结构的某些关键自然振动模式。通过主动修改这些模态的特性（如频率或振幅），可以有效地改变结构的整体响应，从而达到增强结构性能或减少不利响应的目的。主动削减结构振型的振幅，可以使整个结构的空间均方速度降低，可以认为是"全局的"噪声控制。减少分布式结构系统的总振动能量并不能保证结构辐射声也会相应地减少（由于结构声耦合的性质）。全局振动控制是一种旨在通过主动干预来调整整个结构振动特性的技术。它主要涉及利用前馈技术和反馈技术对结构的全局模态进行控制，以达到优化结构响应和提高其动态性能的目的[19]。

1. 前馈控制

在前馈控制策略中，控制系统基于对激励源的预先了解来设计控制输入。假设激励是单频的，控制系统可以直接利用这一信息来预测结构的响应，并设计相应的控制策略以消除或减小不利影响。通过对激励的频率和振幅的精确认识，可以有效求解结构的模态响应，并通过解析方法写出控制力的表达式。这种控制方法能够在理论上展示任何主动控制系统的最终极限性能,因为它允许设计者准确地预测和补偿即将到来的振动,从而在理想情况下完全消除不希望的振动效应。

假定被控制结构的初级激励为单频信号,该激励用结构上的分布力 $f(x,y,\omega)$ 来描述。结构为沿 x 和 y 两个方向延伸的平板,平板上的横向位移分布 $w(x,y,\omega)$ 用 N 阶自然模态叠加表示:

$$w(x,y,\omega) = \sum_{n=0}^{N} A_n(\omega)\psi_n(x,y) \tag{3-51}$$

式中,$\psi_n(x,y)$ 为第 n 阶自然模态振型函数,与其他各阶振型函数正交:

$$\frac{1}{S}\int_S \psi_n^2(x,y)\mathrm{d}x\mathrm{d}y = 1, \quad n = m \tag{3-52}$$

式中,n,m 均为自然模态的阶数。

原则上,对模态进行叠加求和需要用到无数阶模态。但在实际情况中,任意精度的位移分布都可用有限数量的模态来逼近。若激励频率处于前几阶结构模态频率范围内,则精确描述位移分布所需的模态数量相当少。对于有阻尼的轻质结构而言,若激励频率接近低阶模态频率,通常可以只考虑起主要作用的模态的贡献。

总动能可以表示为

$$E_R(0) = \frac{M(o)^2}{4S}\sum_m A_n(\infty)A_m^4(0)\frac{1}{S}\int_S \psi_n(x,y)\psi_m(x,y)\mathrm{d}x\mathrm{d}y \tag{3-53}$$

平板的总振动势能(或应变能)可以表示为

$$E_p(\omega) = \frac{EI}{4}\int_S \left(\left|\frac{\partial^2 \omega}{\partial x^2}\right| + \left|\frac{\partial^2 \omega}{\partial y^2}\right|^2\right)\mathrm{d}x\mathrm{d}y \tag{3-54}$$

对于很多常见的边界条件,包括两端自由、简支、夹紧,其动能和势能是相等的。

结构的宽频激励也是一个重要问题,有学者针对简支梁上某点处横向位移的前馈控制问题,利用递归滤波器作为设备模型,通过控制硬件研究了延迟造成的非因果关系的影响。表明随着控制系统的因果联系减弱,频带中可获得的衰减量也在减少,但如果增大自适应滤波器系数,则可在一定程度上增加衰减量。

2. 反馈控制

在激励源信息不完整或未知的情况下,反馈控制策略显得尤为高效且实用。此策略的核心在于对结构响应的实时追踪与监测,并基于所获取的响应数据,对控制输入进行精准调整。通过部署传感器以持续捕捉结构的振动状态,控制系统得以动态地优化其输出,从而有效应对各种未预见的变化或非预期的激励。

3.4.2 结构波振动噪声控制

该策略着重于对结构中机械波传播特性的影响与管理。通过调控波的传播路径或调整波的干涉模式，可以有效调控结构对动态载荷的响应。对结构振型的控制，实质上是实现对整个结构全局振动状态的有效调控。当结构各部分间的振动能量流动成为关键因素后，可采用结构波的主动控制方法。

当集中振动源所在位置时，会在结构的另一特定点设置专门的敏感组件，并通过较长的结构组件实现连接。在这样的结构组件中，仅允许有限数量的结构波传递能量。在结构波的主动控制过程中，更倾向于抑制振动传递而非追求对整个结构的全面控制。这是因为，将振动传递限制在结构的某一局部区域，往往会导致结构其他部分的振动能量增加，从而无法实现全局的有效控制。

这种主动控制方法对于实现特定部位的振动抑制是有效的，但它确实存在着局限性，无法实现整个结构的全面振动控制。为此，科学家积极寻求新的解决方案，以应对这一挑战。近年来，随着智能材料和自适应控制技术的发展，结构波的主动控制策略得到了进一步的优化和拓展。一种新兴的方法是采用智能材料，如压电材料或形状记忆合金，来动态调整结构的物理特性，从而影响结构波的传播。通过智能材料的引入，可以在不同的振动源和敏感组件之间建立动态的连接，实现对结构波传播路径的精确控制。

此外，随着机器学习算法的发展，数据驱动的主动控制方法也逐渐受到关注。通过对结构响应的大量数据进行学习和分析，可以构建出精确的结构波传播模型，并基于这些模型来制定更有效的控制策略。这种方法不仅提高了控制精度，还使控制策略更加灵活和自适应。

在结构波的主动控制中，前馈控制技术的运用相较于全局振动控制更为普遍。这是因为结构波的传播路径与形式呈现多样化特点，使控制策略能够针对多样化的激励类型进行优化。前馈控制以对激励源的预先了解为基础，通过提前识别即将影响结构的波形，从而制定出针对性的控制策略。

以结构波控制为例，通过分析即将抵达的波形类别，如压力波、剪切波或弯曲波，并针对性地调整控制策略，可有效减小这些波形对结构的影响。为实现这一控制目标，可在结构的关键位置部署传感器阵列，这些传感器具备检测多种类型入射结构波的能力。借助这些数据，控制系统能够精确掌握波在结构中的传播状态，包括传播速度、波长、振幅等关键信息。这些信息对于设计高效的前馈控制策略至关重要，因为它们允许系统在波形影响结构之前采取干预措施。

鉴于全局控制系统在高频段存在的性能局限性，对整体结构的主动控制转变为对特定波形的单独控制。相较于对整个结构进行振动主动控制，结构波主动控制方法在较高频率下更具适用性，可用于阻止振动能量通过连接元件在结构组件间的传递。

3.4.3　弯曲波振动噪声控制

弯曲波的主动控制通过精准的计算，有效抑制结构中由弯曲波引发的振动与噪声，进而提升设备运行的效能与可靠性。弯曲波是指在弹性介质中传播的一种波动形态，传播过程中伴随介质内部的弯曲形变。弯曲波的传播往往伴随着振动和噪声的产生。针对这一技术难题，弯曲波的主动控制技术应运而生。该技术通过实时监测结构体的振动状态，借助传感器与控制系统进行数据收集与分析，进而精确计算出所需的控制信号。这些控制信号随后被传输至驱动器，驱动器则依据信号产生相应的力或力矩，以实现对弯曲波传播的有效抵消或削弱，减少了结构体振动与噪声水平。

3.4.4　有源噪声控制

有源噪声控制（active noise control，ANC）的方法为主动噪声控制，通过波的干涉原理进行噪声信号抵消。有源噪声控制主要针对低频噪声。

有源噪声控制技术在提升声学隐身能力方面发挥着关键作用，特别是在水面舰艇和水下航行器的隐身技术中。水下航行器尤为依赖隐蔽性以避免敌方声呐探测，而水面舰艇则通过应用 ANC 技术减少机械噪声的水下传播，从而降低被敌方探测的风险。现代舰船在设计之初便充分考虑了噪声控制技术的集成，包括将先进的 ANC 系统与传统被动隔音措施相结合，如采用特殊材料和设计以减少发动机及其他机械设备的振动传递。

ANC 系统采用复杂的自适应滤波技术和信号处理技术，能够实时调整声波的相位和振幅，以适应噪声源的动态变化。这种实时调整能力是提高噪声抑制效率的关键所在。此外，ANC 技术在军用舰艇中还与其他技术相结合，如结构声学设计、流体动力学以及高性能计算技术等。

尽管 ANC 技术具有诸多优势，但在水下环境中的应用仍面临独特挑战，例如如何在深水和高压环境下确保设备的可靠性和效率。随着潜艇和舰船噪声控制需求的不断增长，研发更高效、更经济的 ANC 系统已成为未来研究的重要方向。

参 考 文 献

[1]　Morse P M. Vibration and sound[J]. Nature, 1949, 163: 232.

[2]　Baker B B, Copson E T. The Mathematical Theory of Huygens' Principle[M]. Oxford: Clarenden Press, 1953.

[3]　Freedman A. Sound field of a rectangular piston[J]. The Journal of the Acoustical Society of America, 1960, 32(2): 197-209.

[4]　Sabin G A. Calibration of piston transducers marginal test distances[J]. The Journal of the Acoustical Society of America, 1964, 36(1): 168-173.

[5]　鲍伯. 水下电声测量[M]. 郑士杰, 译. 北京: 国防工业出版社, 1977.

[6] 汤渭霖, 范军, 马忠成. 水中目标声散射[M]. 北京: 科学出版社, 2018.

[7] 程贯一, 王宝寿, 张效慈. 水弹性力学: 基本原理与工程应用[M]. 上海: 上海交通大学出版社, 2013.

[8] Ihlenburg F. Finite Element Analysis of Acoustic Scattering[M]. New York: Springer, 1998.

[9] 商德江, 何祚镛. 加肋双层圆柱壳振动声辐射数值计算分析[J]. 声学学报, 2001, 26(3): 193-201.

[10] Berenger J. A pertectly matched layer for the absorption of electromagnetc waves[J]. Journal of Computational Physics, 1994, 114(2): 185-200.

[11] 张博, 王熙, 吴浩憨, 等. 面向船舶振动抑制的电磁吸振器优化设计[J]. 噪声与振动控制, 2020, 40(4): 213-218.

[12] 王震, 苗金林, 孙玉东. 船舶管路主动吸振器仿真设计[J]. 舰船科学技术, 2014, 36(10): 87-91.

[13] 黄子祥, 杨德权, 蒋圣鹏, 等. 一种小型流体阻尼隔振器的设计与实验[J]. 振动与冲击, 2021, 40(14): 180-185.

[14] 韩金超. 基于常力机构的准零刚度隔振器隔振机理研究[D]. 沈阳: 东北大学, 2021.

[15] 陈威. 粘滞阻尼器的理论和实验研究[D]. 武汉: 华中科技大学, 2012.

[16] 卢琦, 谢溪凌, 刁建超, 等. 多孔流体阻尼式动力吸振器的动力学建模及实验研究[J]. 噪声与振动控制, 2018, 38(1): 58-62.

[17] 李斌, 董万元, 王小兵. 一种气动/电磁联合作动的主动隔振器设计与仿真[J]. 西北工业大学学报, 2013, 31(6): 871-877.

[18] 李靖飞. 金属橡胶减振器振动特性研究[D]. 太原: 中北大学, 2022.

[19] Fuller C R, Elliott S J, Nelson P A. 振动主动控制[M]. 楼京俊, 俞翔, 杨庆超, 等译. 北京: 国防工业出版社, 2014.

第 4 章 水中目标声散射及其控制

4.1 目标声散射理论基础

声散射作为声波在传播过程中遭遇界面（如海面、海底）、障碍物或目标后所引发的声场畸变现象，涵盖了一系列复杂的声学作用，如反射、透射、衍射及绕射等。由于小振幅声波的运动遵循线性叠加原理，因此，在发生散射后，整个声场是由未受任何外界干扰的入射波与由目标所引发的散射波共同叠加构成的。

本章将深入探讨这一基本数学物理问题的构成，并特别强调两种在形式上有所差异但在本质上等价的描述方法，即微分方程方法和积分方程方法。这两种方法各有其特点和应用场景，为声波散射问题的深入研究提供了有力的数学工具。

在声学和电磁学的学术领域中，除了广泛使用的"散射"这一术语外，衍射和绕射这两个词汇亦颇为常见。据 Morse 等[1]所述，当散射体的尺度相较于声波长显得更为庞大时，声波被反射与衍射的现象更为显著。其中一个具有代表性的案例即为声波在半无限大边棱上的衍射过程。尽管散射与衍射在实质层面上均用于描述波在遭遇障碍物或目标后所展现的物理现象，但鉴于散射的涵盖范围更为广泛，故本书在论述过程中将统一采用"散射"这一术语。

4.1.1 目标声散射场微分方程描述

声波的传播，其表现方式在流体（含气体）中体现为压力变化（声压）作用下密度的波动传播，即疏密波的形式。而在固体中，声波则表现为应力作用下弹性体应变的传播，本质同样为疏密波。在流体中，声波的传播规律遵循标量波动方程，这一方程在声学领域的教科书中有着详尽的推导过程，本节在此仅作简要介绍。对于无源的理想流体（忽略黏性）的运动，其完备的数学描述由一组方程构成。

连续性方程：$\dfrac{\partial \tilde{\rho}}{\partial t} + \nabla(\tilde{\rho}v) = 0$

运动方程：$\tilde{\rho}\dfrac{\delta v}{\delta t} + \tilde{\rho}(v\nabla)v = -\nabla \tilde{P}$ （4-1）

状态方程：$\Phi(\tilde{P}, \tilde{\rho}, S) = 0$

式中，∇ 为哈密顿算子，$\nabla = i\partial/\partial x + j\partial/\partial y + k\partial/\partial z$；$\tilde{\rho}$ 为瞬时密度，$\tilde{P}$ 为瞬时压力，v 为介质质点振速，它们是流体力学中常用的三个量；此外，S 是热力学函数熵。对于常温条件下的小振幅声波运动，可以假设：①运动是绝热等熵的，$S = S_0$ 是常数；②压力变化——声压 $p = \tilde{P} - P_0$，密度变化 $\rho' = \tilde{\rho} - \rho_0$ 和质点振速 v 都是小量，P_0 和 ρ_0 是静态（无声波运动）时的压力和密度。在这些假设条件下从线性化状态方程导出：

$$p = \left(\dfrac{\partial \overline{P}}{\partial \overline{\rho}}\right)_{S_0} \rho' = c^2 \rho' \qquad (4\text{-}2)$$

式中，$c^2 = (\partial \tilde{P}/\partial \tilde{\rho})_{S_0}$，$c$ 是声速。将式（4-2）代入连续性方程和运动方程，略去高阶小量得到小振幅条件下的线性化方程。

连续性方程：$\dfrac{1}{c^2}\dfrac{\partial p}{\partial t} + \rho_0 \nabla v = 0$

运动方程：$\rho_0 \dfrac{\partial v}{\partial t} = -\nabla p$ （4-3）

由这两个方程不难导出声压满足的波动方程：

$$\nabla^2 p(r,t) - \dfrac{1}{c^2}\dfrac{\partial^2 p(r,t)}{\partial t^2} = 0 \qquad (4\text{-}4)$$

随着时间的变化，声压 $p(r,t)$ 可以视作多种频率成分相互叠加的结果。在数学领域，可以借助傅里叶变换的手段，对声压进行频谱分解，进而获得其分解式：

$$p(r,t) = \int_{-\infty}^{\infty} p(r,\omega) e^{-i\omega t} d\omega \qquad (4\text{-}5)$$

时间变化的声压被分解成用时间因子 $e^{-i\omega t}$ 表示的各种频谱分量的叠加，ω 为角频率，$\omega = 2\pi f$，f 为频率。反变换是

$$p(r,\omega) = \dfrac{1}{2\pi}\int_{-\infty}^{\infty} p(r,t) e^{i\omega t} dt \qquad (4\text{-}6)$$

将式（4-5）代入波动方程得到简谐情况下的亥姆霍兹方程：

$$\nabla^2 p(r,\omega) + k^2 p(r,\omega) = 0 \tag{4-7}$$

式中，$p(r,\omega)$ 为给定频率 ω 的空间变化部分；$k = \omega/c = 2\pi/\lambda$ 为声波数，λ 为声波长。简谐情况是今后主要讨论的情况，时间因子为 $e^{-i\omega t}$，在讨论过程中常常可以略去。

声学研究中常引入声速度势 $\phi(r,t)$，无旋运动可以用标量势函数表示振速，得到

$$v(r,t) = -\nabla\phi(r,t), \quad p(r,t) = \rho_0 \frac{\partial \phi(r,t)}{\partial t} \tag{4-8}$$

因此，速度势函数 $\phi(r,t)$ 能够唯一确定声场的状态。在无源的情况下，该势函数满足与声压相类似的波动方程

$$\nabla^2 \phi(r,t) - \frac{1}{c^2}\frac{\partial^2 \phi(r,t)}{\partial t^2} = 0 \tag{4-9}$$

和简谐情况下的亥姆霍兹方程

$$\nabla^2 \phi(r) + k^2 \phi(r) = 0 \tag{4-10}$$

这里的 $\phi(r)$ 也只包含空间变化部分。这时声压和振速是

$$p(r) = -i\omega\rho_0\phi(r), \quad v(r) = \frac{1}{i\omega\rho_0}\nabla p(r) \tag{4-11}$$

与固体界面衔接时用声压和位移表示声场，位移是

$$u(r) = \frac{1}{-i\omega}, \quad v(r) = \frac{1}{\rho_0\omega^2}\nabla p(r) \tag{4-12}$$

显然，声压或势函数是描述小振幅声场的唯一物理量，振速或位移是其导出的量。在声波与目标障碍物相互作用的过程中，散射波的形成源于入射声波的激励作用。此时，整个空间内的声场可划分为入射场与散射场两部分。入射场指的是目标障碍物不存在时的声场状态，而散射场则是引入目标障碍物后所产生的额外声场成分。图 4-1 清晰地展示了在自由空间中，一个表面为 S 的目标在入射声波 ϕ_i 作用下发生散射过程的示意图。设定入射场的源点矢径为 r_0，场点矢径为 r，总声场的势函数表示为 $\phi(r_0,r)$，入射势函数为 $\phi_i(r_0,r)$，散射势函数为 $\phi_s(r_0,r)$。根据势函数的可加性原则，总声场势函数 $\phi(r_0,r)$ 为入射势函数 $\phi_i(r_0,r)$ 与散射势函数 $\phi_s(r_0,r)$ 之和：

$$\phi(r_0,r) = \phi_i(r_0,r) + \phi_s(r_0,r) \tag{4-13}$$

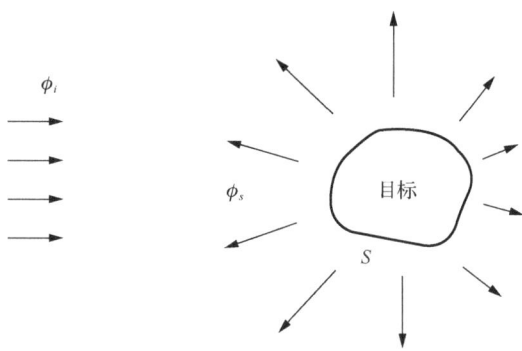

图 4-1 目标散射示意图

在均匀且无界的流体空间中,关于目标的声散射问题构成了水声学领域的核心议题。在这一问题中,发射与接收过程均发生在流体介质中,而目标本身则可能呈现出阻抗表面体、弹性或黏弹性体的不同特性。目标的这些特性,可通过对其表面边界条件的详尽分析以及目标体所遵循的振动方程的精确描述来得以明确。在单频且忽略时间因子影响的情况下,入射声场势函数应当严格满足有源亥姆霍兹方程的约束条件:

$$(\nabla^2 + k^2)\phi_i(r_0, r) = -4\pi q(r_0, r) \tag{4-14}$$

式中,$q(r_0, r)$ 为空间分布的源函数。若声源是集中于 r_0 点的简单源,方程右边的源函数应该表示成 $-4\pi\delta(r-r_0)$,$\delta(r-r_0)$ 为狄拉克 δ 函数。点源在无界空间中产生的势函数为 $\phi_i(r_0, r) = e^{ikR}/R, R = |r - r_0|$。平面波入射相当于源在无限远处,方程右边为 0。存在目标时整个空间中的总声场应该满足如下方程:

$$(\nabla^2 + k^2)\phi(r_0, r) = -4\pi q(r_0, r) \tag{4-15}$$

散射场满足的无源波动方程:

$$(\nabla^2 + k^2)\phi_s(r_0, r) = 0 \tag{4-16}$$

无限流体介质中简谐平面声波从激励目标产生的声散射可以归纳为下面的数学物理问题。入射声场和散射声场分别满足亥姆霍兹方程:

$$\begin{cases} \nabla^2 \phi_i(r) + k^2 \phi_i(r) = 0 \\ \nabla^2 \phi_s(r) + k^2 \phi_s(r) = 0 \end{cases} \tag{4-17}$$

总声场满足表面边界条件,几种可能的情况如下:① $\phi(r)|_s = 0$——狄利克雷边界问题,对应绝对软表面散射;② $\frac{\partial \phi(r)}{\partial n}|_s = 0$——诺尼曼边界问题,对应绝对硬表面散射;③ $\left[\frac{\partial \phi(r)}{\partial n} + \bar{Y}(S)\phi(r)\right]_s = 0$——混合边值问题,$\bar{Y}$ 与表面导纳成比例,$\bar{Y} \to \infty$ 和 $\bar{Y} \to 0$ 分别对

应绝对软和绝对硬表面散射，$\bar{Y}$ = 常数对应阻抗表面散射；④表面振动边界条件——对应弹性结构散射。

散射声场满足无限远辐射条件：在要求满足无限远辐射条件的情况下，解的形式必须呈现为向外发散的或衰减的波动模式。在数学上，这一条件可被精确地表述为索末菲辐射条件：

$$\lim_{R\to\infty}\phi_s = \lim_{R\to\infty}\int\left(\frac{e^{ikR}}{R}\frac{\partial\phi_s}{\partial n} - \phi_s\frac{\partial}{\partial n}\left(\frac{e^{ikR}}{R}\right)\right)dS = 0 \quad (4-18)$$

上述公式中的积分表示散射声场的亥姆霍兹积分，其中 R 指的是声场接收点与声源之间的距离。当将 S 设定为球面时，法线 n 指向球面的半径方向，进而可得出辐射条件：

$$\lim_{R\to\infty}R\left(\frac{\partial\phi_s}{\partial R} - ik\phi_s\right)\phi = 0 \quad (4-19)$$

另外一种简单的表示形式是

$$\lim_{R\to\infty}R\phi_s < \infty \quad (4-20)$$

这里仅要求散射场满足辐射条件，因为入射场来自空间某点或无限远处的源。

从表面边界条件的观察可以明确得知，散射场的产生源于入射场的"激发"作用。以刚硬边界为例，由于表面振速为零，这一特定的边界条件对散射场的形成具有直接影响。

$$\left.\frac{\partial\phi_s(r_0,r)}{\partial n}\right|_s = -\left.\frac{\partial\phi_i(r_0,r)}{\partial n}\right|_s \quad (4-21)$$

说明表面上产生了由入射波激励的"虚拟"法向振动速度 $v_n = -\partial\phi_i/\partial n|_s$。散射场可被视为由这一"虚拟"法向振速引发的声辐射现象。据此分析，散射与辐射问题尽管在成因和应用领域有所区别，但其处理方法在本质上却具有一致性。辐射问题主要关注物体在特定作用力激发下产生的声场，而散射问题则侧重于物体在入射声波刺激下所产生的（再次）辐射声场。进一步观察，散射与辐射问题在核心处理层面上的共性显而易见，即两者均需面对并解决流-固耦合的本征值问题。这样，在已知入射声场 $\phi_i(r_0,r)$、表面几何形状和表面边界条件时原则上能够解出散射声场 $\phi_s(r_0,r)$。

在处理水中目标声散射问题时，一个显著的特点在于，大多数固体目标不能单纯地视为刚性体。原因在于，固体的声阻抗相较于水而言，仅高出约一个数量级，而相较于空气，其声阻抗通常高出四个数量级。因此，在空气中，固体目标的声散射可较为精确地视为刚性体的散射现象；然而，在水中，固体目标必须视作弹性或黏弹性目标来加以考量。因此，在研究水中目标声散射的过程中，不可避免地涉及弹性和黏弹性介质中的波动问题。

下面简要导出均匀各向同性理想弹性体中声波满足的矢量波动方程[2]。在直角坐标中，用 u_x、u_y、u_z 表示 x、y、z 方向的位移，位移矢量 $u = (u_x, u_y, u_z)$，则线形变是

$$\varepsilon_{xx} = \frac{\partial u_x}{\partial x}, \quad \varepsilon_{yy} = \frac{\partial u_y}{\partial y}, \quad \varepsilon_{zz} = \frac{\partial u_z}{\partial z} \tag{4-22}$$

切形变是

$$\varepsilon_{xy} = \varepsilon_{yx} = \frac{\partial u_x}{\partial y} + \frac{\partial u_y}{\partial x}, \quad \varepsilon_{yz} = \varepsilon_{zy} = \frac{\partial u_z}{\partial y} + \frac{\partial u_y}{\partial z}, \quad \varepsilon_{xz} = \varepsilon_{zx} = \frac{\partial u_x}{\partial z} + \frac{\partial u_z}{\partial x} \tag{4-23}$$

体形变是

$$\Delta = \nabla u = \frac{\partial u_x}{\partial x} + \frac{\partial u_y}{\partial y} + \frac{\partial u_z}{\partial z} \tag{4-24}$$

弹性体中任意一个面上的应力包括法向应力和切向应力，例如，x 为常数的面上作用有法向应力 τ_{xx} 和切向应力 τ_{xy}、τ_{xz}，三个坐标面共有 9 个应力分量，其中独立的分量是 6 个。均匀各向同性弹性体的本构方程即广义胡克定律是

$$\begin{aligned}
\tau_{xx} &= \lambda_x \Delta + 2\mu_e \varepsilon_{xx}, & \tau_{xy} &= \tau_{yx} = \mu_e \varepsilon_{xy} \\
\tau_{yy} &= \lambda_x \Delta + 2\mu_e \varepsilon_{yy}, & \tau_{yz} &= \tau_{zy} = \mu_e \varepsilon_{yz} \\
\tau_{zz} &= \lambda_x \Delta + 2\mu_e \varepsilon_{zz}, & \tau_{xz} &= \tau_{zx} = \mu_e \varepsilon_{xz}
\end{aligned} \tag{4-25}$$

在这种最基本的情况下，弹性体的力学性能只需要用密度 ρ_e 和拉梅常数 λ_e、μ_e 三个参数表征。描述应力-应变关系的两个拉梅常数 λ_e、μ_e 也可以用工程上常用的杨氏模量 E 和泊松比 σ 表示，它们之间的换算关系是

$$\begin{cases} \lambda_e = \dfrac{E\sigma}{(1+\sigma)(1-2\sigma)}, & \mu_e = \dfrac{E}{2(1+\sigma)} \\ E_e = \dfrac{\mu(3\lambda_e + 2\mu_e)}{\lambda_e + \mu_e}, & \sigma = \dfrac{\lambda_e}{2(\lambda_e + \mu_e)} \end{cases} \tag{4-26}$$

为了推广到其他正交曲线坐标系中，将本构方程写成张量形式。令 τ_{ij} 为应力张量，γ_{ij} 为应变张量，均匀各向同性弹性体的本构方程可以表示成

$$\tau_{ij} = \lambda_e \Delta \delta_{ij} + 2\mu_e \gamma_{ij} \tag{4-27}$$

式中，δ_{ij} 为狄拉克符号，当 $i = j$ 时为 1，其余为 0，这里表示单位张量。应变张量是

$$\gamma_{ij} = \frac{1}{2}\left(\frac{\partial u_i}{\partial x_j} + \frac{\partial u_j}{\partial x_i}\right) \tag{4-28}$$

在直角坐标系中，$\gamma_{xx} = \varepsilon_{xx}$、$\gamma_{xy} = \dfrac{1}{2}\varepsilon_{xy}$。由式（4-27）可导出式（4-25）。

在没有外力作用时，弹性体中密度为 ρ_e 的介质微元的运动方程是

$$\begin{cases} \rho_e \dfrac{\partial^2 u_x}{\partial t^2} = \dfrac{\partial \tau_{xx}}{\partial x} + \dfrac{\partial \tau_{yx}}{\partial y} + \dfrac{\partial \tau_{xx}}{\partial z} \\ \rho_e \dfrac{\partial^2 u_y}{\partial t^2} = \dfrac{\partial \tau_{xy}}{\partial x} + \dfrac{\partial \tau_{yy}}{\partial y} + \dfrac{\partial \tau_{zy}}{\partial z} \\ \rho_e \dfrac{\partial^2 u_z}{\partial t^2} = \dfrac{\partial \tau_{xz}}{\partial x} + \dfrac{\partial \tau_{yz}}{\partial y} + \dfrac{\partial \tau_{zz}}{\partial z} \end{cases} \quad (4\text{-}29)$$

将式（4-25）代入式（4-29）得到

$$\begin{aligned} \rho_e \dfrac{\partial^2 u}{\partial t^2} &= (\lambda_e + \mu_e)\nabla(\nabla \cdot u) + \mu_e \nabla^2 \\ &= (\lambda_e + 2\mu_e)\nabla(\nabla \cdot u) - \mu_e \nabla(\nabla u) \end{aligned} \quad (4\text{-}30)$$

根据向量场理论，位移向量总可以表示成

$$u = \nabla \phi + \nabla A, \quad \nabla A = 0 \quad (4\text{-}31)$$

式中，ϕ 是标量势函数，它所对应的分量是无旋的，即 $\nabla \times \nabla \phi \equiv 0$，表示与转动无关的位移分量；$A$ 是向量位移势函数，它所对应的分量散度恒为零，即 $\nabla(\nabla A) = 0$，表示纯转动（切向）分量。将式（4-31）代入式（4-30），向量波动方程被分解成两个方程：

$$\dfrac{\partial^2 \Phi}{\partial t^2} = c_L^2 \nabla^2 \Phi, \quad \dfrac{\partial^2 A}{\partial t^2} = c_T^2 \nabla^2 A \quad (4\text{-}32)$$

在单频情况下有

$$\begin{cases} \nabla^2 \Phi + k_L^2 \Phi = 0, \quad k_L = \omega/c_L \\ \nabla^2 A + k_T^2 A = 0, \quad k_T = \omega/c_T \end{cases} \quad (4\text{-}33)$$

式中，c_L、c_T 为无限弹性介质中的纵波速度、横波速度：

$$c_L = \sqrt{(\lambda_e + 2\mu_e)/\rho_e}, \quad c_T = \sqrt{\mu_e/\rho_e} \quad (4\text{-}34)$$

标量势函数 ϕ 满足标量亥姆霍兹方程，向量势 A 满足向量亥姆霍兹方程。$\nabla A = 0$ 是附加条件，用来保证从 ϕ 和 A 的 4 个分量唯一地确定 u 的 3 个分量。

两种弹性介质界面上的边界条件是：切向应力连续，切向位移连续，法向应力连续，法向位移连续。

弹性体和流体界面上的边界条件是：切向应力等于 0，法向应力连续，法向位移连续。

弹性体在水中产生的散射波，即是符合式（4-33）与弹性体和流体界面上的边界条件的特定解。

4.1.2 规则形状目标声散射简正级数解

在满足边界条件的前提下，亥姆霍兹方程的解析解仅在表面用正交曲线坐标系进行描述时才可能实现。在此条件下，亥姆霍兹方程能够实现变量分离，其解可表示为一系列特殊函数的级数和形式，这类解被称为简正级数解或瑞利级数解。目前已有 11 种特定形状的表面被证实能够进行变量分离，从而得到精确解。在辐射和散射问题的探讨中，仅有这 11 种形状的表面能够获得严格解[3]。其中，常见的形状包括圆柱面、球面、椭圆柱面、旋转抛物面、长旋转椭球面和扁旋转椭球面等。接下来，将以最为简单的球面为例，对简正级数解进行简要介绍。

首先讨论平面波从空间固定球体的散射。取球坐标 (r,θ,φ)，坐标原点在球心 O，球半径为 a，如图 4-2 所示。设单位振幅的简谐平面声波沿 z 方向入射到球，略去时间因子后入射波可以表示成 $e^{ikr\cos\theta}$。显然问题不依赖于方位角 φ 只依赖于极角 θ，因此简化为二维问题。将入射平面波按球面波分解[4]：

$$\phi_i(r,\theta) = e^{ikr\cos\theta} = \sum_{n=0}^{\infty} i^n (2n+1) j_n(kr) P_n(\cos\theta) \qquad (4-35)$$

式中，$j_n(\cdot)$ 是 n 阶球贝塞尔函数；$P_n(\cdot)$ 是 n 阶勒让德函数。同样地，散射波也不依赖于 φ。与入射波不同的是，散射波应该是向外发散的波，与略去的时间因子 $e^{-i\omega t}$ 配合，球坐标中依赖于 r 的解要取球汉克尔函数 $h_n^{(1)}(kr)$：

$$\phi_s(r,\theta) = \sum_{n=0}^{\infty} i^n (2n+1) b_n h_n^{(1)}(kr) P_n(\cos\theta) \qquad (4-36)$$

式中，b_n 是待定的散射系数，由球面上的边界条件确定。较简单的典型情况如下。

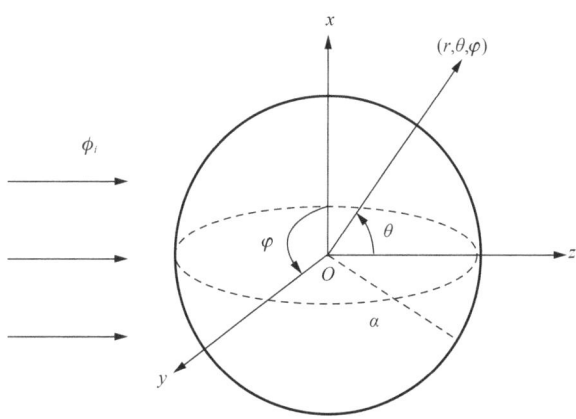

图 4-2 平面波从球的散射

(1) 刚性球。

刚性球的散射系数为

$$r = a, \quad \frac{\partial(\phi_s + \phi_i)}{\partial r} = 0 \Rightarrow b_n(x) = -\frac{j_n'(x)}{h_n^{(1)\prime}(x)} \tag{4-37}$$

式中，$x = ka = \omega a/c$ 为无量纲频率，又称归一化频率。

(2) 软球（如水中气泡）。

软球（如水中气泡）的散射系数为

$$r = a, \quad \phi_s + \phi_i = 0 \Rightarrow b_n(x) = -\frac{j_n(x)}{h_n^{(1)}(x)} \tag{4-38}$$

(3) 阻抗球。

假设球面是局部反应表面，表面阻抗是

$$Z = \left.\frac{p}{v_r}\right|_{r=a} = -\frac{\rho_0 c}{Y} \tag{4-39}$$

式中，Y 为比导纳，这里假设它与阶次 n 无关。根据声压和振速与势函数的关系得到边界条件：

$$-\left.\frac{\rho_0 \omega^2 (\phi_i + \phi_s)}{\mathrm{i}\omega \partial(\phi_i + \phi_s)/\partial r}\right|_{r=a} = -\frac{\rho_0 c}{Y} \tag{4-40}$$

将势函数代入解出：

$$b_n(x) = -\frac{j_n'(x) + \mathrm{i}Y j_n(x)}{h_n^{(1)\prime}(x) + \mathrm{i}Y h_n^{(1)}(x)} \tag{4-41}$$

当 $Z \to \infty, Y \to 0$ 时退化成刚性球，当 $Z \to 0, Y \to \infty$ 时退化成软球。

(4) 液态球。

假设球由密度 ρ_1、声速 c_1 的流体介质构成，内部声场表示为

$$\phi_1(r,\theta) = \sum_{n=0}^{\infty} \mathrm{i}^n (2n+1) e_n j_n(k_1 r) P_n(\cos\theta) \tag{4-42}$$

式中，$k_1 = \omega/c_1$。边界条件为

$$r = a, \quad \rho_0(\phi_s + \phi_i) = \rho_1 \phi_1, \quad \frac{\partial(\phi_s + \phi_i)}{\partial r} = \frac{\partial \phi_1}{\partial r} \tag{4-43}$$

得到确定系数 b_n、e_n 的联立方程：

$$\begin{cases} k(\mathrm{j}_n'(x)+b_n\mathrm{h}_n^{(1)\prime}(x))=k_1e_n\mathrm{j}_n'(x_1) \\ \rho_0(\mathrm{j}_n(x)+b_n\mathrm{h}_n^{(1)}(x))=\rho_1e_n\mathrm{j}_n(x_1) \end{cases} \quad (4\text{-}44)$$

式中，$x_1=k_1a$ 为内部液体对应的归一化频率。容易解出：

$$b_n=\frac{-B_n}{D_n},\quad e_n=\frac{C_n}{D_n}$$

$$B_n=\begin{vmatrix} k\mathrm{j}_n'(x) & k_1\mathrm{j}_n'(x_1) \\ \rho_0\mathrm{j}_n(x) & \rho_1\mathrm{j}_n(x_1) \end{vmatrix},\quad D_n=\begin{vmatrix} k\mathrm{h}_n^{(1)\prime}(x) & k_1\mathrm{j}_n'(x_1) \\ \rho_0\mathrm{h}_n^{(1)}(x) & \rho_1\mathrm{j}_n(x_1) \end{vmatrix} \quad (4\text{-}45)$$

$$C_n=\begin{vmatrix} k\mathrm{h}_n^{(1)\prime}(x) & \mathrm{j}_n'(x) \\ \rho_0\mathrm{h}_n^{(1)}(x) & \rho_0\mathrm{j}_n(x) \end{vmatrix}=\rho_0k\frac{\mathrm{i}}{x^2} \quad (4\text{-}46)$$

最后一式中利用了球贝塞尔函数的朗斯基行列式：

$$\mathrm{j}_n(x)\mathrm{h}_n^{(1)\prime}(x)-\mathrm{j}_n'(x)\mathrm{h}_n^{(1)}(x)=\frac{\mathrm{i}}{x^2} \quad (4\text{-}47)$$

针对更为复杂的情形，如弹性球和球壳等，在求解方法上，其基本思路是一致的，仅需将相应的边界条件代入，即可确定展开系数。

刚性球散射的精确解通常被视为一个标准问题。通过散射系数，可以获取刚性球的散射场：

$$\phi_s(r,\theta)=-\sum_{n=0}^{\infty}\mathrm{i}^n(2n+1)\frac{\mathrm{j}_n'(x)}{\mathrm{h}_n^{(1)\prime}(x)}\mathrm{h}_n^{(1)}(kr)\mathrm{P}_n\cos\theta \quad (4\text{-}48)$$

介质中的总声场：

$$\phi(r,\theta)=\sum_{n=0}^{\infty}\mathrm{i}^n(2n+1)\left(\mathrm{j}_n(kr)-\frac{\mathrm{j}_n'(x)}{\mathrm{h}_n^{(1)\prime}(x)}\mathrm{h}_n^{(1)}(kr)\right)\mathrm{P}_n\cos\theta \quad (4\text{-}49)$$

代入 $\mathrm{j}_n(kr)=\frac{1}{2}\left(\mathrm{h}_n^{(1)}(kr)+\mathrm{h}_n^{(2)}(kr)\right)$，可以改写成

$$\phi(r,\theta)=\frac{1}{2}\sum_{n=0}^{\infty}\mathrm{i}^n(2n+1)\left(\mathrm{h}_n^{(2)}(kr)-\frac{\mathrm{h}_n^{(2)\prime}(x)}{\mathrm{h}_n^{(1)\prime}(x)}\mathrm{h}_n^{(1)}(kr)\right)\mathrm{P}_n\cos\theta \quad (4\text{-}50)$$

在远场情况下，利用球汉克尔函数的渐近展开式：

$$\mathrm{h}_n^{(1)}(kr)\xrightarrow{kr\gg 1}\frac{1}{kr}\mathrm{e}^{\mathrm{i}(kr-\frac{n+1}{2}\pi)} \quad (4\text{-}51)$$

按形态函数的定义得到平面波从刚性球散射的形态函数：

$$|f(x,\theta)|=\frac{2}{x}\left|\sum_{n=0}^{\infty}(2n+1)\frac{{\rm j}'_n(x)}{{\rm h}_n^{(1)'}(x)}{\rm P}_n\cos\theta\right| \qquad (4-52)$$

特别是取 $\theta=\pi$、$P_n(-1)=(-1)^n$ 时，得到反向散射形态函数和散射截面：

$$|f(x,\pi)|=\frac{2}{x}\left|\sum_{n=0}^{\infty}(2n+1)\frac{{\rm j}_n^{(x)}}{{\rm h}_n^{(1)'}(x)}(-1)^n\right|,\quad \frac{\sigma_s}{\pi a^2}=|f(x,\pi)|^2 \qquad (4-53)$$

按定义，目标强度是

$$TS(x)=10{\lg}\left|\frac{a}{2}f(x,\pi)\right|^2=10{\lg}\left|\frac{a}{x}\sum_{n=0}^{\infty}(2n+1)\frac{{\rm j}'_n(x)}{{\rm h}_n^{(n)'}(x)}(-1)^n\right|^2 \qquad (4-54)$$

图 4-3 是刚性球目标散射截面随 $x=ka$ 变化曲线。根据经验，无限级数只要取最高项数 $n_{\max}\geqslant ka+5$ 就能够保证计算的精度。

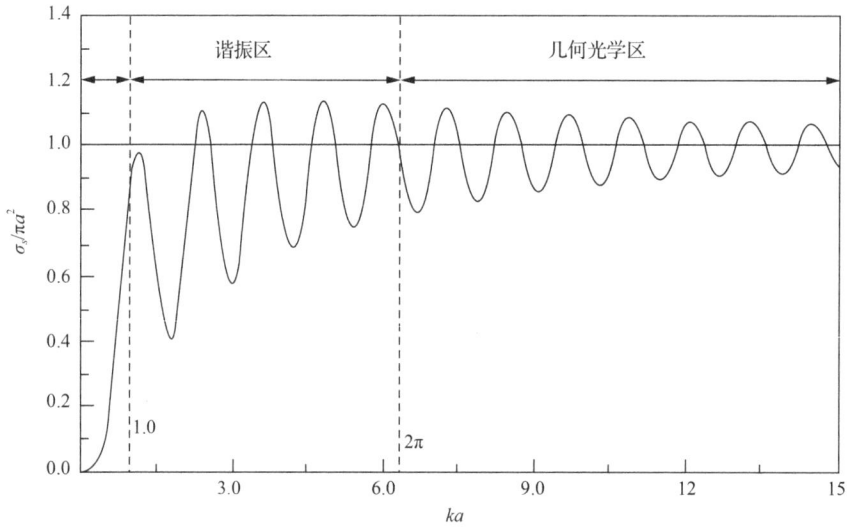

图 4-3 刚性球目标散射截面随 $x=ka$ 变化曲线

4.1.3 声散射的亥姆霍兹积分公式和表面积分方程

声场是通过满足波动方程和边界条件的解来进行描述的。对于具有规则形状的表面，亥姆霍兹方程的解可以通过分离变量法表达为简正级数的形式。然而，对于任意形状的表面，分离变量法不再适用，此时波动方程的解需采用基尔霍夫解，将其表达为表面积分的形式，即波动方程解的基尔霍夫积分公式。在单频情况下，该公式亦被称为亥姆霍兹积分公式。

从数学角度而言，亥姆霍兹积分公式源自微分形式的波动方程，并已证实其是唯一解。

在物理领域，亥姆霍兹积分公式则体现了波传播的惠更斯原理。波的运动能够从一个波阵面推演出下一个波阵面。尽管如此，亥姆霍兹表面积分公式只能从表面已知的声学量——声压和振速，预报表面以外其他点的声学量，而无法建立表面声学量之间的联系。

实际上，对于一个特定的表面，其在声介质中的辐射特性是恒定的。因此，表面上的声压和振速之间存在一种确定的关系。后续将深入探讨这种关系，并通过辐射声阻抗来加以表示。为了建立这种关系，需要考察当外部场点趋近于表面时的极限情况。通过这一分析，得到表面上满足的积分方程，可称为表面积分方程，以区别于表面积分公式。

在声学教科书中，亥姆霍兹积分公式通常用于解决辐射问题，而对于散射问题的亥姆霍兹积分公式的推导则相对较少，且对表面积分方程的深入探讨亦显不足。实际上，表面积分方程构成了应用边界元方法解决辐射和散射问题的基石。随着数值计算技术的发展，边界元方法在处理具有任意表面形状的辐射和散射问题上的优势愈发显著。表面积分方程作为数学物理方程在单层势理论和双层势理论中的体现，采用一种更为简洁明了的方法，对散射声场的亥姆霍兹积分公式及表面积分方程进行了详尽的推导。

首先推导辐射声场的亥姆霍兹积分公式。如图 4-4 所示，设已知 S 面上的 ϕ 和 $\partial\phi/\partial n$，求 S 面外空间点 r 的声场，n 是表面外法线。S 面可以是实际声源的振动面，也可以是空间任何一个封闭面。取一个半径趋于无限大的面 S_∞，将 S 面和场点 r 包围起来。在所包围的空间体积 V 内不存在声源，所以声场 $\phi(r)$ 满足微分形式的亥姆霍兹方程：

$$\nabla^2 \phi(r) + k^2 \phi(r) = 0 \tag{4-55}$$

为叙述清楚起见，另外引入积分动点 r'、$\phi(r')$ 也满足该方程：

$$\nabla^2 \phi(r') + k^2 \phi(r') = 0 \tag{4-56}$$

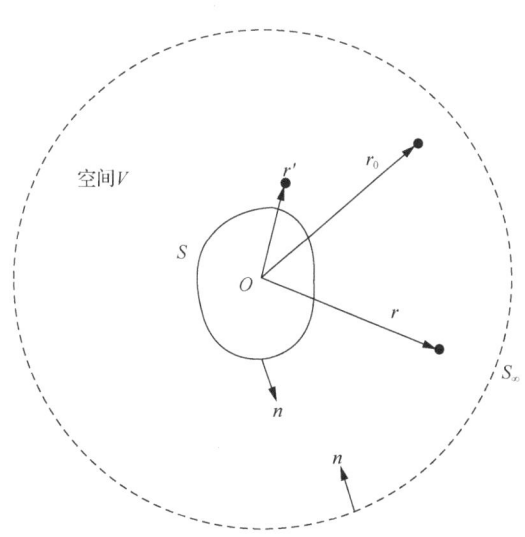

图 4-4　辐射和散射亥姆霍兹积分公式推导

$\delta(r-r')$ 是狄拉克 δ 函数，这是一个集中在 $r=r'$ 点的奇异函数。对于任意一个在 $r=r'$ 点连续的函数 $f(r)$，若积分区域 V 中包含 r'，则有

$$\int_V f(r)\delta(r-r')\,\mathrm{d}r = f(r')$$
$$\int_V f(r)\delta'(r-r')\,\mathrm{d}r = -f'(r') \tag{4-57}$$

式中，δ' 是 δ 函数对宗量的导数。若积分体积 V 中不包含 r'，δ 函数不起作用，两个积分均为 0。δ 函数的详细性质可参看数学物理方法的书。在无界空间中格林函数是

$$G(r,r') = \mathrm{e}^{ikR}/R, \quad R = |r-r'| \tag{4-58}$$

用 $G(r,r')$ 乘式（4-56），$\phi(r)$ 乘式（4-55）并考虑到狄拉克 δ 函数的性质，两者相减得到

$$G(r,r')\nabla^2\phi(r') - \phi(r')\nabla^2 G(r,r') = 4\pi\phi(r')\delta(r-r') \tag{4-59}$$

两边对 r' 积分，积分区域 V 由无限大表面 S_∞ 和散射体表面 S 围成。左边利用格林公式得到

$$\int_V \left(G(r,r')\nabla^2\phi(r') - \phi(r')\nabla^2 G(r,r')\right)\mathrm{d}r'$$
$$= -\int_{S+S_\infty}\left(G(r,r')\frac{\partial\phi(r')}{\partial n} - \phi(r')\frac{\partial G(r,r')}{\partial n}\right)\mathrm{d}S \tag{4-60}$$

右边的负号是因为 n 相对于 $S+S_\infty$ 是内法线。对于包含 δ 函数的体积分，只有当 r' 处在 S 面外，即积分区域 V 中时 δ 函数才起作用，得到

$$\int_V \phi(r')\delta(r-r')\mathrm{d}r' = \begin{cases} \phi(r), & r\text{在}S\text{面外} \\ 0, & r\text{在}S\text{面内} \end{cases} \tag{4-61}$$

由于波的无限远辐射条件，无限大球面 S_∞ 上的积分为 0，只剩 S 面上的积分。为避免混淆将 S 面上的 r 写成 r_s 得到辐射声场满足的亥姆霍兹积分公式：

$$\int_S \left(\phi(r_s)\frac{\partial G(r,r_s)}{\partial n} - G(r,r_s)\frac{\partial\phi(r_s)}{\partial n}\right)\mathrm{d}S = \begin{cases} 4\pi\phi(r), & r\text{在}S\text{面外} \\ 0, & r\text{在}S\text{面内} \end{cases} \tag{4-62}$$

该公式的物理内涵在于，空间中任意位置的声场皆源于 S 面上次级声源所辐射的元波在该点处的叠加效应。这些元波由两部分构成。其中一部分表现为脉动形式，即单极子声源所贡献的部分，以点源球面波 e^{ikR}/R 的形式辐射，源强度是 $-(\partial\phi/\partial_n)\mathrm{d}S$；第二部分是偶极子源，以点偶极子 $\partial(\mathrm{e}^{ikR}/R)/\partial n$ 的形式辐射，偶极矩是 $\phi\mathrm{d}S$，偶极子方向指向表面的法线方向。在数学领域，脉动源所引发的势被定义为单层势，而偶极子源所产生的势则被称作双层势。通过详细的推导过程，可以清晰地观察到，表面 S 并非实际发生辐射的表面，它完全可以是围绕某一物体的任意虚拟表面。亥姆霍兹积分公式则深刻揭示了声波从一个表面传递至另一个表面的动态过程。

在此基础上再来推导散射问题的亥姆霍兹积分公式。仍采用图 4-4，只是在点 r_0 处增加一点源，讨论由源点 r_0 发出的声波经 S 面散射后在场点 r 产生的散射场 $\phi_s(r_0,r)$。由源点产生的入射场 $\phi_i(r_0,r)$、S 面的散射场 $\phi_s(r_0,r)$ 和总声场 $\phi = \phi_i + \phi_s$ 分别满足下面的亥姆霍兹方程：

$$(\nabla^2 + k^2)\begin{bmatrix}\phi_i(r_0,r)\\\phi_s(r_0,r)\\\phi(r_0,r)\end{bmatrix} = \begin{bmatrix}-4\pi\delta(r-r_0)\\0\\-4\pi\delta(r-r_0)\end{bmatrix} \tag{4-63}$$

下面的推导中让源点 r_0 总是处在 S 面外，而场点 r 可以处在 S 面外（积分区域 V 中）或 S 面内（积分区域 V 外），也可以处在 S 面上，如图 4-4 所示。同样引入积分动点 r' 和满足式（4-61）的格林函数 $G(r,r')$，这里的格林函数就是不存在散射面时的入射波。

先看散射声场 ϕ_s 满足的积分公式。取式（4-63）中间一式的改写形式：

$$(\nabla^2 + k^2)\phi_s(r_0,r') = 0 \tag{4-64}$$

用 $G(r,r')$ 乘式（4-64），$\phi_s(r_0,r')$ 乘式（4-56）并相减得到

$$G(r,r')\nabla^2\phi_s(r_0,r') - \phi_s(r_0,r')\nabla^2 G(r,r') = 4\pi\phi_s(r_0,r')\delta(r-r')$$

两边对 r' 积分，左边利用格林公式将体积分变成 $S + S_\infty$。右边的体积分考虑 δ 函数的作用，得到散射声场满足的亥姆霍兹积分公式：

$$\int_S\left(\phi_s(r_0,r_s)\frac{\partial G(r,r_s)}{\partial n} - G(r,r_s)\frac{\partial \phi_s(r_0,r_s)}{\partial n}\right)dS = \begin{cases}4\pi\phi_s(r_0,r), & r\text{在}S\text{面外}\\0, & r\text{在}S\text{面内}\end{cases} \tag{4-65}$$

此公式与辐射声场的亥姆霍兹积分公式存在显著的相似性，因此其物理意义也呈现出相似的特征。具体而言，空间中任意一点的散射声场，均可视为由 S 面上次级声源所发出的元波在该点处贡献的叠加效应共同形成的，脉动源的强度是 $-(\partial \phi_s/\partial n)dS$，偶极子源的强度是 $\phi_s dS$。

再讨论入射声场，取入射声场满足的方程：

$$(\nabla^2 + k^2)\phi_i(r_0,r') = -4\pi\delta(r_0-r') \tag{4-66}$$

用 $G(r,r')$ 乘式（4-66），$\phi_i(r_0,r')$ 乘式（4-57）并相减得到

$$G(r,r')\nabla^2\phi_i(r_0,r') - \phi_i(r_0,r')\nabla^2 G(r,r')$$
$$= 4\pi\phi_i(r_0,r')\delta(r-r') - 4\pi G(r,r')\delta(r_0-r') \tag{4-67}$$

两边对 r' 积分，对左边利用格林公式得到

$$\int_S\left(\phi_i(r_0,r_s)\frac{\partial G(r,r_s)}{\partial n} - G(r,r_s)\frac{\partial \phi_i(r_0,r_s)}{\partial n}\right)dS$$
$$= 4\pi\int_V\phi_i(r_0,r')\delta(r-r')dr' - 4\pi\int_V G(r,r')\delta(r_0-r')dr' \tag{4-68}$$

右边的第一项是

$$4\pi \int_V \phi_i(r_0,r')\delta(r-r')\mathrm{d}r' = \begin{cases} 4\pi\phi_i(r_0,r), & r\text{在}S\text{面外} \\ 0, & r\text{在}S\text{面内} \end{cases} \quad (4\text{-}69)$$

而对于右边的第二项，无论 r' 处在 S 面外还是面内，$\delta(r_0,r')$ 都起作用，这是因为 r_0 总在积分区域内。因此总有

$$-4\pi \int_V G(r,r')\delta(r_0-r')\mathrm{d}r' = -4\pi G(r,r_0) = -4\pi\phi_i(r_0,r) \quad （4\text{-}70）$$

结合式（4-69）、式（4-70）两式得到入射声场满足的亥姆霍兹积分公式：

$$\int_S \left(\phi_i(r_0,r_s)\frac{\partial G(r,r_s)}{\partial n} - G(r,r_s)\frac{\partial \phi_i(r_0,r_s)}{\partial n} \right) \mathrm{d}S = \begin{cases} 0, & r\text{在}S\text{面外} \\ -4\pi\phi_i(r_0,r), & r\text{在}S\text{面内} \end{cases} \quad (4\text{-}71)$$

这个结果反映了入射声场是假设散射体不存在时的场，这时 S 面是一个虚假的面，S 面内也存在场，它可以用表面上的 ϕ_i 和 $\partial\phi_i/\partial n$ 描述，负号是因为现在规定的法线是外法线。另外，当 r 处在 S 面外时虚假 S 面产生的场应该为 0，空间中的场只有来自声源 r_0 的直达声场。

将散射声场和入射声场的亥姆霍兹积分公式结合在一起，就得到总声场：

$$\int_S \left(\phi(r_0,r_s)\frac{\partial G(r,r_s)}{\partial n} - G(r,r_s)\frac{\partial \phi(r_0,r_s)}{\partial n} \right) \mathrm{d}S = \begin{cases} 4\pi\phi_s(r_0,r), & r\text{在}S\text{面外} \\ -4\pi\phi_i(r_0,r), & r\text{在}S\text{面内} \end{cases} \quad (4\text{-}72)$$

上面的第一式又常写成：

$$\phi(r_0,r) = \phi_i(r_0,r) + \frac{1}{4\pi}\int_S \left(\phi(r_0,r_s)\frac{\partial G(r,r_s)}{\partial n} - G(r,r_s)\frac{\partial \phi(r_0,r_s)}{\partial n} \right) \mathrm{d}S \quad (4\text{-}73)$$

根据上面的积分公式，只要同时已知表面上的 ϕ（对应声压）和 $\partial\phi/\partial n$（对应法向振速）或 ϕ_s 和 $\partial\phi_s/\partial n$ 就可以计算表面外任意一点的声场，只需要进行面积分运算。因此，这是计算任意形状表面声辐射和散射的基本公式，前提是要通过某种途径同时提供表面上的 ϕ 和 $\partial\phi/\partial n$。

上面在推导亥姆霍兹积分公式时并没有允许 r 处在 S 面上，因为当 r 处在 S 面上时面积分在 $r \to r_s$ 产生奇异性，需要专门计算积分主值。分别考虑散射场 ϕ_s 和入射场 ϕ_i，考察当场点 r 从外部趋向于表面 S 上的 r_s 时，散射场的表面积分的值。当场点 r 趋于表面 S 上的 r_0 时，格林函数中的 $R = |r - r_s| \to 0$，积分存在奇异性，要计算主值。将积分面上邻近 r 的小面元 ΔS 分离出来，面积分区域分成 S_0 和 ΔS 两部分。在大部分区域 S_0 中积分无奇异性，且当 $\Delta S \to 0$ 时 $S_0 \to S$。在小区域 $R \to 0$ 时，ΔS 中积分的第二项趋于 0，实际上无奇异性，这是因为当 $R \to 0$ 时 $\mathrm{d}S$ 以 $R^2 \to 0$，奇异性发生在 ΔS 积分的第一项：

$$\int_{\Delta S} \phi_s(r_0, r_s) \frac{\partial}{\partial n}\left(\frac{\mathrm{e}^{ikR}}{R}\right) \mathrm{d}S \tag{4-74}$$

当 $R \to 0$ 时可以令指数上的 $R = 0$，只需考虑：

$$\int_{\Delta S} \phi_s(r_0, r_s) \frac{\partial}{\partial n}\left(\frac{1}{R}\right) \mathrm{d}S \tag{4-75}$$

当 $R \to 0$ 时，式（4-75）存在奇异性。如图 4-5 所示为奇异积分的几何关系。由图 4-5（a）可知，对于凸光滑表面，r 在 S 面外时法线与直线 R 的夹角是锐角：

$$\frac{\partial}{\partial n}\left(\frac{1}{R}\right)\mathrm{d}S = -\frac{1}{R^2}\frac{\partial R}{\partial n}\mathrm{d}S = \frac{\cos\theta \mathrm{d}S}{R^2} = \mathrm{d}\Omega \tag{4-76}$$

$\mathrm{d}\Omega$ 是面元 $\mathrm{d}S$ 所对应的立体角，这里 $\partial R/\partial n = -\cos\theta$。因此有

$$\lim_{\Delta S \to 0}\int_{\Delta S}\phi_s(r_0,r_s)\frac{\partial}{\partial n}\left(\frac{1}{R}\right)\mathrm{d}S = \Omega \phi_s(r_0, r) \tag{4-77}$$

式中，

$$\Omega = \lim_{\Delta S \to 0}\int_{\Delta S}\frac{\partial}{\partial n}\frac{1}{R}\mathrm{d}S = \lim_{\Delta S \to 0}\int_{\Delta S}\mathrm{d}\Omega \tag{4-78}$$

是从 S 面外趋于表面时的立体角，对于凸光滑表面 $\Omega = 2\pi$。如果表面上存在向外突出的尖角 Λ，$\Omega = 4\pi - \Lambda$，如图 4-5（b）所示。利用这个结果得到表面积分的主值：

$$\lim_{R \to 0}\int_S = \int_S + \Omega \phi_s(r_0, r) \tag{4-79}$$

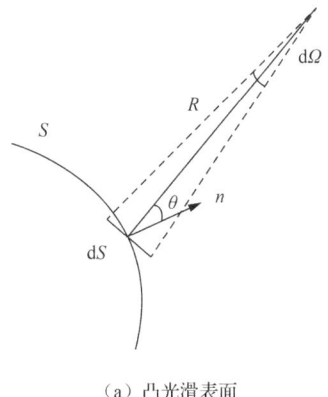

（a）凸光滑表面　　　　　　　　　　（b）表面向外突出尖角

图 4-5　奇异积分几何关系

从式（4-65）出发让场点 r 从外部趋向表面 S，利用式（4-79）得到

$$\int_S \left(\phi_s(r_0,r_s) \frac{\partial G(r,r_s)}{\partial n} - G(r,r_s) \frac{\partial \phi_s(r_0,r_s)}{\partial n} \right) dS + \Omega \phi_s(r_0,r) = 4\pi \phi_s(r_0,r) \tag{4-80}$$

或一般地写成：当 r 在 S 面上时有

$$C_0(r)\phi_s(r_0,r) = \int_S \left(\phi_s(r_0,r_s) \frac{\partial G(r,r_s)}{\partial n} - G(r,r_s) \frac{\partial \phi_s(r_0,r_s)}{\partial n} \right) dS \tag{4-81}$$

式中，

$$C_0(r) = \begin{cases} 2\pi, & \text{凸光滑表面} \\ \Lambda, & \text{向外突出尖角}\Lambda \\ 4\pi - \int_S \frac{\partial}{\partial n}\left(\frac{1}{R}\right) dS, & \text{任意表面} \end{cases} \tag{4-82}$$

奇异积分本来是在 $R \to 0$ 的小邻域 ΔS 中进行的，现在扩展到整个表面 S，因为离开奇点被积函数正比于 R^{-2}，所以奇点以外区域对积分的贡献为 $0^{[5]}$。对凸光滑表面，结合前面的式（4-69）得到散射场的完整表示式：

$$\int_S \left(\phi_s(r_0,r_s) \frac{\partial G(r,r_s)}{\partial n} - G(r,r_s) \frac{\partial \phi_s(r_0,r_s)}{\partial n} \right) dS = \begin{cases} 4\pi \phi_s(r_0,r), & r \text{在} S \text{面外} \\ 2\pi \phi_s(r_0,r), & r \text{在} S \text{面上} \\ 0, & r \text{在} S \text{面内} \end{cases} \tag{4-83}$$

对于入射场用同样方法求主值并结合式（4-72）得到

$$\int_S \left(\phi_i(r_0,r_s) \frac{\partial G(r,r_s)}{\partial n} - G(r,r_s) \frac{\partial \phi_i(r_0,r_s)}{\partial n} \right) dS + \Omega \phi_i(r_0,r) = 0 \tag{4-84}$$

对凸光滑表面，得到

$$\int_S \left(\phi_i(r_0,r_s) \frac{\partial G(r,r_s)}{\partial n} - G(r,r_s) \frac{\partial \phi_i(r_0,r_s)}{\partial n} \right) dS = -2\pi \phi_i(r_0,r), \quad r \text{在} S \text{面上} \tag{4-85}$$

入射场在所有区域内的表示式是

$$\int_S \left(\phi_i(r_0,r_s) \frac{\partial G(r,r_s)}{\partial n} - G(r,r_s) \frac{\partial \phi_i(r_0,r_s)}{\partial n} \right) dS = \begin{cases} 0, & r \text{在} S \text{面外} \\ -2\pi \phi_i(r_0,r), & r \text{在} S \text{面上} \\ -4\pi \phi_i(r_0,r), & r \text{在} S \text{面内} \end{cases} \tag{4-86}$$

上述推导表明，亥姆霍兹表面积分在穿越表面时存在间断性，此间断性源自双层势积分

在表面处所展现的奇异性特性。将散射场与入射场分别满足的式（4-83）和式（4-86）相结合，可以推导出总声场的完整表达形式：

$$\int_S \left(\phi(r_0, r_s) \frac{\partial G(r, r_s)}{\partial n} - G(r, r_s) \frac{\partial \phi(r_0, r_s)}{\partial n} \right) dS$$

$$= \begin{cases} 4\pi \phi_s(r_0, r), & r \text{在} S \text{面外} \\ 2\pi \phi_s(r_0, r) - 2\pi \phi_i(r_0, r), & r \text{在} S \text{面上} \\ -4\pi \phi_i(r_0, r), & r \text{在} S \text{面内} \end{cases} \quad (4-87)$$

其中，第二式给出表面上满足的积分方程：

$$\phi_s(r_0, r) = \phi_i(r_0, r) + \frac{1}{2\pi} \int_S \left(\phi(r_0, r_s) \frac{\partial G(r, r_s)}{\partial n} - G(r, r_s) \frac{\partial \phi(r_0, r_s)}{\partial n} \right) dS \quad (4-88)$$

或

$$\phi(r_0, r) = 2\phi_i(r_0, r) + \frac{1}{2\pi} \int_S \left(\phi(r_0, r_s) \frac{\partial}{\partial n} \left(\frac{e^{ikR}}{R} \right) - \frac{e^{ikR}}{R} \frac{\partial \phi(r_0, r_s)}{\partial n} \right) dS \quad (4-89)$$

此式就是根据表面上的振速 $\partial \phi / \partial n$ 求声压 ϕ（或反之）的积分方程，其中入射声场 ϕ_i 是已知的激励源。根据这个方程求出 $\partial \phi / \partial n$ 和 ϕ，再利用亥姆霍兹积分公式可以计算空间任意一点的散射场。或者用从表面积分方程解出的 $\partial \phi / \partial n$ 和 ϕ 减去表面上的 $\partial \phi_i / \partial n$ 和 ϕ_i 直接得到 $\partial \phi_s / \partial n$ 和 ϕ_s，再用表面积分公式计算散射场。当散射体表现为声波可透入的弹性结构时，需将边界积分方程与结构振动方程相结合，共同进行求解。亥姆霍兹积分公式和表面积分方程在文献中常合成更一般的形式：

$$C(r)\phi(r_0, r) = 4\pi \phi_i(r_0, r) + \int_S \left(\phi(r_0, r_s) \frac{\partial}{\partial n} \left(\frac{e^{ikR}}{R} \right) - \frac{e^{ikR}}{R} \frac{\partial \phi(r_0, r_s)}{\partial n} \right) dS \quad (4-90)$$

$$C_0(r) = \begin{cases} 4\pi, & r \text{在} S \text{面外} \\ 4\pi - \int_S \frac{\partial}{\partial n} \left(\frac{1}{R} \right) dS, & r \text{在} S \text{面上} \\ 0, & r \text{在} S \text{面内} \end{cases} \quad (4-91)$$

令 $\phi_i = 0$ 就得到辐射问题的亥姆霍兹积分公式和表面积分方程。

在诸多实际问题中，空间中不仅包含散射体，还存在界面因素，诸如海底或海面附近的视觉散射现象，以及海洋波导中目标的散射情况等。

4.2 水中目标几何声散射

在早期阶段，瑞利等从事声散射研究时，由于未能充分意识到目标弹性的重要性，因此主要聚焦于刚硬目标的散射特性。然而，随着对水中气泡散射需求的增加，他们开始转向软目标的散射研究。在此基础上，他们进一步深入探讨了阻抗表面目标的声散射特性[6]。

这些非弹性目标的散射现象主要源自目标表面的几何形态及其阻抗特性，因此被归类为几何散射。在诸多场景中，几何散射波构成了目标散射的主导部分。尤其在高频环境中，几何散射波严格遵循几何散射的规律。以常见的凸光滑曲面散射为例，其散射过程会形成所谓的亮点，这些亮点即为表面上那些入射声波与散射声波严格遵循几何反射定律的点。这些点被称为镜反射点。

对于潜艇、水雷等水中军用目标，其早期无一不是采用金属外壳进行制造。同时，鉴于当时技术条件的限制，所应用的声呐频率普遍偏高，使这些目标在声学特性上更接近刚硬目标。鉴于此，早期声散射的研究自然而然地聚焦于几何散射这一领域。

4.2.1 克希霍夫近似和物理声学方法

关于几何声散射的研究，对于诸如刚硬球、软球以及无限长刚硬柱、软柱等具有规则形状且可分离变量的情形，已有严格的解得以确立。然而，在实际应用中，目标形状往往呈现出任意性，有时甚至可能极其复杂，这导致分离变量法在此类情况下失效。

为了应对这一问题，针对任意形状目标的几何声散射问题，最常用的近似方法是克希霍夫近似。该方法在光学领域被称作物理光学方法，以区别于传统的几何光学方法，在声学领域中亦可称为物理声学方法。通过采用这种方法，能够更准确地描述和预测任意形状目标的声散射特性，为相关领域的研究和应用提供有力支持。

设声波从 M_1 点入射到表面 S，入射声势是 ϕ_i，需要计算另一点 M_2 的散射声场 ϕ_s，如图 4-6 所示。

面元 dS 到 M_1, M_2 点的距离分别是 r_1 和 r_2，散射声场满足的亥姆霍兹积分公式是

$$\phi_s(r_2) = \frac{1}{4\pi} \int_S \left(\phi_s \frac{\partial}{\partial n} \left(\frac{e^{ikr_2}}{r_2} \right) - \frac{\partial \phi_s}{\partial n} \frac{e^{i\theta_2}}{r_2} \right) dS \tag{4-92}$$

式中，n 是表面的外法线。直接用亥姆霍兹公式解散射声场需求解散射体表面的积分方程，因为只有同时给出表面上的 ϕ_s（对应声压）和 $\partial \phi_s / \partial n$（对应法向振速）才能求出空间中的 ϕ_s。

在散射表面的曲率半径远大于声波长时，从射线理论的角度出发，散射表面可被清晰地划分为亮区和影区两部分。其中，亮区指的是那些受到入射声波直接照射的区域，而影区则是指入射声波无法触及的区域。如图 4-6 所示，从源点 M_1 看去，A_1 到 A_2 是亮区，其余是影区。对于刚性表面，不管是亮区还是影区，总有法向振速为零，即 $\partial(\phi_i+\phi_s)/\partial n=0$。另外，由于波长短，反射面的每个局部都可以近似成平面，亮区表面反射声势近似等于入射声势 $\phi_s=\phi_i$，影区表面总声势近似为 0。所以有

$$\begin{cases} 亮区面 S_1 上： & (\phi_i-\phi_s)=0,\quad \dfrac{\partial(\phi_i+\phi_s)}{\partial n}=0 \\ 影区面 S_2 上： & (\phi_i+\phi_s)=0,\quad \dfrac{\partial(\phi_i+\phi_s)}{\partial n}=0 \end{cases} \quad (4\text{-}93)$$

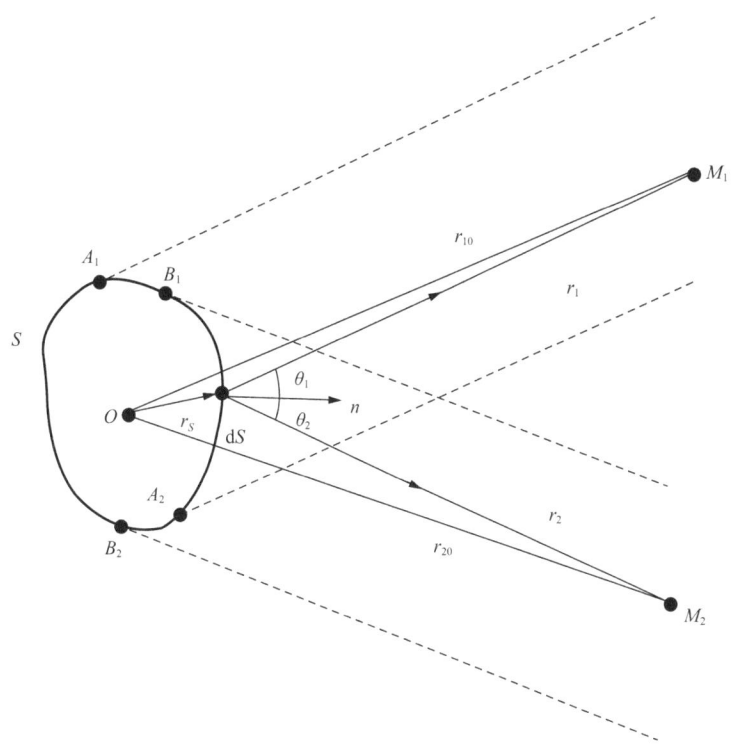

图 4-6 推导克希霍夫近似的示意图

将式（4-93）代入亥姆霍兹公式得到式（4-94）：

$$\phi_s = \phi_{s1} + \phi_{s2} \quad (4\text{-}94)$$

式中，

$$\phi_{s1} = \frac{1}{4\pi}\int_{S_1}\left(\phi_i\frac{\partial}{\partial n}\left(\frac{e^{ik_2}}{r_2}\right) - \frac{\partial \phi_i}{\partial n}\frac{e^{ik_2}}{r_2}\right)dS \quad (4\text{-}95)$$

是亮区贡献，

$$\phi_{s2} = -\frac{1}{4\pi}\int_{S_2}\left(\phi_i\frac{\partial}{\partial n}\left(\frac{e^{ikr_2}}{r_2}\right) + \frac{\partial \phi_i}{\partial n}\frac{e^{ikr_2}}{r_2}\right)dS \quad (4\text{-}96)$$

是影区贡献[7]。影区贡献与物体的表面形状并无直接关联，而是完全取决于影区边界的形态特征。因此，一个刚性球的影区贡献，在理论上，等同于一个具有相同直径的刚性圆盘的影区贡献[8]。鉴于影区内声压和法向振速均被假设为零，影区对于整体贡献的影响实则微乎其微。当观测点位于亮区范围内时，影区的贡献可忽略不计。在当前的雷达和声呐工程实践中，广泛应用的克希霍夫近似方法直接假定影区贡献 ϕ_{s2} 为零，因此在计算过程中并不考虑影区贡献的影响。

鉴于雷达波具有较短的波长，基尔霍夫近似最初在目标的雷达散射截面预报中得到了广泛的应用，并随后迅速扩展至声呐目标强度的预报领域。举例来说，尤立克所著的《水声原理》一书中，列出了关于简单形状物体的目标强度数据就是借鉴雷达领域中物理光学方法计算的结果[9]。经过持续的进步和完善，工程实践中所应用的基尔霍夫近似方法建立在以下两个核心假设[10]之上。

假设一：散射表面可划分为亮区和影区，其中亮区负责产生声波的散射效应，而影区则不参与声波的散射过程。

假设二：在亮区的反射面中，每个局部区域均可视为平面，其波的反射特性遵循局部平面波的反射规律。

这两个假设大大简化了亥姆霍兹公式，特别是第二个假设直接将表面上的 ϕ_s 和 $\partial \phi_s / \partial n$ 联系在一起，避免解算积分方程。

考虑刚性表面的情况，两个假设导致在亮区表面上：

$$\begin{cases} \phi_s = \phi_i \\ \dfrac{\partial(\phi_s + \phi_i)}{\partial n} = 0 \end{cases} \quad (4\text{-}97)$$

略去时间因子后入射波势函数是

$$\phi_i = \frac{A}{r_1}e^{ikr_1} \quad (4\text{-}98)$$

式中，A 是任意振幅。式（4-97）中的第一式明确指出，在刚性壁面上，入射波声压与反射波声压具有相等性；而第二式则表明，在刚性表面上振速为 0，即反射波的法向振速与入射波的法向振速相互抵消，形成零振速状态。基于上述分析可以得出，散射波实际上源自一个虚振动源的再次辐射，其声压等同于入射波在表面处的声压，而振速则与入射波在表面处的振速呈负值关系。

在远场条件下，设 $kr_1 \gg 1$、$kr_2 \gg 1$，有近似式：

$$\frac{\partial \phi_s}{\partial n} = -\frac{\partial \phi_i}{\partial n} = -A\frac{ikr_1-1}{r_1^2}e^{ikr_1}\frac{\partial r_1}{\partial n} \approx A\frac{ik}{r_1}e^{ikr_1}\cos\theta_1 \tag{4-99}$$

再利用：

$$\frac{\partial}{\partial n}\left(\frac{e^{ikr_2}}{r_2}\right) \approx -\frac{ik}{r_2}e^{ikr_2}\cos\theta_2 \tag{4-100}$$

式中，$\partial r_1/\partial n = -\cos\theta_1$，$\partial r_2/\partial n = -\cos\theta_2$，$\theta_1$、$\theta_2$ 分别是 r_1、r_2 与表面外法线的夹角。将这些结果代入式（4-92）得到

$$\phi_s(r_2) = -\frac{ikA}{4\pi}\int_S \frac{e^{ik(r_1+r_2)}}{r_1 r_2}(\cos\theta_1+\cos\theta_2)dS \tag{4-101}$$

这里及以后应用基尔霍夫近似公式时，积分面 S 都应理解为几何亮区面。对于收发分置的情况，亮区是 M_1 和 M_2 能同时照射到的区域。如图 4-6 中 M_1 能照射到的亮区是 A_1 到 A_2，M_2 能照射到的亮区是 B_1 到 B_2，公共的亮区是 B_1 到 A_2。取目标上的参考点 O，令其到 M_1 和 M_2 点的距离分别为 r_{10} 和 r_{20}。考虑远场，可以在指数上取 $r_1 = r_{10} + \Delta r_1$，$r_2 = r_{20} + \Delta r_2$，分母上取 $r_1 \approx r_{10}$，$r_2 \approx r_{20}$，得到

$$\phi_s(r_2) = -\frac{ikA}{4\pi}\frac{e^{ik(r_{10}+r_{20})}}{r_{10}r_{20}}\int_S e^{ik(\Delta_1+\Delta_2)}(\cos\theta_1+\cos\theta_2)dS \tag{4-102}$$

在收发合置的情况下，$r_1 = r_2 = r$，$r_{10} = r_{20} = r_0$，$\theta_2 = \theta_1$，式（4-102）变成：

$$\phi_s(r) = -\frac{ikA}{2\pi}\int_S \frac{e^{ik2r}}{r^2}\cos\theta_1 dS \tag{4-103}$$

式中，θ_1 随表面上的点而变。再考虑远场，可以在指数上取 $r = r_0 + \Delta r$，分母上取 $r \approx r_0$，得到

$$\phi_s(r) = -\frac{ikA}{2\pi}\frac{e^{ik2r_0}}{r_0^2}\int_S e^{ik2\Delta r}\cos\theta_1 dS \tag{4-104}$$

在远场，r 和 r_0 可看作平行声线，声程差可以近似为

$$\Delta r = r - r_0 \approx r_s \cdot \frac{r_0}{r_0} \tag{4-105}$$

式中，r_s 是面元 dS 的矢径。用 I 表示积分：

$$I = \int_S e^{ik2\Delta r}\cos\theta_1 dS = \int_S e^{2ikr_s \cdot \frac{r_0}{r_0}}\left(n \cdot \frac{r_0}{r_0}\right)dS \tag{4-106}$$

得到

$$\frac{\phi_s}{\phi_i} = -\frac{\mathrm{i}k}{2\pi r_0} \mathrm{e}^{\mathrm{i}2k_0} I \tag{4-107}$$

按照定义，反向散射截面：

$$\sigma_s = \lim_{r_0 \to \infty}\left(4\pi r_0^2 \left|\frac{\phi_s}{\phi_i}\right|^2\right) = \frac{k^2}{\pi}|I|^2 \tag{4-108}$$

利用 $k = \dfrac{2\pi}{\lambda}$，目标强度可以表示为

$$\mathrm{TS} = 10\lg\frac{\sigma_s}{4\pi} = 10\lg\left(\frac{1}{\lambda^2}|I|^2\right) \tag{4-109}$$

在收发合置的情况下，取声波入射-反射方向为 z 方向，目标的亮区在该方向占据的区域从 O 到 a。$\cos\theta_1 \mathrm{d}S$ 是面元 $\mathrm{d}S$ 在声线的垂直面上的投影 $\mathrm{d}S_\perp$，$S_\perp$ 是与声散射有关的总投影面积。式（4-106）可以写成：

$$I = \int_0^a \mathrm{e}^{-2\mathrm{i}kz} \frac{\mathrm{d}S_\perp(z)}{\mathrm{d}z} \mathrm{d}z \tag{4-110}$$

此即为克尔公式，广泛应用于雷达目标横截面的计算。

在收发分置情况下由式（4-104）得到

$$\frac{\phi_s(r_2)}{\phi_i(r_1)} = -\frac{\mathrm{i}k}{2\pi r_{20}} \mathrm{e}^{\mathrm{i}k_{20}} I_{12} \tag{4-111}$$

式中，

$$I_{12} = \frac{1}{2}\int_S \mathrm{e}^{\mathrm{i}k(\Delta_1+\Delta_2)}(\cos\theta_1 + \cos\theta_2)\mathrm{d}S \tag{4-112}$$

$\phi_i(r_1) = A\mathrm{e}^{\mathrm{i}k_{10}}/r_{10}$ 是从源点 M_1 入射到目标的声势。M_2 点的收发分置双站散射截面和目标强度是

$$\sigma_s(r_1, r_2) = \lim_{r_{20} \to \infty}\left(4\pi r_{20}^2 \left|\frac{\phi_s(r_2)}{\phi_i(r_1)}\right|^2\right) = \frac{k^2}{\pi}|I_{12}|^2 \tag{4-113}$$

$$\mathrm{TS}(r_1, r_2) = 10\lg\left(\frac{\sigma(r_1,r_2)}{4\pi}\right) = 10\lg\left(\frac{1}{\lambda^2}|I_{12}|^2\right) \tag{4-114}$$

式（4-113）与式（4-108）、式（4-114）与式（4-109）相比，只是将 $|I|$ 换成 $|I_{12}|$。

从物理学的角度出发，克希霍夫近似可理解为面上的任意一点均可视为位于无界平面障板之上的单一源，在 2π 立体角范围内进行辐射，因此它属于高频范畴的近似方法。原则上要

求 $ka \gg 1$，a 是目标的特征尺度，如球形目标的半径或凸光滑目标的曲率半径。

若假设影区对声波无散射效应，仅将积分面设定为亮区表面，则会导致在亮区与影区的交界地带积分不连续，进而在边界处产生非真实的回波成分。此现象是克希霍夫近似方法的显著缺陷，因为由边界引发的虚假回波成分在实际实验条件下是无法观测到的。另外，用于收发分置情况时，如果 M_1 和 M_2 对应的亮区不重叠或重叠很少，克希霍夫近似无法计算双站散射截面，所以这种方法不适用于分置角较大的情况。

4.2.2 凸光滑曲面上声散射——几何亮点概念及其数学基础

根据射线声学的观点，当声波从凸光滑曲面上散射时，到达接收点的散射波主要来自镜反射点的几何反射波。因为在镜反射点，入射声波和散射声波满足几何反射定律 $\theta_1 = \theta_2$，这一点的反射波最强。与此同时，表面上其他点的镜反射波不能到达接收点，如图4-7（a）所示。显然，镜反射点与发射-接收点的空间配置有关。在收发合置的情况下，这个镜反射点就是表面法线与入射-反射方向重合的那一点，即 $\theta_1 = \theta_2 = 0$，如图4-7（b）所示。在光散射的情况下，镜反射点的反射波看上去最亮，因此称为亮点。在实际情况下产生强反射的可能是一个亮区。

亮点的概念可以用鞍点法或稳相法积分描述：

$$J = \int_a^b F(z) e^{iMf(z)} dz \tag{4-115}$$

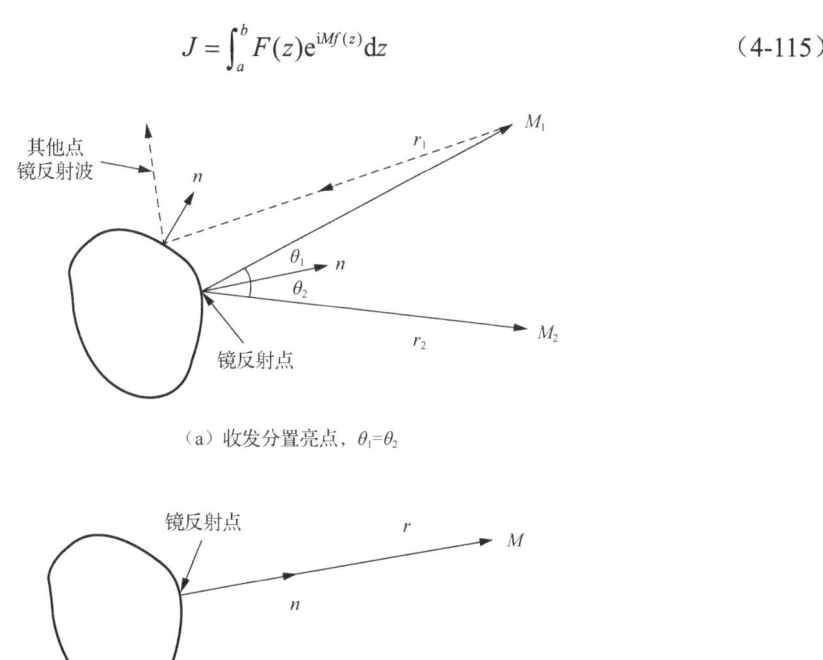

（a）收发分置亮点，$\theta_1 = \theta_2$

（b）收发合置亮点，$\theta_1 = \theta_2 = 0$

图 4-7　凸光滑曲面上的声散射亮点

当 M 很大，计算 $|Mf(z)| \gg 1$ 时的渐近值，其中 $F(z)$ 是 z 的慢变函数。此方法是近似计算的基本方法之一，例如，贝塞尔函数在大宗量时的渐近展开式就是用这种方法导出的。在波动问题中，当归一化波数 ka 大时常导致式（4-115）的积分发散。式（4-115）的积分实际上包含下面两个积分：

$$\int_a^b F(z) \begin{Bmatrix} \cos Mf(z) \\ \sin Mf(z) \end{Bmatrix} \mathrm{d}z \tag{4-116}$$

当 $|Mf(z)| \gg 1$ 时，在大部分积分区域，被积函数的相位随 z 剧烈变化，积分为零只有相位变化缓慢的区域对积分有贡献，而相位变化最缓慢的点就是满足 $\partial f(z)/\partial z = 0$ 的点 z_0，这一点称为鞍点或稳相点，如图 4-8 所示。将函数在 z_0 附近展开有

$$\begin{aligned} f(z) &= f(z_0) + \frac{f''(z_0)}{2}(z-z_0)^2 \\ F(z) &\approx F(z_0) + F'(z_0)(z-z_0) + \frac{F''(z_0)}{2}(z-z_0)^2 \end{aligned} \tag{4-117}$$

式中，上标 $'$ 和 $''$ 表示对宗量的一阶导数和二阶导数。将式（4-117）代入式（4-115）得到积分：

$$J = \mathrm{e}^{\mathrm{i}Mf(z_0)} \int_a^b \left(F(z_0) + F'(z_0)(z-z_0) + \frac{F''(z_0)}{2}(z-z_0)^2 \right) \mathrm{e}^{-s(z-z_0)^2} \mathrm{d}z \tag{4-118}$$

式中，$s = -\mathrm{i}Mf''(z_0)/2$。只要 $z_0 \in [a,b]$，将积分扩展到无限远对结果没有重要影响，可以取 $\int_a^b \approx \int_{-\infty}^{\infty}$。利用

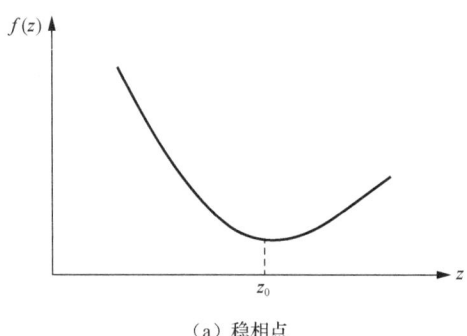

（a）稳相点

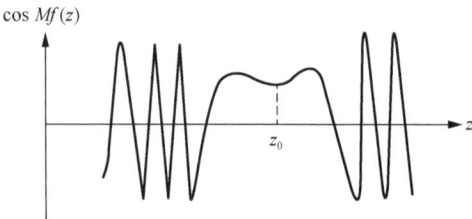

（b）被积函数

图 4-8 稳相点和被积函数的变化

$$\int_{-\infty}^{\infty} e^{-sz^2} dz = \sqrt{\pi/s}, \quad \int_{-\infty}^{\infty} z e^{-sz^2} dz = 0, \quad \int_{-\infty}^{\infty} z^2 e^{-sz^2} dz = \frac{1}{2}\sqrt{\pi/s^3} \tag{4-119}$$

最终得到

$$J = \sqrt{\frac{\pi}{s}} e^{iMf(z_0)} \left(F(z_0) + \frac{1}{4s} F''(z_0) \right) = \sqrt{\frac{2\pi i}{Mf''(z_0)}} e^{iMf(z_0)} F(z_0) \left(1 + \frac{1}{4s} \frac{F''(z_0)}{F(z_0)} \right) \tag{4-120}$$

取一阶近似，并考虑 $f''(z_0)$ 的符号得到

$$J \approx \sqrt{\frac{2\pi}{M|f''(z_0)|}} e^{i(Mf(z_0) \pm \pi/4)} F(z_0), \quad \begin{cases} \text{当} f''(z_0) > 0 \text{时，取} + \text{号} \\ \text{当} f''(z_0) < 0 \text{时，取} - \text{号} \end{cases} \tag{4-121}$$

将稳相法用到凸光滑曲面的回波[11]，待求的积分是

$$I = \int_S e^{ik2\Delta r} \cos\theta_1 dS \tag{4-122}$$

取直角坐标系，让入射-反射方向是 z 轴，如图4-9所示。表面 S 用方程 $z = f(x, y)$ 描述。在远场情况下有

$$\Delta r = r - r_0 \approx -f(x, y) \tag{4-123}$$

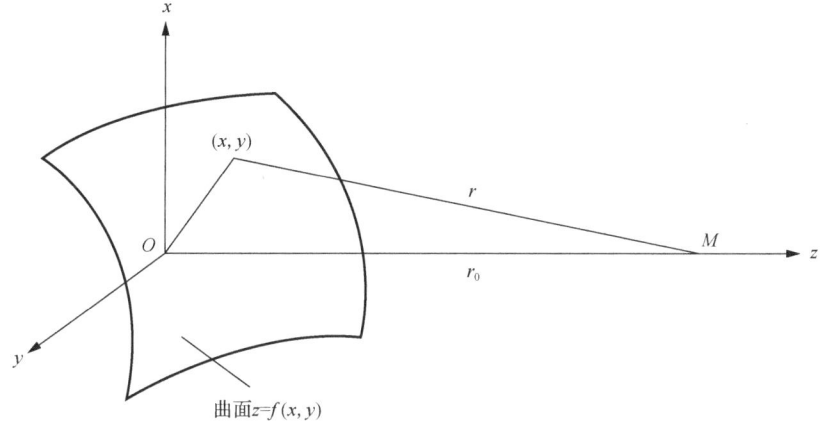

图 4-9　凸光滑曲面的回波计算

式（4-122）的积分可以用二维稳相法计算。稳相点 (x_0, y_0) 满足方程：

$$\frac{\partial f(x,y)}{\partial x} = 0, \quad \frac{\partial f(x,y)}{\partial y} = 0 \tag{4-124}$$

将函数 $f(x, y)$ 在 (x_0, y_0) 附近展开，得到

$$f(x, y) = f(x_0, y_0) + \frac{1}{2!}\left(h_{11}\Delta x^2 + 2h_{12}\Delta x \Delta y + h_{22}\Delta y^2 \right) + \cdots \tag{4-125}$$

为书写简单，令

$$h_{11} = f''_{xx}(x_0, y_0), \quad h_{22} = f''_{yy}(x_0, y_0), \quad h_{12} = f''_{xy}(x_0, y_0)$$
$$\Delta x = x - x_0, \quad \Delta y = y - y_0 \tag{4-126}$$

为避免交叉项的积分，进行坐标变换：

$$I = 2\pi a^2 \int_0^{-1} e^{i2ka\zeta} \zeta d\zeta = \frac{i\pi a}{k}\left(e^{-i2ka} + \frac{1}{i2ka}e^{-i2ka} - \frac{1}{i2ka}\right) \tag{4-127}$$
$$\Delta x = \xi_1 \cos\theta - \xi_2 \sin\theta, \quad \Delta y = \xi_1 \sin\theta + \xi_2 \cos\theta$$

得到

$$h_{11}\Delta x^2 + 2h_{12}\Delta x \Delta y + h_{22}\Delta y^2 = \beta_{11}\xi_1^2 + \beta_{22}\xi_2^2$$
$$\beta_{11}\beta_{22} = h_{11}h_{22} - h_{12}^2 \tag{4-128}$$

得到积分：

$$I = e^{i2k\Delta r_0}\int_{\xi_1}\int_{\xi_2} e^{ik(\beta_{11}\xi_1^2 + \beta_{22}\xi_2^2)} d\xi_1 d\xi_2 \approx \frac{\pi}{-ik\sqrt{\beta_{11}\beta_{22}}}e^{i2k\Delta r_0} \tag{4-129}$$

式中，$\Delta r_0 = -f(x_0, y_0)$ 是稳相点（亮点）相对于原点的程差。根据微分几何有

$$\beta_{11}\beta_{22} = \left.\left(\frac{\partial^2 f}{\partial x^2}\frac{\partial^2 f}{\partial y^2} - \left(\frac{\partial^2 f}{\partial x \partial y}\right)^2\right)\right|_{x_0, y_0} = \frac{1}{R_1 R_2} \tag{4-130}$$

$(R_1 R_2)^{-1}$ 是凸光滑表面在稳相点的高斯曲率，R_1，R_2 是两个主曲率半径，从而能够得到下式：

$$I \approx \frac{\pi}{-ik\sqrt{\beta_{11}\beta_{22}}}e^{i2kz_0} = \frac{i\pi\sqrt{R_1 R_2}}{k}e^{i2k\Delta r_0} \tag{4-131}$$

代入式（4-107）可得

$$\frac{\phi_s}{\phi_i} = \frac{1}{2r_0}\sqrt{R_1 R_2}\, e^{ikr_0} e^{i2r_0} \tag{4-132}$$

目标强度：

$$TS = 10\lg\left(\frac{1}{\lambda^2}|I|^2\right) = 10\lg\frac{R_1 R_2}{4} \tag{4-133}$$

因此，凸光滑曲面的目标强度是由其亮点处的两个主曲率半径决定的。这一现象能够合理解释为何目标曲率越大，其反射强度越强。

对于涉及主曲率半径趋于无限大的情形，如圆柱面，此时式（4-131）并不适用。因此，在采用稳相法计算积分的过程中，必须充分考虑表面上不同点之间的差异，并选用更为精确的表达式来进行计算[12]。

$$r = \sqrt{(r_0 - f(x,y))^2 + (x^2 + y^2)} \approx r_0 - f(x,y) + \frac{x^2 + y^2}{2r_0}$$

$$\Delta r = r - r_0 \approx -f(x,y) + \frac{x^2 + y^2}{2r_0}$$

(4-134)

稳相点 (x_0, y_0) 由下列方程给出：

$$\frac{\partial f(x,y)}{\partial x} - \frac{x}{r_0} = 0$$

$$\frac{\partial f(x,y)}{\partial y} - \frac{y}{r_0} = 0$$

(4-135)

这时有

$$h_{11} = f''_{xx} - \frac{1}{r_0}$$

$$h_{22} = f''_{yy} - \frac{1}{r_0}$$

$$h_{12} = f''_{xy}$$

(4-136)

$$\beta_{11}\beta_{22} = h_{11}h_{22} - h_{12}^2 = f''_{xx}f''_{yy} - f''^2_{xy} - \frac{1}{r_0}(f''_{xx} + f''_{yy}) + \frac{1}{r_0^2}$$

(4-137)

利用微分几何的结果：

$$f''_{xx}f''_{yy} - f''^2_{xy} = \frac{1}{R_1 R_2}$$

$$(f''_{xx} + f''_{yy}) = \frac{R_1 + R_2}{R_1 R_2}$$

(4-138)

$$\beta_{11}\beta_{22} = \frac{1}{r_0^2}\left(1 - \frac{r_0}{R_1}\right)\left(1 - \frac{r_0}{R_2}\right)$$

(4-139)

考虑到凸表面两个主曲率半径都是负值，应该用绝对值表示。得到积分：

$$I \approx \frac{\mathrm{i}\pi}{k\sqrt{(1 + r_0/|R_1|)(1 + r_0/|R_2|)}} \frac{1}{r_0} \mathrm{e}^{\mathrm{i}2k\left(-f(x_0,y_0) + \frac{x_0^2 + y_0^2}{2r_0}\right)}$$

(4-140)

当 $r_0 \gg R_1, r_0 \gg R_2$ 时它退化为式（4-131）。由式（4-140）可得目标强度：

$$\mathrm{TS} = 10\lg \frac{1}{4} \frac{|R_1 R_2|}{(1+|R_1|/r_0)(1+|R_2|/r_0)} \tag{4-141}$$

由数学上的稳相法积分导出的亮点概念可以与衍射理论中菲涅耳半波带方法联系起来。如图 4-10 所示，以发射-接收点为球心、到目标的最近距离 r_m 为半径作球面形波阵面，它与目标上最近点相切。然后半径依次增加 1/4 波长，即以 $r_m + n\lambda/4(n=1,2,\cdots)$ 为半径作一系列波阵面。它们将目标表面分隔成一系列区域 S_n，相邻两个区域的反射波有声程差或相位差，这些区域称为菲涅耳半波带。整个表面的散射波由这些菲涅耳半波带散射波叠加而成：

$$\phi_s = \phi_1 - \phi_2 + \phi_3 - \cdots + \phi_n - \cdots (-1)^{N-1}\phi_N \tag{4-142}$$

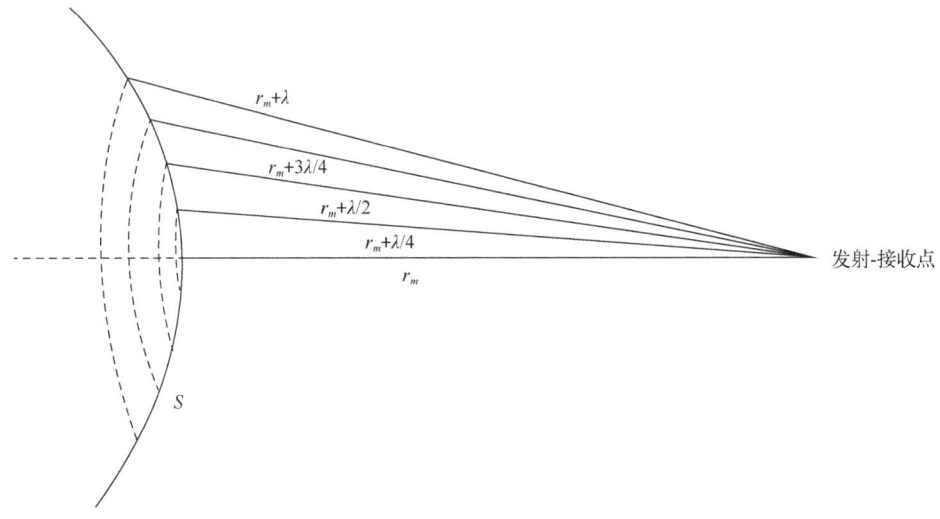

图 4-10 菲涅耳半波带的概念

式中，

$$\phi_n = -\frac{\mathrm{i}kA}{2\pi} \int_{s_n} \frac{\mathrm{e}^{\mathrm{i}k2r}}{r^2} \cos\theta_1 \mathrm{d}S, \quad n=1,2,\cdots,N \tag{4-143}$$

式中，N 是表面所分隔的菲涅耳半波带的总数。当目标的特征尺度比波长大很多时，表面被分成很多个菲涅耳半波带，相邻两个半波带的面积相差不大，其中的 $\cos\theta_1/r^2$ 也变化不大。因此可以取近似：

$$\phi_n \approx \frac{1}{2}(\phi_{n-1} + \phi_{n+1}) \tag{4-144}$$

总散射场可以表示为

$$\phi_s = \phi_1 - \frac{1}{2}(\phi_1 + \phi_3) + \phi_3 - \frac{1}{2}(\phi_3 + \phi_5) + \cdots \approx \frac{1}{2}\left(\phi_1 + (-1)^{N-1}\phi_N\right) \quad (4\text{-}145)$$

因此，总散射场等于第一个和最后一个菲涅耳半波带的贡献之和的一半。如果目标的横向尺寸很大，最后一个半波带中的 $\theta_1 \to \pi/2$，其贡献可以忽略。于是散射声场的主要贡献来自第一个菲涅耳半波带，且其中的 $\theta_1 \to 0$，得到

$$\phi_s \approx \frac{1}{2}\phi_1 = -\frac{ikA}{4\pi}\int_{s_1} \frac{e^{ik2r}}{r^2}dS \quad (4\text{-}146)$$

经过深入剖析，可以确切地指出，首个菲涅耳半波带的积分在本质上等同于稳相点附近区域的积分计算，而其他相邻的半波带积分则相互抵消，其作用近似于非稳相点的积分效果。据此可以推断，在高频条件下，对回波信号起主导作用的正是首个菲涅耳半波带所占据的特定区域。此外，值得特别注意的是，首个菲涅耳半波带所覆盖的区域范围与信号频率密切相关，具体表现为频率的降低会直接导致该区域范围的扩大。

另外，如果区间 $[a,b]$ 内不存在稳相点，式（4-115）可以用分部积分表示，令

$$\begin{aligned} u &= \frac{F(z)}{f'(z)} \\ v &= \frac{1}{iM}e^{iMf(z)} \end{aligned} \quad (4\text{-}147)$$

$$\begin{aligned} du &= \left(\frac{F(z)}{f'(z)}\right)dz \\ dv &= e^{iMf(z)}f'(z)dz \end{aligned} \quad (4\text{-}148)$$

分部积分给出：

$$I = \frac{F(z)e^{iMf(z)}}{iMf'(z)}\bigg|_a^b - \frac{1}{iM}\int_a^b \left(\frac{F(z)}{f'(z)}\right)e^{iMf(z)}dz \quad (4\text{-}149)$$

继续这个过程得到

$$I = \frac{i}{M}\left(\frac{F(a)e^{iMF(a)}}{f'(a)} - \frac{F(b)e^{iMF(b)}}{f'(b)}\right) + 0\left(\frac{1}{M^2}\right) \quad (4\text{-}150)$$

因此，若表面并无显著亮点存在，则回波主要由两个端点主导，这两个端点通常位于亮区与影区的交界处或交界线上，抑或表现为几何结构上的棱角，从而可视为另一类型的几何亮点。

4.3 水中目标弹性声散射

在声散射研究的早期阶段，瑞利等主要聚焦于刚硬目标的散射特性，未充分认识到物体弹性对水中目标声散射的重要影响。随后，通过对弹性球、圆柱、球壳等典型问题的深入理论和实验研究，逐渐认识到水中固体结构的弹性散射作用不容忽视。事实上，当固体目标置于空气中时，可视为刚性散射体，周围空气介质的负荷可以忽略不计，这是由于固体材料的声阻抗远高于空气。然而，当固体目标被置于水中时，其声阻抗仅比周围水介质高出一个数量级，因此目标的弹性变得至关重要，无法忽视。

在此情境下，必须充分考虑振动与声的耦合作用，这属于结构声学问题的范畴。水中结构的振动与声辐射必须充分考虑水介质负荷的影响，这与结构在空气中的振动情况截然不同，后者更接近于在真空中的振动状态。可以说，水中目标散射和辐射问题的复杂性主要源于目标的弹性特性。同时，水中目标的弹性散射特征也是其显著且重要的特征之一[13]。

当声波入射至弹性目标时，散射波可分解为两部分：第一部分源于目标外表面几何特性的反射，涵盖镜反射波及各类棱角波，其特性主要由目标的几何形态及表面阻抗属性决定，故称为几何散射波。第二部分则源自目标的弹性响应，其特性与材料的弹性参数联系紧密，因此命名为弹性散射波。

几何散射波直接源自目标表面的反射，因此反向散射波或回波到达的时间等同于自目标至等效散射中心的往返传播时间。而弹性散射波并非直接产生，在传播过程中，入射波在弹性体内激发的弹性波（体波或表面波）按特定规律再次向周围介质辐射出弹性散射波，通常称为再辐射波。

在回波序列中，弹性散射波相较于目标上最接近的几何亮点所产生的几何散射波，存在一定的时间滞后。因此，当采用较短的脉冲进行入射时，可在回波时序中区分出几何散射波与弹性散射波。

以弹性球的散射为例，实验结果表明，即便在水中，无任何球体可视为完全刚性，即使其由高阻抗材料制成。例如，铝的纵波阻抗为水的 11.6 倍，钢的纵波阻抗为水的 31 倍，而钨碳的纵波阻抗更是高达水的 63 倍。当平面波脉冲入射至钨碳球时，若其声学特性极为坚硬，回波应仅限于镜反射波。然而，实际的水中实验结果显示，在镜反射波之后存在一系列回波脉冲，这些即为弹性散射波。

此外，经过理论计算分析，刚性球的形态函数会随着频率的变化而呈现出平滑的变化趋势。特别是在高频段，其形态函数趋近于常数 1，波动幅度极小。然而，根据弹性理论计算得到的不同金属球的形态函数,在 ka 值超过某一特定阈值后,会明显出现强烈的峰谷波动现象。关于弹性体声散射机理的研究,主要依赖于典型问题的瑞利级数解及其推导出的索末菲-沃森变换解。球、球壳、无限长圆柱和圆柱壳等规则几何形状的声散射问题,可以通过分离变量法获得精确解,这为深入剖析其声散射机理提供了坚实的基础。

控制弹性体声散射问题的方程包括流体介质中的标量波动方程以及弹性体内的矢量波动方程。这两类波动方程均需在正交曲线坐标系中实现变量分离。因此,仅对于诸如球、球壳、无限长圆柱和圆柱壳等具有规则几何形状的弹性体,才能通过简正级数形式获得精确的解。

尽管这些理想化的形状在实际应用中并不多见,但对其研究却具有深远的意义。首先,通过对这些规则形状的研究,可以深入揭示弹性体声散射的物理机制,并进一步阐明散射过程中涉及的流-固界面波动现象,如共振和表面波的激发与再辐射等。其次,这些严格解能够为其他严格或近似方法提供基准参考。例如,在采用有限元与边界元方法计算非规则形状弹性体声散射时,常常利用弹性球的严格解来验证计算方法和程序的准确性。

4.4 水中目标回波抑制技术

在对水中目标进行散射特性测量时,经常遇到的就是界面或其他的混响信号掺杂其中,使得无法真正分辨目标的散射特性。因此,水中目标回波抑制技术的根本目的是能够分离目标的回波与界面的回波,从而消除界面或其他混响的影响。在工程实践中,为了更有效地降低运算复杂度,常采用物理声学方法对目标回波的表达式进行简化处理。众多研究表明,当发射信号为线性调频信号时,目标回波将保留其线性调频特性,这一发现为进一步理解和分析目标回波提供了有力支持[14]。

此外,时频分析技术的运用能够清晰地观察到目标回波在时频域内的分布情况,进而深入揭示其内在特性。这一方法的运用,无疑为全面把握水中目标信息提供了有力的技术手段。

在国际上,特别是北约成员国,对水中目标回波特性的研究给予了高度重视。目标回波声散射机理的研究作为一项基础性工作,旨在深入探究声散射的成因、声波成分等核心要素。通过对声散射问题开展严格的理论解研究,能够揭示回声与目标物理属性之间的内在联系。

4.4.1 盲分离算法

混响作为水中目标主动声呐探测的主要干扰因素，其抑制技术一直是水声技术研究的重点之一。鉴于水中目标回波信号与混响均呈现非平稳特性，且混响具有显著的有色干扰特征，传统时频分析方法在处理此类信号时面临一定的挑战。尽管时频分析可作为处理非平稳信号的有效工具，但由于其分辨力限制，往往难以直接有效地识别出淹没在混响中的目标回波信号。

盲分离算法作为一种有效的技术手段，近年来在抑制目标回波中的混响方面受到了广泛关注。Gaunaurd 对目前若干典型的盲分离算法在目标回波与混响分离性能上的表现进行深入研究，并针对盲分离算法存在的分离结果不确定性问题以及当前缺乏可靠的分离性能评价手段的情况，提出一种基于瞬时频率特征的盲分离性能评价指标，旨在为评估盲分离算法的有效性提供科学依据[15]。

形态滤波的理论基石根植于数学形态学，这一学科致力于研究空间结构，深入剖析目标的形状与构造特性。形态滤波则是一种利用形态学中的基本运算手段，旨在提取或抑制图像中特定结构的技术。

因此，为了有效抑制交叉项与混响成分，进而提取出目标几何声散射成分，采用形态滤波处理手段对目标回波的时频分布图像进行处理。这一过程中，目标几何声散射成分的时频分布项作为保留对象，通过形态滤波的精细操作，实现对图像中特定结构的精准提取。

形态滤波中有两个基本操作，分别是腐蚀和膨胀。设 A 是待处理图像，B 为结构元，B 对 A 的腐蚀与膨胀分别定义如下：

$$A \odot B = \{z \mid (B)_z \subseteq A\} \tag{4-151}$$

$$A \oplus B = \{z \mid (\hat{B})_z \cap A \neq \varnothing\} \tag{4-152}$$

图像形态滤波是通过膨胀与腐蚀按照不同顺序组合操作实现的。定义 $A \circ B$ 为 B 对 A 的开运算：

$$A \circ B = (A \odot B) + B \tag{4-153}$$

在实际应用场景中，为确保图像中较大的亮区保持完好且整体灰度值稳定，需对尺寸较小、亮度较高的细节进行剔除。为实现这一目标，应采用灰度开运算进行处理。具体步骤包括：首先，实施腐蚀操作，以降低图像的整体亮度，并消除亮细节中面积较小的部分；其次，进行膨胀操作，以在避免引入先前已消除细节的同时，基本恢复图像的亮度。开运算的主要功能在于平滑图像轮廓，消除细微的突起部分；而闭运算则主要用于弥合图像中的间断和沟垫，消除小孔并填充存在的裂痕。

定义 $A \cdot B$ 为 B 对 A 的闭运算：

$$A \cdot B = (A \oplus B) \Theta B \tag{4-154}$$

在实际应用中，为确保较大暗区域不受影响，同时保持图像整体灰度值的稳定性，通常采用灰度闭运算来消除那些相较于结构元尺寸较小且亮度偏暗的细节部分。具体操作流程如下：首先，进行膨胀操作，以提升图像的整体亮度，并消除那些暗细节中面积较小的区域；其次，进行腐蚀操作，以确保在不重新引入先前已消除的细节的同时，尽可能恢复图像的原始亮度。经过先膨胀后腐蚀的闭运算处理，最终得到的图像将呈现出内角变圆而外角保持不变的特性。这一处理方式既确保了图像的整体质量，又有效消除了不必要的暗细节，提升了图像的视觉效果[16]。

4.4.2 目标回波与混响的盲分离

在进行水中目标主动声呐探测的过程中，声呐系统所接收到的信号可被视为由目标回波、混响以及环境噪声共同构成的线性混合信号。

目标声散射 T、沉积层散射 R 及环境噪声 N 经过信道传输后在接收端形成观测信号 $X = [x_1(t), x_2(t), \cdots, x_n(t)]^\mathrm{T}$，用矩阵描述该过程为

$$X = A[T, R, N]^\mathrm{T} = AS \tag{4-155}$$

式中，S 为信源矩阵，$S = [T, R, N]^\mathrm{T}$；A 为混合矩阵，与传输信道、介质及散射体散射特性有关。盲分离的目的就是在 S 与 A 未知的条件下，求解一个解混矩阵 W，使得 W 与 X 作用后可以从 X 中恢复出信源矩阵 S，并且盲分离的理想结果是 n 个分离信号对应 n 个不同的信源，用公式表述为

$$Y = WX = WAS = PDS \tag{4-156}$$

式中，D 为一个对角矩阵；P 为一个置换矩阵。

置换矩阵与对角矩阵的形式并非唯一，这导致了盲分离算法本身固有的一个核心问题，即分离结果的顺序与幅度存在不确定性。因此，在实际应用中，需要结合其他辅助方法来对分离结果进行有效判别。

在理论上，盲分离理论的实现仅依赖于不同信源在特定信号处理域内所展现出的独立性或不相关性。基于对目标几何声散射成分与混响在时域及时频域中信号特性的深入剖析，Gaunaurd[17]针对性地选取了时域二阶盲分离、时频域盲分离以及时域波形盲分离等三种算

法，旨在深入研究和实现目标回波与混响的盲分离。

目标回波与混响的产生机理在几何声散射层面展现出一定的相似性，尽管两者并非完全独立，但其相关性相对较弱。基于这一特性，可利用信源的时域二阶相关性对观测信号的协方差矩阵进行特征值分解和联合对角化处理，从而实现对信源混合矩阵的估计，并据此实现信源的分离。

在对观测信号进行盲分离之前需要对其进行白化预处理，目的是使混合信号的解混矩阵为正交矩阵（实信号）或酉矩阵（复信号）。因此首先获得白化矢量 B 并对观测信号 X 进行白化处理，得到白化后的观测信号 $z = BX$。

设 R_z 为白化后的观测信号的协方差矩阵。如果信源之间互不相关，那么信源的协方差矩阵应该为一个对角矩阵，因此寻找一个 U 正交矩阵使 R_z 对角化，即满足：

$$U^T R_z U = D \tag{4-157}$$

式中，D 为一个对角矩阵。分离信号 y 可以表示为

$$y = U^T BX \tag{4-158}$$

目标几何声散射的生成遵循线性声学原理，当主动声呐系统发射线性调频脉冲信号时，目标几何声散射呈现出有序的时频分布模式。相较之下，依据混响的点散射模型，构成混响的各个散射点所表现出的幅度与相位特性均为随机性质，这导致混响的时频分布呈现出无序的随机性。因此，可以依据目标回波与混响在时频域内所展现出的二阶相关性特征，通过对角化协方差矩阵的方式，实现对两者的有效分离[18]。

观测信号的时频域协方差矩阵为

$$\begin{aligned} D_{xx}(t,f) &= \sum_{l=-\infty}^{\infty} \cdots \sum_{m=-\infty}^{\infty} \cdots \varphi(m,l) x(t+m+l) x^H(t+m-l) e^{-i4\pi\theta} \\ &= \begin{bmatrix} d_{11}(t,f) & \cdots & d_{1n}(t,f) \\ \vdots & & \vdots \\ d_{n1}(t,f) & \cdots & d_{nn}(t,f) \end{bmatrix} \end{aligned} \tag{4-159}$$

式中，$\varphi(m,l)$ 为科恩类时频分布核函数；t 和 f 分别为时间和频率变量；$d_{ij}(t,f)$ 为第 i 个源信号与第 j 个源信号的互时频分布函数。若不同观测信号之间满足相互独立条件，则它们的互时频分布函数为零，对应的时频域协方差矩阵就是一个对角阵，即

$$D_x(t,f) = \text{diag}(d_{11}(t,f),\cdots,d_{mm}(t,f)) \tag{4-160}$$

对于白化后的信号 $z(t)$ 进行时频变换，得到白化信号的时频分布矩阵：

$$D_z(t,f) = B D_x(t,f) B^H = U D_s(t,f) U^H \tag{4-161}$$

可以得到以下关系,

$$U^H D_z(t,f)U = D_s(t,f)$$
$$= \text{diag}(d_{11}(t,f),\cdots,d_{mm}(t,f)) \quad (4\text{-}162)$$

利用联合对角化求出一个 U 使得时频分布矩阵 $D_z(t,f)$ 对角化,最终可以得到解混矩阵 $W=U^H B$,其中 H 表示伪逆。

鉴于目标回波几何声散射是入射声波与目标几何声散射场线性作用的结果,而目标几何声散射场的幅频响应表现相对规律,因此,目标回波几何声散射的波形与入射声波相比,不会出现显著的形变。另一方面,混响的瞬时值遵循高斯分布的随机过程特性,这使得目标回波与混响在波形上呈现出可分离性。为实现目标回波与混响的有效分离,可通过估计源信号的时域波形来达成。具体地,可将分离目标函数设定为最小化源信号 s 与估计信号 y 之间的误差 $e=s-y$。进一步地,将误差 e 视作噪声处理,最大化信噪比分离目标函数即为优化此误差最小化过程[19]。

参 考 文 献

[1] Morse P M, Feshbach H. Methods of Theoretical Physics[M]. New York: McGraw-Hill Book Company Inc, 1953.

[2] Graff K F. Wave Motion in Elastic Solids[M]. Oxford: Clarenton Press, 1975.

[3] Bowman J J, Senior T B A, Uslenghi P L. Electromagnetic and Acoustic Scattering by Simple Shapes[M]. Amsterdam: North-Holland, 1969.

[4] Abramowitz M, Stegun I A. Handbook of Mathematical Function[M]. New York: Dover Publications, 1965.

[5] 沈杰罗夫. 水声学波动问题[M]. 何祚镛, 赵晋英, 译. 北京: 国防工业出版社, 1983.

[6] Junger M C, Feit D. Sound, Structures and Their Interaction[M]. 2nd ed. Cambridge: The MIT Press, 1986.

[7] Bennett C L, Mieras H. Time domain integral equation solution for acoustic scatteringfrom fluid targets[J]. The Journal of the Acoustical Society of America, 1981, 69(5): 1261-1265.

[8] 董寻虎, 汤渭霖. 用时域积分方程法计算不规则形状目标的瞬态声散射[J]. 声学学报, 1999, 24(3): 314-320.

[9] 尤立克. 水声原理[M]. 3版. 洪申, 译. 哈尔滨: 哈尔滨船舶工程学院出版社, 1990.

[10] 汪德昭, 尚尔昌. 水声学[M]. 北京: 科学出版社, 1981.

[11] 汤渭霖, 范军, 马忠成. 水中目标声散射[M]. 北京: 科学出版社, 2018.

[12] 汤渭霖. 用物理声学方法计算非硬表面的声散射[J]. 声学学报, 1993, 18(1): 45-53.

[13] 汤渭霖. 用物理声学方法计算界面附近目标的回波[J]. 声学学报, 1999, 24(1): 1-5.

[14] Gaunaurd G C, Huang H. Acoustic scattering by a spherical body near a plane boundary[J]. The Journal of the Acoustical Society of America, 1994, 96(4): 2526-2536.

[15] Gaunaurd G C, Überall H. RST analysis of monostatic and bistatic acoustic echoes from an elastic sphere[J]. The Journal of the Acoustical Society of America, 1983, 73(1): 1-12.

[16] Gaunaurd G C, Werby M F. Lamb and creeping waves around submerged spherical shell resonantly excited by sound scattering[J]. The Journal of the Acoustical Society of America, 1987, 82(6): 2021-2033.

[17] Gaunaurd G C, Werby M F. Sound scattering by resonantly excited, fluid-loaded, elastic spherical shells[J]. The Journal of the Acoustical Society of America, 1991, 90(5): 2536-2550.

[18] Brill D, Gaunaurd G C. Acoustic resonance scattering by a penetrable cylinder[J]. The Journal of the Acoustical Society of America, 1983, 73(5): 1448-1455.

[19] Uberall H, Dragonette L R, Flax L. Relation between creeping waves and normal modes of vibration of a curved body[J]. The Journal of the Acoustical Society of America, 1977, 61(3): 711-715.

第 5 章　海洋信道环境下的目标声学特性

5.1　海洋中声传播理论及其应用

在水声学的研究领域，分析声波在海洋中的传播是一个基础且重要的课题。为了深入理解这一复杂的物理过程，通常采用两种主要的理论研究方法：其一为波动声学理论方法，这种方法基于物理学中的经典波动方程，通过应用分离变量法并结合特定的边界条件和初始条件，来解析声波在海水介质中的振幅和相位的空间分布变化。这种处理方式在理论上非常严谨，能够提供关于声场分布的详细信息，但往往要求有较高的数学技巧和计算能力。其二为射线声学理论方法，在声波频率较高的情形下，射线理论提供了一个更为直观和实用的近似处理方法。它将声波的传播视为一系列声线（或声束）在海水中的传播路径。通过跟踪这些声线的轨迹，研究人员可以估算出声强在空间中的分布、声线的传播时间及传播距离等重要参数。尽管射线方法忽略了一些波动特性，特别是在低频或者复杂环境中可能不够准确，但它在许多实际应用场景中提供了快速有效的解决方案，尤其是在高频范围内。本章的内容将围绕这两个理论框架展开讨论，首先介绍海水介质中的波动方程及其定解条件，然后探讨如何利用波动理论来解决海水中的声传播问题。接下来，将阐述射线方法的基本原理，包括声线方程的推导、声线的折射和反射规律，以及射线理论在实际海洋环境中的适用性和局限性。通过这些理论工具，能够更好地理解和预测声波在海洋中的传播行为，进而为水下通信、声呐探测、海洋环境监测等领域提供科学依据。

5.1.1　波动声学理论方法

波动声学致力于精确求解满足边界条件的波动方程。在理论上，波动理论能够准确解决各类声场问题。然而，实际情况往往复杂得多，由于难以获得严格准确的边界条件表达式，通常只能得到在一系列近似条件下的波动方程解析解或数值解。本节将采用波动声学方法探讨两种简化模型下的浅海声传播问题，旨在完整阐述运用波动声学方法处理声传播问题的整个过程，同时所得结果也揭示了浅海水体中声传播的特性。

1. 硬质海底均匀浅海声场

为了示例说明，本节内容将探讨在硬质海底的浅海环境中声波是如何传播的。出于简化计算的考虑，假定水域的深度和声速是恒定不变的，虽然这样的假设形成了一个理想化的浅海模型，但它却允许得到波动方程的解析解。这一过程极大程度上减少了对浅海水下声传播进行分析的复杂度。通过这种方式，不仅能得出有益的结论，还能够揭示浅海中声波传播的基础模式和规律。

设有一声速 $c = c_0$、水深 $z = H$ 的均匀水层。$z = 0$ 为海水表面，为一自由平整界面；$z = H$ 为海底，是完全硬质的平整界面。点声源位于 $r = 0$、$z = z_0$ 处，如图 5-1 所示，现考察层中的声传播特性。

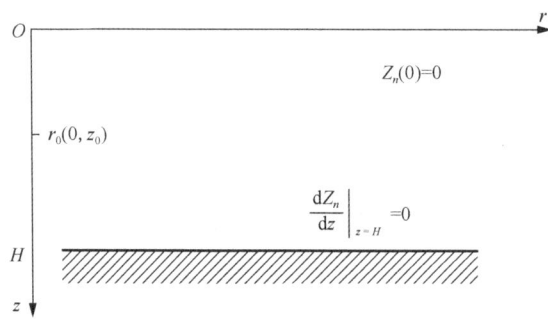

图 5-1 硬质海底均匀浅海声场

首先，层中声场应满足非齐次亥姆霍兹方程。由于问题的柱对称性，可选用柱坐标系，非齐次亥姆霍兹方程可写成：

$$\frac{1}{r}\frac{\partial}{\partial r}\left(r\frac{\partial p}{\partial r}\right) + \frac{\partial^2 p}{\partial z^2} + k_0^2 p = -4\pi A \delta(r - r_0) \tag{5-1}$$

式中，r_0 为点源的位置，$r_0 = 0 r_1 + z_0 z$，这里 r_1 和 z 为 r、z 方向的单位矢量；$k_0 = \dfrac{\omega}{c_0}$ 是波数；$\delta(r - r_0)$ 为三维狄拉克 δ 函数，其定义为

$$\int_V \delta(r - r_0) dV = \begin{cases} 1, & r_0 \text{在体积}V\text{内} \\ 0, & r_0 \text{在体积}V\text{外} \end{cases} \tag{5-2}$$

在柱对称情况下，积分体积元写成柱对称形式，$dV = 2\pi r dr dz$，则

$$\int_V \delta(r - r_0) 2\pi r dr dz = \begin{cases} 1, & r_0 \text{在体积}V\text{内} \\ 0, & r_0 \text{在体积}V\text{外} \end{cases} \tag{5-3}$$

为使上式成立,应把 $\delta(r-r_0)$ 选为如下形式:

$$\delta(r-r_0) = \frac{1}{2\pi r}\delta(r)\delta(z-z_0)$$

式(5-1)中,A 是常数,令 $A=1$,于是式(5-1)可写成:

$$\frac{\partial^2 p}{\partial r^2} + \frac{1}{r}\frac{\partial p}{\partial r} + \frac{\partial^2 p}{\partial z^2} + k_0^2 p = -\frac{2}{r}\delta(r)\delta(z-z_0) \tag{5-4}$$

应用分离变量法,令 $p(r,z) = \sum_n R_n(r)Z_n(z)$,代入式(5-4),经分离变量后得

$$\sum_n \left(Z_n\left(\frac{\mathrm{d}^2 R_n}{\mathrm{d}r^2} + \frac{1}{r}\frac{\mathrm{d}R_n}{\mathrm{d}r}\right) + R_n\left(\frac{\mathrm{d}^2 Z_n}{\mathrm{d}z^2} + k_0^2 Z_n\right) \right) = -\frac{2}{r}\delta(r)\delta(z-z_0) \tag{5-5a}$$

式中,$R_n(r)$ 描述声场 r 方向的特性;$Z_n(z)$ 则描述声场关于 z 坐标的特性,它是一个正交函数族,满足式(5-5b)与式(5-5c):

$$\frac{\mathrm{d}^2 Z_n}{\mathrm{d}z^2} + (k_0^2 - \xi_n^2)Z_n = 0 \tag{5-5b}$$

$$\int_0^H Z_n(z)Z_m(z)\mathrm{d}z = \begin{cases} 1, & m=n \\ 0, & m\neq n \end{cases} \tag{5-5c}$$

式中,ξ_n^2 是一个常数,称为分离常数。

在式(5-5a)两端乘以函数 $Z_m(z)$,对 z 从 $0 \to H$ 积分,并利用式(5-5b)和式(5-5c),可得到

$$\frac{1}{r}\frac{\mathrm{d}}{\mathrm{d}r}\left(r\frac{\mathrm{d}R_n}{\mathrm{d}r}\right) + \xi_n^2 R_n = -\frac{2}{r}\delta(r)Z_n(z_0) \tag{5-5d}$$

这是一个非齐次亥姆霍兹方程,它规定了声场随 r 的变化规律。由式(5-5b)可知,函数 $Z_n(z)$ 满足齐次亥姆霍兹方程,其解为

$$Z_n(z) = A_n \sin(k_{zn}z) + B_n \cos(k_{zn}z), \quad 0 \leqslant z \leqslant H \tag{5-6}$$

式中,$k_{zn} = \sqrt{k_0^2 - \xi_n^2}$ 为常数;A_n 和 B_n 是待定常数,可由边界条件和正交归一化条件确定。

根据海面为自由界面和海底为硬质界面的边界条件,$Z_n(z)$ 应分别满足:$Z_n(0)=0$(自由界面边界条件);$\left(\frac{\mathrm{d}Z_n}{\mathrm{d}z}\right)_H = 0$(硬质界面边界条件)。

由此得到

$$B_n = 0$$

$$k_{zn} = \left(n - \frac{1}{2}\right)\frac{\pi}{H}, \quad n = 1, 2, \cdots$$

$$Z_n(z) = A_n \sin(k_{zn}z), \quad 0 \leqslant z \leqslant H \tag{5-7}$$

又因为式（5-6）应满足正交归一化条件：

$$\int_0^H Z_n(z) Z_m(z) \mathrm{d}z = \begin{cases} 1, & m = n \\ 0, & m \neq n \end{cases} \tag{5-8}$$

于是得到常数 $A_n = \sqrt{\dfrac{2}{H}}$，式（5-6）变为

$$Z_n(z) = \sqrt{\frac{2}{H}} \sin(k_{zn}z) \tag{5-9}$$

在水声学中，式（5-7）、式（5-9）中的 k_{zn} 和 $Z_n(z)$ 分别称为本征值和本征函数，式（5-5b）称为本征方程。

因为 $k_{zn} = \sqrt{k_0^2 - \xi_n^2}$ 和 $k_{zn} = \left(n - \dfrac{1}{2}\right)\dfrac{\pi}{H}$，所以有

$$\xi_n = \sqrt{\left(\frac{\omega}{c_0}\right)^2 - \left(\left(n - \frac{1}{2}\right)\frac{\pi}{H}\right)^2} \tag{5-10}$$

从上面分析可以看出，ξ_n 和 k_{zn} 分别为波数 k_0 的水平分量和垂直分量。

已知函数 $R_n(r)$ 满足非齐次亥姆霍兹方程式（5-5d），其解为

$$R_n(r) = -\mathrm{i}\pi Z_n(z_0) \mathrm{H}_0^{(2)}(\xi_n r) = -\mathrm{i}\pi \sqrt{\frac{2}{H}} \sin(k_{zn}z_0) \mathrm{H}_0^{(2)}(\xi_n r) \tag{5-11}$$

为满足无穷远处辐射条件，解应为零阶柱汉克尔函数 $\mathrm{H}_0^{(2)}(\xi_n r)$，它满足 $\mathrm{H}_0^{(2)} = \mathrm{J}_0 - \mathrm{i}\mathrm{N}_0$，$\mathrm{J}_0$ 和 N_0 分别为零阶贝塞尔函数和零阶柱诺依曼函数。以上讨论中，时间因子被默认为 $\mathrm{e}^{\mathrm{i}\omega t}$。

函数 $Z_n(z)$ 和 $R_n(r)$ 满足各自的微分方程，它们的乘积 $R_n(r)Z_n(z)$ 必满足微分方程式（5-4）。根据线性叠加原理可知，级数 $\sum R_n(r)Z_n(z)$ 也应满足该方程，于是式（5-4）的完整解为

$$p(r,z) = -\mathrm{i}\pi \frac{2}{H} \sum_n \sin(k_{mn}z_0) \mathrm{H}_0^{(2)}(\xi_n r) \tag{5-12}$$

如观察点远离点源（$\xi_n r \gg 1$），则应用柱汉克尔函数的渐近表示式为

$$\mathrm{H}_0^{(2)}(\xi_n r) \underset{\xi_n r \to \infty}{\approx} \sqrt{\frac{2}{\pi \xi_n r}} \mathrm{e}^{-\mathrm{i}\left(\xi_n r - \frac{\pi}{4}\right)} \tag{5-13}$$

得到均匀波场点源声场的远场解为

$$p(r,z) \approx -\mathrm{i}\frac{2}{H}\sum_n \sqrt{\frac{2\pi}{\xi_n r}}\sin(k_{zn}z)\sin(k_{zn}z_0)\mathrm{e}^{-\mathrm{i}\left(\xi_n r-\frac{\pi}{4}\right)} \tag{5-14}$$

式（5-12）或式（5-14）中的每一项（指每个 n 值）都满足波动方程和边界条件，被称为简正波，n 为简正波的阶次，第 n 阶简正波写为

$$p_n(r,z) = -\mathrm{i}\frac{2}{H}\sqrt{\frac{2\pi}{\xi_n r}}\sin(k_{zn}z)\sin(k_{zn}z_0)\mathrm{e}^{-\mathrm{i}\left(\xi_n r-\frac{\pi}{4}\right)} \tag{5-15a}$$

考察式（5-15a）可以看出：简正波在 r 方向由函数 $\mathrm{e}^{-\mathrm{i}\left(\xi_n r-\frac{\pi}{4}\right)}$ 确定，它表示简正波沿水平方向传播的行波，每一阶简正波有不同的波数 ξ_n，且每一阶简正波沿深度 z 方向由函数 $\sin(k_{zn}z)$ 确定，它表示了简正波在 z 方向作驻波分布。不同阶数 n 的简正波，其驻波的分布形式是不同的，图 5-2 中画出了前四阶简正波随深度 z 的振幅分布。

图 5-2 进一步展示了，在阶次变化的情况下，海面上的声压始终为零，这是由自由界面边界条件所决定的。而在海底，由于采用了硬质界面边界条件，因此声压幅值总是达到最大值。

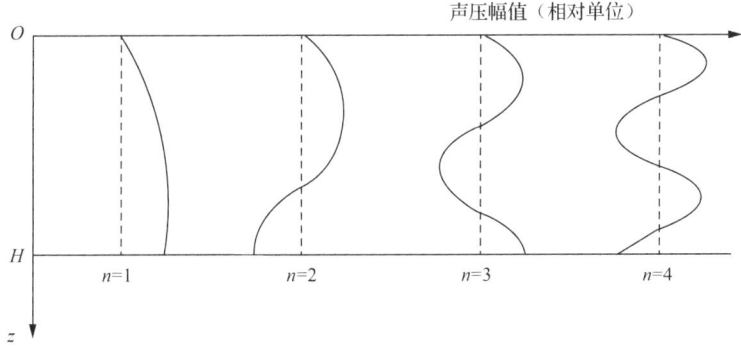

图 5-2　前四阶简正波幅值随深度 z 的分布

经过分析，发现声场在层中可以通过式（5-15a）所展示的无穷序列之和来描述。尽管这个表达式在形式上是一个无限序列的求和问题，然而在实际操作中，注意到较高阶的项对于总体结果的贡献通常是微小的，以至于可以将其忽略不计。因此，仅计算序列的前几项就能获得具有足够精确度的声场数据。基于这个理由，可以将式（5-14）简化为一个有限项序列的和，即

$$p(r,z) = -\mathrm{i}\frac{2}{H}\sum_{n=1}^{N}\sqrt{\frac{2\pi}{\xi_n r}}\sin(k_{zn}z)\sin(k_{zn}z_0)\mathrm{e}^{-\mathrm{i}\left(\xi_n r-\frac{\pi}{4}\right)} \tag{5-15b}$$

式中，级数求和项的数目 N 由声波频率和层中参数决定。

式（5-10）给出的 $\xi_n = \sqrt{\left(\dfrac{\omega}{c_0}\right)^2 - \left(\left(n-\dfrac{1}{2}\right)\dfrac{\pi}{H}\right)^2}$ 是第 n 阶简正波波矢量的水平方向分量，即第 n 阶简正波的水平波数。由该式可看出，当声源频率确定后，ξ_n 随简正波的阶次 n 的增加而减小，简正波阶次 n 最大可取的正整数 N 由式（5-16）给出：

$$N = \dfrac{H\omega}{\pi c_0} + \dfrac{1}{2} \tag{5-16}$$

当阶次 $n > N$ 时，ξ_n 变为纯虚数，记为 $\xi_n = \pm \mathrm{i}|\xi_n|$。若取 $\xi_n = \mathrm{i}|\xi_n|$，则因子 $\mathrm{e}^{-\mathrm{i}\left(\xi_n r - \frac{\pi}{4}\right)} = \mathrm{e}^{\mathrm{i}\frac{\pi}{4}} \mathrm{e}^{|\xi|r}$，可见，当距离 r 增加时，$p_n(r,z)$ 的幅值随 r 呈指数增长，且随距离 r 的变大，其增长也越来越快，显然这是不可能的。因此，只能取 $\xi_n = -\mathrm{i}|\xi_n|$，这时因子 $\mathrm{e}^{-\mathrm{i}\left(\xi_n r - \frac{\pi}{4}\right)} = \mathrm{e}^{\mathrm{i}\frac{\pi}{4}} \mathrm{e}^{-|\xi|r}$，这表示当距离 r 增加时，$p_n(r,z)$ 的幅值随 r 呈指数衰减，且随距离 r 的变大，其衰减也越来越快。所以，对于 $n > N$ 的各项，声波在层中不可能正常传播，而是按指数衰减的规律传播，因此，只有在声源附近，才对解有贡献。

现在来考察式（5-16），由它可得到

$$\omega_n = \left(N - \dfrac{1}{2}\right)\dfrac{c_0 \pi}{H} \tag{5-17a}$$

式（5-17a）表示，为了激发能正常传播的 N 阶简正波，声源频率应大于或等于式（5-17a）所确定的 ω_n 值。通常，称 ω_N 为 N 阶简正波的简正频率，并记为

$$\omega_N = \left(N - \dfrac{1}{2}\right)\dfrac{c_0 \pi}{H} \quad 或 \quad f_N = \left(N - \dfrac{1}{2}\right)\dfrac{c_0}{2H} \tag{5-17b}$$

每一阶简正波都有各自的简正频率，对于 n 阶简正波，其简正频率为

$$\omega_n = \left(n - \dfrac{1}{2}\right)\dfrac{c_0 \pi}{H} \quad 或 \quad f_n = \left(n - \dfrac{1}{2}\right)\dfrac{c_0}{2H} \tag{5-17c}$$

式（5-17c）表示，只有声源激发频率 $f \geq f_n$ 时，层中才存在 n 阶及其以下各阶简正波的传播。特殊地，当 $n=1$ 时，对应的简正频率为

$$f_1 = \dfrac{c_0}{4H} \tag{5-18}$$

它是能在层中正常传播的简正波的最低频率，称为声道的截止频率。当声源频率 $f < f_1$ 时，式（5-15b）中每项都呈指数衰减，不可能远距离传播。由此可知，如要得到良好的传播效果，需激发多阶简正波，声源频率就应该适当高些，至少应高于 f_1。

相速度是指等相位面的传播速度。因第 n 阶简正波的水平波数是 ξ_n，故相速度 c_{pn} 应等于：

$$c_{pn} = \frac{\omega}{\xi_n} = \frac{c_0}{\sqrt{1-(\omega_n/\omega)^2}} \quad (5\text{-}19)$$

可见相速度 c_{pn} 除与频率 ω 有关外，还和简正波的阶次 n 有关，不同阶次的简正波，其传播速度也是不同的。在接收点，不同阶次的简正波会由于它们的相速度不同而在不同的时间到达。这会导致当它们在接收点叠加时，波形产生畸变。这种基于简正波相速度与其阶次 n 相关的现象被称为频散，而表现出这种性质的介质则被称作频散介质，例如浅海水层就是典型的频散介质。

由声学基础知识可知，简正波的群速度 c_{gn} 由下式得到：

$$c_{gn} = \frac{d\omega}{d\xi_n}$$

已知 $\omega = c_{pn}\xi_n$，则 c_{gn} 为

$$c_{gn} = c_{pn} + \xi_n \frac{dc_{pn}}{d\xi_n} \quad (5\text{-}20)$$

从式（5-19）可以看出，相速度 c_{pn} 随频率增大而减小，则 $\dfrac{dc_{pn}}{d\xi_n} < 0$。因而，简正波群速度小于相速度，即 $c_{gn} < c_{pn}$。把式（5-10）代入 $c_{gn} = d\omega/d\xi_n$ 中，可以求得简正波的群速度为

$$c_{gn} = \frac{d\omega}{d\xi_n} = c_0\sqrt{1-\left(\frac{\omega_n}{\omega}\right)} \quad (5\text{-}21)$$

从式（5-19）和式（5-21）可看出 c_{pn} 随 ω 增大而减小，c_{gn} 随 ω 增大而增大；当 $\omega \to \infty$ 时，c_{pn} 和 c_{gn} 都趋于自由空间的声速 c_0；c_{pn} 和 c_{gn} 满足 $c_{pn}c_{gn} = c_0^2$。

图 5-3 中绘出了简正波相速度 c_{pn} 和群速度 c_{gn} 随频率的变化。

下面结合简正波的传播，说明简正波相速度和群速度的区别。已知第 n 阶简正波表示为 $p_n(r,z) = -\mathrm{i}\dfrac{2}{H}\sqrt{\dfrac{2\pi}{\xi_n r}}\sin(k_{zn}z_o)\mathrm{e}^{-\mathrm{i}\left(\xi_n r - \frac{\pi}{4}\right)}$，简正波 p_n 的振幅随深度 z 的变化由函数 $\sin(k_{zn}z)$ 确定，如图 5-2 所示。利用欧拉关系：

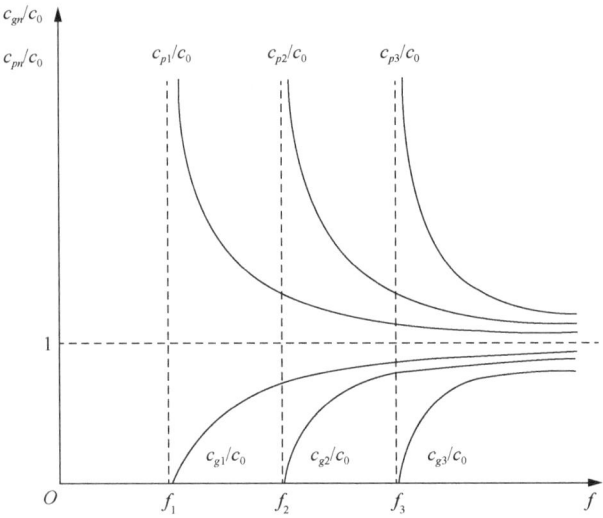

图 5-3 相速度 c_{pn} 和群速度 c_{gn} 随频率的变化

$$\sin x = -\frac{1}{2\mathrm{i}}\left(\mathrm{e}^{-\mathrm{i}x} - \mathrm{e}^{\mathrm{i}x}\right)$$

简正波 p_n 可写成

$$p_n = \frac{1}{H}\sqrt{\frac{2\pi}{\xi_n r}}\sin(k_{zn}z_0)(p_- - p_+) \tag{5-22}$$

式中，$p_+ = \exp\left(-\mathrm{i}\left(\xi_n r - \frac{\pi}{4} - k_{zn}z\right)\right)$；$p_- = \exp\left(-\mathrm{i}\left(\xi_n r - \frac{\pi}{4} + k_{zn}z\right)\right)$。其中，$\xi_n$ 和 k_{zn} 分别为波矢量 k 沿水平方向和垂直方向的分量，它们之间有关系 $k^2 = \xi_n^2 + k_{zn}^2$。明显地，p_+ 和 p_- 表示了两个平面波，它们的传播方向与 z 轴的夹角（入射角）为

$$\theta_n = \pm\arcsin\left(\frac{\xi_n}{k}\right) \tag{5-23}$$

$$\sin\theta_n = \frac{\xi_n}{k} = \sqrt{1 - \left(\frac{\omega_n}{\omega}\right)^2} \tag{5-24}$$

角度 θ_n 如图 5-4 所示。平面波 p_+ 和 p_- 在水平方向上传播方向相同，在垂直方向上传播方向相反，二者叠加得到简正波，如图 5-4 所示。

图 5-4 中沿波矢量 k 传播的平面波的等相位面用虚斜线表示，虚斜线沿水平方向的传播速度即为相速度，它等于：

$$c_{pn} = \frac{c_0}{\sin\theta_n} \tag{5-25}$$

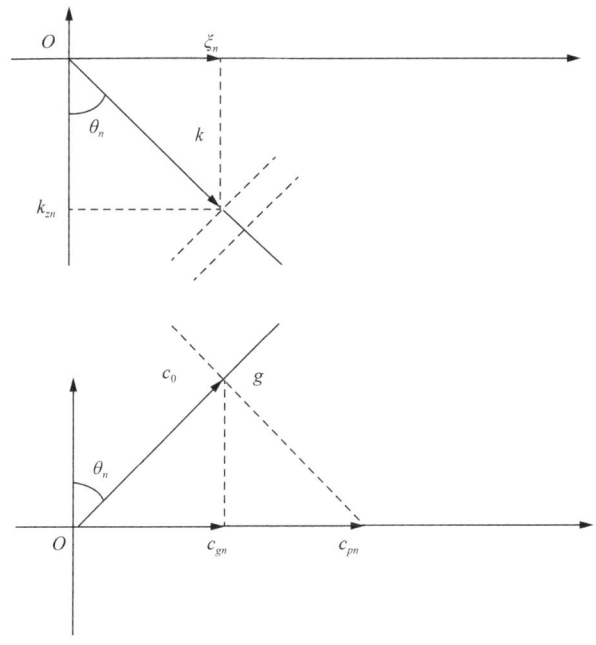

图 5-4 每一阶简正波可分解为两个平面波

群速度是波形包络的传播速度,在图中相应于 g 点沿横轴方向的传播速度,可以用以 c_0 为斜边的直角三角形的直角边来表示,则

$$c_{gn} = c_0 \sin\theta_n \tag{5-26}$$

式(5-25)和式(5-26)是 c_{pn} 和 c_{gn} 的又一表示形式,把式(5-24)代入式(5-25)和式(5-26),即可得到式(5-19)和式(5-21)。

海水中声速 c 为常数 c_0 时,波导中点源声场的简正波表达式为

$$p(r,z) = -\mathrm{i}\sum_n \sqrt{\frac{2\pi}{\xi_n r}} Z_n(z) Z_n(z_0) \mathrm{e}^{-\mathrm{i}\left(\xi_n r - \frac{\pi}{4}\right)}, \quad r \gg 1 \tag{5-27}$$

下面将利用式(5-27)讨论波导中的声传播损失。为方便计算,可令声源等效声中心单位距离处声压幅值等于 1,则根据传播损失定义 $\mathrm{TL} = 10\lg\dfrac{I(1)}{I(r)}$ 可得

$$\mathrm{TL} = -10\lg\left|\sum_{n=1}^{N}\sqrt{\frac{2\pi}{\xi_n r}} Z_n(z) Z_n(z_0) \mathrm{e}^{-\mathrm{i}\xi_n r}\right|^2 \tag{5-28}$$

当 Z_n 和 ξ_n 都为实数时,式(5-28)等于:

$$\mathrm{TL} = -10\lg\sum_{n=1}^{N}\frac{2\pi}{\xi_n r}Z_n^2(z)Z_n^2(z_0)$$
$$-10\lg\sum_{n=1}^{N}\sum_{m\neq n}^{N}4\frac{\pi}{r\sqrt{\xi_n\xi_m}}Z_n(z)Z_n(z_0)Z_m(z)Z_m(z_0)\mathrm{e}^{-\mathrm{i}(\xi_n+\xi_m)r} \quad (5\text{-}29)$$

在式（5-29）中，右侧首项代表的是简正波自我幅度平方的累积和，而第二项则代表不同简正波间的相互作用累积和。后者的累积效果受到简正波间相位相关性的影响，通常表现为随距离变化的波动性。与此相对，第一项累积和与简正波间的相位相关性无关，且随着距离 r 的增长呈单调上升趋势。因此，两者结合得到的总声强 $I(r)$ 在距离上的演变呈现出波动性的递减趋势，形成了图 5-5 中实线所示的干涉图样。

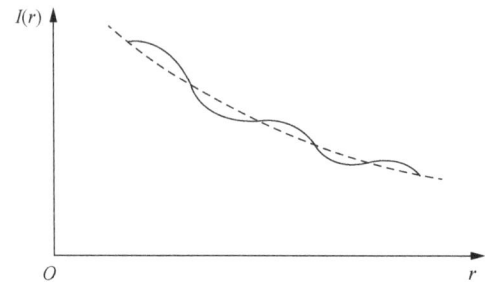

图 5-5　总声强 $I(r)$ 随距离 r 变化的曲线

当一个层次中的声传播条件表现出显著的不均匀性或不规则性时，可以假定该层内的各阶简正波之间的相位关系是完全随机的。在这种情况下，当进行交叉乘积项的求和运算时，由于相位的随机性，这些项相互之间会相加或相消，最终导致总和为零，即

$$\mathrm{TL} = -10\lg\sum_{n=1}^{N}\frac{2\pi}{\xi_n r}Z_n^2(z)Z_n^2(z_0) \quad (5\text{-}30)$$

由式（5-30）可见，TL 是声源和观察点坐标 z_0 和 z 的函数，对于本节讨论的硬质海底均匀浅海声场，有

$$\mathrm{TL} = -10\lg\sum_{n=1}^{N}\frac{4}{H^2}\frac{2\pi}{\xi_n r}\sin^2(k_{zn}z)\sin^2(k_{zn}z_0) \quad (5\text{-}31)$$

式（5-31）为各简正波相位满足无规则假设下的声传播损失。如果声源和水听器不位于海表面和海底附近，即 z_0 和 z 适当地离开海面和海底，则当 n 从 1 变化到 N 时，$\sin^2(k_{zn}z_0)$ 和 $\sin^2(k_{zn}z)$ 将随机地取 0 到 1 之间的值，在深度 z 方向取平均时，可近似认为 $\int\sin^2 x\mathrm{d}x \approx \dfrac{1}{2}$，则式（5-31）可简化为

$$\mathrm{TL} = -10\lg\left(\frac{2\pi}{H^2 r}\sum_{n=1}^{N}\frac{1}{\xi_n}\right) \quad (5\text{-}32)$$

如果层中简正波数目比较多，近似有 $N \approx \dfrac{H\omega}{c_0 \pi}$，则式（5-10）的 ξ_n 可近似取为

$$\xi_n = \dfrac{\omega}{c_0}\sqrt{1-\left(\dfrac{n}{N}\right)^2} \tag{5-33}$$

令 $x = \dfrac{n}{N}$，把式（5-32）中对 n 的求和改写为求积分，最终可得

$$\mathrm{TL} = -10\lg\dfrac{\pi}{Hr} = 10\lg r + 10\lg\dfrac{H}{\pi} \tag{5-34}$$

式（5-34）是对深度 z 取平均后，TL 随距离 r 的变化，它基本符合柱面扩展衰减规律，只是多了一个修正项 $10\lg\dfrac{H}{\pi}$。

对于海底声速大于层中海水声速的非绝对硬质海底，存在全反射临界角 φ_0。当简正波掠射角 $\varphi < \varphi_0$ 时，声波将在海底发生全反射，能量被无损失地限制在层内，声强随距离 r 呈柱面扩展衰减；而当简正波掠射角 $\varphi > \varphi_0$ 时，则不发生全反射，声波经海底反射并产生衰减。因而，在远距离上，只有掠射角 $\varphi < \varphi_0$ 的简正波才对声场有贡献。考虑到这些因素，可将式（5-34）表示为

$$\mathrm{TL} = 10\lg r + 10\lg\dfrac{H}{2\varphi_0} \tag{5-35}$$

式（5-35）所示的 TL 值将大于式（5-34）所示的绝对反射界面的 TL 值，且临界掠射角 φ_0 越小，传播损失 TL 就越大。

当接收点（或声源）位于海面附近时，因子 $\sin^2 x$ 在 0 到 1 之间取小值的概率较大，$\sin^2 x$ 的平均值将小于 1/2，因而，TL 值将大于式（5-34）给出的值。当接收点（或声源）位于硬质海底附近时，$\sin^2 x$ 取大值的概率较大，其平均值大于 1/2，这时的 TL 值小于式（5-34）给出的值。

2. 液态海底均匀浅海声场

作为比较，在液态海底均匀浅海中，声传播的分析可以采用与固态海底类似的方法。由于海底是液态介质，不会出现横波，且通常认为海底沉积物中的声速高于海水中的声速。在这种情况下，声传播主要受到液态半空间（海底）的影响，其声速大于均匀液体层中的声速。虽然有时海底沉积层的声速可能低于海水中的声速，但这种情况较为罕见，通常只出现在海底沉积层的上层，因此在这里不作讨论。

液态海底均匀浅海波导如图 5-6 所示。设点源位于 $r = 0, z = z_0$ 处，声场满足非齐次亥姆霍兹方程：

$$\frac{\partial^2 p}{\partial r^2}+\frac{1}{r}\frac{\partial p}{\partial r}+\frac{\partial^2 p}{\partial z^2}+k^2 p=-\frac{2}{r}\delta(r)\delta(z-z_0), \quad 0\leqslant z\leqslant \infty \tag{5-36}$$

类似硬质海底均匀浅海声场的数学推导过程，得方程解[1]为

$$p(r,z)=-\mathrm{i}\sum_n \sqrt{\frac{2\pi}{\xi_n r}}A_n^2 \sin(k_m z)\sin(k_{zn}z_0)\exp\left(-\mathrm{i}\left(\xi_n r-\frac{\pi}{4}\right)\right), \quad 0\leqslant z\leqslant H \tag{5-37}$$

式中，

$$k_{zn}^2=\left(\frac{\omega}{c_1}\right)^2-\xi_n^2$$

$$A_n^2=\frac{2k_{zn}}{k_{zn}H-\cos k_{zn}H\sin k_{zn}H-\left(\dfrac{\rho_1}{\rho_2}\right)^2\sin^2 k_{zn}H\tan k_{zn}H} \tag{5-38}$$

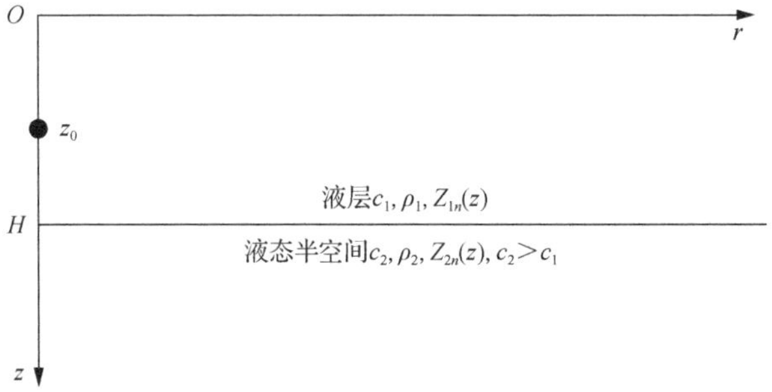

图 5-6 液态海底均匀浅海波导

式（5-37）中每一项（指每一个 n 值）都满足波动方程和边界条件，它们的叠加也满足波动方程和边界条件，所以式（5-37）是式（5-36）的解。式（5-37）中的每一项称为简正波，n 为简正波阶次。不难验证，若 $z=H$ 为硬质海底界面，则应有 $\cos k_{zn}H=0$，$\rho_1/\rho_2\to 0$ 和 $A_n^2=2/H$，式（5-37）就简化成式（5-14）。

在液态半空间（$z>H$）中，声波振幅按指数规律沿深度减小，频率越高，振幅衰减就越快。在发生界面全内反射时，液态半空间中声能很小，能量几乎都被限制在层（$0\leqslant z\leqslant H$）中传播。

液态海底均匀浅海的各阶简正波简正频率满足下列方程：

$$f_n=\frac{c_2 c_1(2n-1)}{4H\sqrt{c_2^2-c_1^2}}, \quad n\in N \tag{5-39}$$

式（5-39）给出了设定波导条件 (c_1,c_2,H) 下各阶简正波的简正频率 f_n，当声源频率 $f>f_n$ 时，可以产生第 n 阶及其以下各阶简正波。该波导的截止频率 f_1 为

$$f_1 = \frac{c_1 c_2}{4H\sqrt{c_2^2 - c_1^2}} \tag{5-40}$$

如果知道了深度信息 H、简正频率 f_n、简正波的阶次 n 和水中声速 c_1，就可以根据式（5-39）算出液态半空间中的声速 c_2，因此该式可用于海底声学参数分析。

对于液态半空间为硬质海底的极限情况，$c_1/c_2 \to 0$，将简正频率表达式（5-39）简化成 $f_n = \left(n - \frac{1}{2}\right)\frac{c_1}{2H}$。当 $c_2 > c_1$ 时，可以求出海底全内反射临界角 φ_0，它满足 $\sin\varphi_0 = \sqrt{1 - \cos^2\varphi_0} = \frac{1}{c_2}\sqrt{c_2^2 - c_1^2}$。把它代入式（5-40）可得到传播损失 TL 的近似表达式：

$$\text{TL} = 10\lg r + 10\lg \frac{H}{2\sqrt{1 - \left(\frac{c_1}{c_2}\right)^2}} \tag{5-41}$$

与式（5-34）相同，式（5-41）也是很多阶简正波无规则叠加的平均结果。

对于单个简正波，在层（$0 \leqslant z \leqslant H$）中，声压振幅沿深度 z 呈正弦分布 $\sin k_{zn} z$；在液态半空间（$H \leqslant z \leqslant \infty$）中，声压振幅沿深度 z 呈指数分布 $\sin k_{zn} H e^{-\beta x - H}$。图 5-7 绘出了不同频率的第一阶简正波的声压幅值沿深度 z 的分布，计算所用参数值为 c_1=1500m/s、c_2=1501.5m/s、$\rho_2 = 2\rho_1$、H=90m。

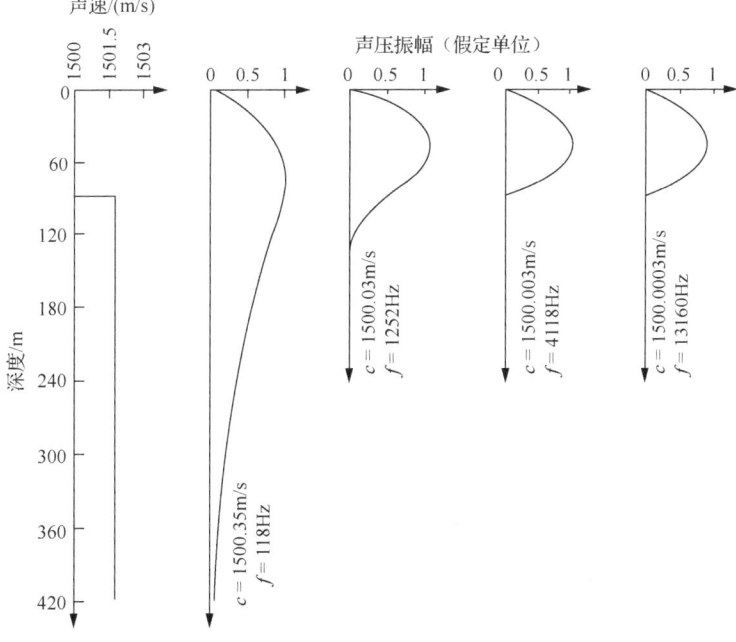

图 5-7 第一阶简正波振幅随深度的变化

由图 5-7 可知，在海底，振幅随深度呈指数减小，衰减从截止频率开始随频率而增大。如前所述，高频时，波的能量实际上都封闭在层中。

经过对两种简化版的浅海水声传播模型进行理论分析，可以认识到，采用波动声学的计算方法往往步骤复杂，结果难以直观呈现，并且它要求边界条件能够解析表达，这在实际应用中通常难以实现。因此，这种方法的运用是有限制的。

5.1.2 射线声学理论方法

射线声学是一种用于描述声波传播的方法，它假设声波以无数条垂直于等相位面的射线形式传播，在射线声学中，每一条这样的射线称为声线。声线传播的距离代表声波传播的距离，而声线经历的时间则是声波从源头到接收点的传播时间。射线声学的数学描述通常包括程函方程和强度方程。这些方程能够描述声速、声线路径和声强分布等特性。射线声学适用于高频声场的近似方法，也就是说，当波长相对于传播介质的特征尺寸足够小的时候，射线声学提供的声场近似是有效的。射线声学的结果直观且清晰，计算过程相对简洁。在满足其适用条件的情况下，射线声学的数学运算比波动理论要简单得多。在水声学领域，射线声学可以用来描述海水中的声传播现象，如声线的折射、反射和衰减。通过射线声学可以观察到声线主要聚集在声道轴附近，表明声能量在这一区域最强。为了便于理解和预测声波在复杂环境中的传播情况，可以使用专门的软件进行模拟。

1. 射线声学基本假定

在射线声学中，处理声传播问题时的基本假定可以概括为：首先，声线（声波的传播路径）的方向与声波传播的方向一致，并且声线始终垂直于波阵面。其次，声线是携带能量的，声场中某点的声能是由所有到达该点的声线所携带的能量叠加而成的。最后，在声线管束（声线集合形成的管道状结构）中，能量是守恒的，这意味着声线管束内部与外部之间没有横向的能量交换。

这些假定允许将复杂的波动方程简化为更容易处理的射线声学方程，特别是在高频条件下，当波长相对于环境的尺度小得多时，射线声学提供了一个有效的近似方法来处理声传播问题。

2. 波阵面和声线

设有一沿 x 方向传播的平面波，表示为 $\psi = A\mathrm{e}^{\mathrm{i}\omega t - kx}$。若波数 k 等于常数，则平面波的传播即 $\varphi(x) = kx$ 的等相位平面沿 x 方向传播。对于沿任意方向传播的平面波，波函数可以写为

$$\psi = A\mathrm{e}^{\mathrm{i}\omega t - kr} \tag{5-42}$$

式中，k 为波矢量，可写成 $k = k_x \xi + k_y \zeta + k_z \eta$，其中 ξ、ζ、η 是三个坐标轴方向的单位矢量，

k_x、k_y、k_z 为 k 在三个坐标轴上的分量，k 的方向指示波的传播方向，波矢量的大小为 $|k| = \omega/c = \sqrt{k_x^2 + k_y^2 + k_z^2}$；$r$ 是观察点 P 的位置矢量，用 $r = x\xi + y\zeta + z\eta$ 表示。

由图 5-8（a）可以看出，沿任意方向传播的平面波的等相位面，它的法线方向即平面波的传播方向。波的传播方向也可用波矢量 k 来表示。波矢量 $k(k_x, k_y, k_z)$ 的方向由其方向余弦确定，即

$$\frac{k_x}{k} = \cos\alpha, \quad \frac{k_y}{k} = \cos\beta, \quad \frac{k_z}{k} = \cos\gamma \tag{5-43}$$

式中，α、β、γ 是波矢量 k 与三坐标轴的夹角。对于一个等相位面平行于 z 轴的平面波来说，$\gamma = \pi/2$，$k_z = 0$，在 x 轴和 y 轴上的方向余弦分别为 $\cos\alpha = k_x/k$ 和 $\cos\beta = k_y/k$。图 5-8（b）中画出了该平面波的等相位面和波的传播方向。

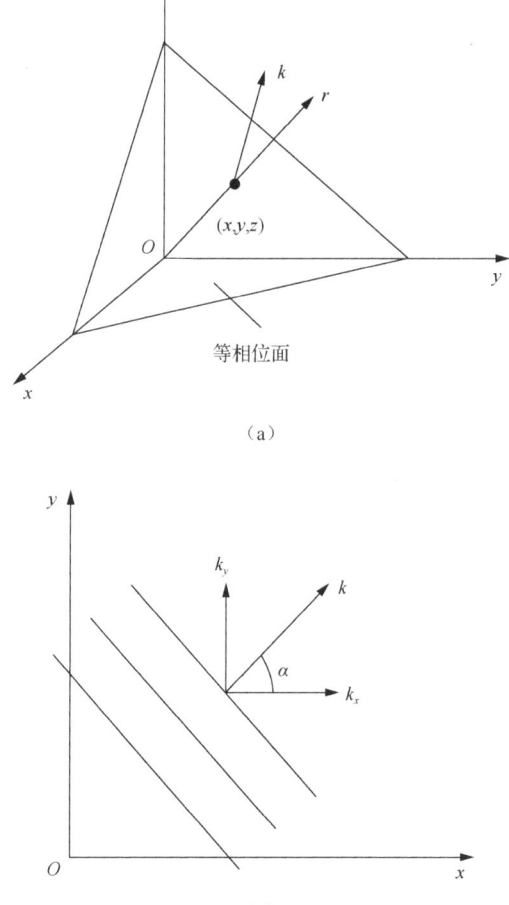

图 5-8 沿任意方向传播的平面波及其等相位面

在均匀介质中，平面波的传播可以用声线束来描述，这些声线是垂直于等相位面的直线，相互平行且不相交，如图 5-9（a）所示。声线束的概念是射线声学中的一个基本概念，它类

似于光学中的光线。在均匀介质中,声源发出的声波会形成一组平行的声线,这些声线代表了声波的传播路径。对于理想的点声源,在均匀介质中传播时,其等相位面是以声源为球心的同心球面,这意味着声波的振幅会随着距离的增加而衰减。然而,当考虑到声源的有限大小时,情况会有所不同。在实际情况下,声源往往不是理想的点声源,而是具有一定尺寸的实体。这时,声波的传播不再是理想的平面波,而是以声源为中心的球面波,如图5-9(b)所示。在非均匀介质中,k是空间位置的函数,声波传播方向因位置变化而变化,声线束由点声源向外发射的曲线束组成,等相位面也不再是同心球面,如图5-9(c)所示。

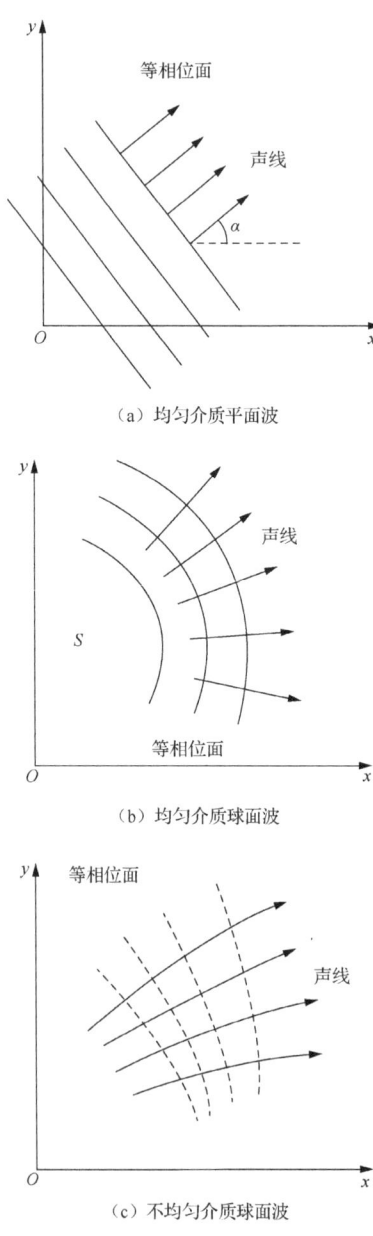

(a) 均匀介质平面波

(b) 均匀介质球面波

(c) 不均匀介质球面波

图 5-9　等相位面与声线示意图

3. 射线声学基本方程

前面介绍了射线和波阵面的基本概念，下面将给出射线声学的基本方程。基于波动方程 $\nabla^2 p - \dfrac{1}{c^2}\dfrac{\partial^2 p}{\partial t^2}=0$，令式中声速 $c=c(x,y,z)$，则波动方程具有如下形式解：

$$p(x,y,z,t) = A(x,y,z)\mathrm{e}^{\mathrm{i}(\omega t - k(x,y,z)\phi_1(x,y,z))} \tag{5-44a}$$

式中，A 为声压幅值，是空间位置的函数；$\phi_1(x,y,z)$ 的量纲为长度，称为程函；$k(x,y,z)\phi_1(x,y,z)$ 为相位值；k 为波数，其值为

$$k = \frac{\omega}{c_0}\frac{c_0}{c(x,y,z)} = k_0 n(x,y,z)$$

其中，c_0 为参考点的声速，$n(x,y,z)$ 为折射率。

现引进函数 $\phi(x,y,z)$，使 $k(x,y,z)\phi_1(x,y,z) = k_0 \phi(x,y,z)$，则式（5-44a）变为

$$p(x,y,z,t) = A(x,y,z)\mathrm{e}^{\mathrm{i}(\omega t - k_0 \phi(x,y,z))} \tag{5-44b}$$

由于 k_0 是常数，$\phi(x,y,z)$ 取同一数值时，这些点就组成了形式解 p 的等相位面。一般说来，$\phi(x,y,z)$ 等于常数的面是一空间曲面，在该曲面上，相位值处处相等。程函方程 $\phi(x,y,z)$ 的梯度方程 $\nabla\phi(x,y,z)$ 表示声线方向，它处处与等相位面垂直。

把式（5-44b）代入波动方程，得到

$$\frac{\nabla^2 A}{A} - \left(\frac{\omega}{c_0}\right)^2 (\nabla\phi)^2 + \left(\frac{\omega}{c}\right)^2 - \mathrm{i}\frac{\omega}{c_0}\left(\frac{2\nabla A}{A}\nabla\phi + \nabla^2\phi\right) = 0 \tag{5-45}$$

于是，必有实部和虚部均等于 0，即

$$\frac{\nabla^2 A}{A} - \left(\frac{\omega}{c_0}\right)^2 (\nabla\phi)^2 + k^2 = 0 \tag{5-46}$$

$$\nabla^2\phi + \frac{2\nabla A}{A}\nabla\phi = 0 \tag{5-47}$$

当 $\dfrac{\nabla^2 A}{A} \ll k^2$ 时，式（5-46）和式（5-47）变为

$$\nabla^2\phi = \left(\frac{c_0}{c}\right)^2 = n^2(x,y,z) \tag{5-48}$$

$$\nabla(A^2\nabla\phi) = 0 \tag{5-49}$$

射线声学中,式(5-48)和式(5-49)分别称为程函方程和强度方程,它们是射线声学的两个基本方程。

虽然梯度 $\nabla\phi(x,y,z)$ 能给出声线的传播方向,但它不能提供声线的传播轨迹和传播时间等信息;而 $(\nabla\phi)^2=n^2$ 不仅给出声线方向,还可以导出声线的轨迹和传播时间,因而称其为程函方程。式(5-48)不是程函方程的唯一形式,下面将导出程函方程的其他形式,这些形式都有其各自的用途。

根据程函方程(5-48),可得到

$$n=\sqrt{(\nabla\phi)^2}=\sqrt{\left(\frac{\partial\phi}{\partial x}\right)^2+\left(\frac{\partial\phi}{\partial y}\right)^2+\left(\frac{\partial\phi}{\partial z}\right)^2} \tag{5-50}$$

于是,得到声线的方向余弦为

$$\begin{cases}\cos\alpha=\dfrac{\dfrac{\partial\phi}{\partial x}}{\sqrt{\left(\dfrac{\partial\phi}{\partial x}\right)^2+\left(\dfrac{\partial\phi}{\partial y}\right)^2+\left(\dfrac{\partial\phi}{\partial z}\right)^2}}\\[2ex]\cos\beta=\dfrac{\dfrac{\partial\phi}{\partial y}}{\sqrt{\left(\dfrac{\partial\phi}{\partial x}\right)^2+\left(\dfrac{\partial\phi}{\partial y}\right)^2+\left(\dfrac{\partial\phi}{\partial z}\right)^2}}\\[2ex]\cos\gamma=\dfrac{\dfrac{\partial\phi}{\partial z}}{\sqrt{\left(\dfrac{\partial\phi}{\partial x}\right)^2+\left(\dfrac{\partial\phi}{\partial y}\right)^2+\left(\dfrac{\partial\phi}{\partial z}\right)^2}}\end{cases} \tag{5-51}$$

由式(5-48)可得

$$\begin{cases}\dfrac{\partial\phi}{\partial x}=n\cos\alpha\\[1ex]\dfrac{\partial\phi}{\partial y}=n\cos\beta\\[1ex]\dfrac{\partial\phi}{\partial z}=n\cos\gamma\end{cases} \tag{5-52}$$

式(5-51)或式(5-52)用来确定声线的方向。

另外,由图 5-10 可见,声线的方向余弦等于 $\cos\alpha=\dfrac{\mathrm{d}x}{\mathrm{d}s}$,$\cos\beta=\dfrac{\mathrm{d}y}{\mathrm{d}s}$,$\cos\gamma=\dfrac{\mathrm{d}z}{\mathrm{d}s}$,这里

$ds = \sqrt{(dx)^2 + (dy)^2 + (dz)^2}$ 是声线微元。如再将式（5-52）对 s 求导，可得

$$\frac{d}{ds}\left(\frac{\partial \phi}{\partial x}\right) = \frac{\partial}{\partial x}\left(\frac{\partial \phi}{\partial x}\frac{\partial x}{\partial s} + \frac{\partial \phi}{\partial y}\frac{\partial y}{\partial s} + \frac{\partial \phi}{\partial z}\frac{\partial z}{\partial s}\right)$$
$$= \frac{\partial}{\partial x}\left(n\cos^2\alpha + n\cos^2\beta + n\cos^2\gamma\right)$$
$$= \frac{\partial n}{\partial x} \quad (5\text{-}53)$$

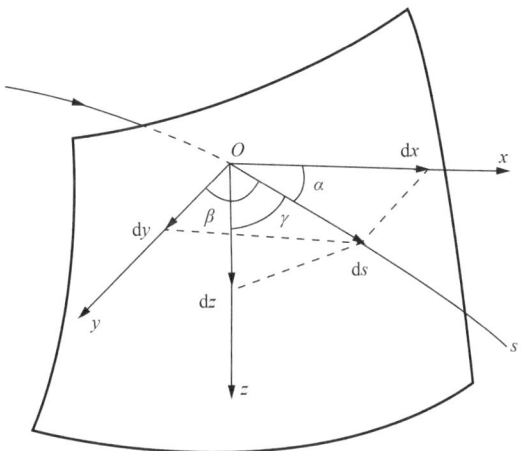

图 5-10 声线方向余弦示意图

经过与上面相类似的推导，得到下列方程组：

$$\begin{cases} \dfrac{d}{ds}(n\cos\alpha) = \dfrac{\partial n}{\partial x} \\ \dfrac{d}{ds}(n\cos\beta) = \dfrac{\partial n}{\partial y} \\ \dfrac{d}{ds}(n\cos\gamma) = \dfrac{\partial n}{\partial z} \end{cases} \quad (5\text{-}54)$$

也可将式（5-54）写成矢量方程的形式：

$$\frac{d}{ds}(\nabla \phi) = \nabla n \quad (5\text{-}55)$$

式（5-51）、式（5-52）或式（5-54）、式（5-55）为程函方程（5-48）的另外两种表达形式。下面举例说明。

首先，讨论声速 c 等于常数的情况，$n = c_0/c = 1$，于是从式（5-54）得到

$$\frac{\mathrm{d}}{\mathrm{d}s}(n\cos\alpha) = 0$$

$$\frac{\mathrm{d}}{\mathrm{d}s}(n\cos\beta) = 0 \tag{5-56}$$

$$\frac{\mathrm{d}}{\mathrm{d}s}(n\cos\gamma) = 0$$

可见，$\cos\alpha$、$\cos\beta$、$\cos\gamma$ 等应为常量，其值与声线的初始状态有关，取为

$$\cos\alpha = \cos\alpha_0$$
$$\cos\beta = \cos\beta_0 \tag{5-57}$$
$$\cos\gamma = \cos\gamma_0$$

式中，α_0、β_0、γ_0 为声线的初始出射方向角。可见，当 c 为常数时，传播中的声线方向角永远等于初始值 α_0、β_0、γ_0，此时声线为一条直线。

其次，讨论声速 c 只与坐标 z 有关且声线位于 xOz 平面内的情况，这时 $c=c(z), n=n(z)$，由式（5-54）给出：

$$\begin{cases} \dfrac{\mathrm{d}}{\mathrm{d}s}\left(\dfrac{c_0}{c}\cos\alpha\right) = 0 \\ \dfrac{\mathrm{d}}{\mathrm{d}s}\left(\dfrac{c_0}{c}\cos\gamma\right) = \dfrac{c_0}{c^2}\dfrac{\mathrm{d}c}{\mathrm{d}z} \end{cases} \tag{5-58}$$

从式（5-58）第一式得 $\cos\alpha / c(z) =$ 常数。当初始值 $c=c_0, \alpha=\alpha_0$ 给定后，比值 $\cos\alpha / c(z)$ 沿声线各点保持不变，即

$$\frac{\cos\alpha}{c(z)} = \frac{\cos\alpha_0}{c_0} \tag{5-59}$$

式（5-59）称为斯涅尔定律，也称折射定律。斯涅尔定律明确规定了声线的走向，它是射线声学的基本定律，在工程中有广泛应用。

现考虑式（5-58）的第二式，由等号左右两边分别求得

$$\frac{\mathrm{d}}{\mathrm{d}s}(n\cos\gamma) = -n\sin\gamma\frac{\mathrm{d}\gamma}{\mathrm{d}s} + \cos^2\gamma\frac{\mathrm{d}n}{\mathrm{d}z} - \frac{c_0}{c^2}\frac{\mathrm{d}c}{\mathrm{d}z}$$

$$= -\frac{n}{c}\frac{\mathrm{d}c}{\mathrm{d}z} = \frac{\mathrm{d}n}{\mathrm{d}z} \tag{5-60}$$

则

$$\frac{\mathrm{d}\gamma}{\mathrm{d}s} = -\frac{\sin\gamma}{n}\frac{\mathrm{d}n}{\mathrm{d}z} = \frac{\sin\gamma}{c}\frac{\mathrm{d}c}{\mathrm{d}z} \tag{5-61}$$

如图 5-11 所示，$\mathrm{d}s$ 为声线微元，$\mathrm{d}\gamma$ 为 $\mathrm{d}s$ 所张角度微元，则 $\mathrm{d}\gamma / \mathrm{d}s$ 为微元 $\mathrm{d}s$ 处的声线

曲率。当 $\dfrac{dc}{dz}>0$ 时（声速正梯度），$d\gamma>0$，$\gamma_2>\gamma_1$，声线 S 弯向图的上方。当 $\dfrac{dc}{dz}<0$ 时（声速负梯度），$d\gamma<0$，$\gamma_2<\gamma_1$，声线 S 弯向图的下方。可见，声线总是弯向声速小的方向。

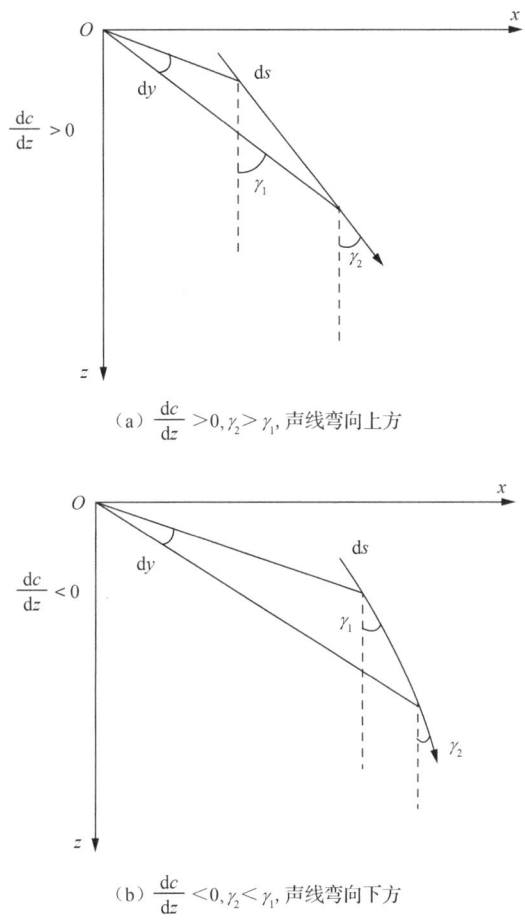

（a）$\dfrac{dc}{dz}>0, \gamma_2>\gamma_1$，声线弯向上方

（b）$\dfrac{dc}{dz}<0, \gamma_2<\gamma_1$，声线弯向下方

图 5-11　声线总是弯向声速小的方向

为了得到 $\phi(x,y,z)$ 的显式，需求解程函方程。仍考虑 xOz 面内的平面问题，且有 $d\gamma>0$，$c=c(z)$，$n=n(z)$。设程函 ϕ 可以由函数 $\phi_1(x)$ 和 $\phi_2(z)$ 的线性叠加得到，即 $\phi(x,z)=\phi_1(x)+\phi_2(z)$，则由式（5-52）可得到

$$\begin{cases}\dfrac{\partial\phi_1(x)}{\partial x}=n(z)\cos\alpha\\[2mm]\dfrac{\partial\phi_2(z)}{\partial z}=n(z)\cos\gamma\end{cases} \quad (5\text{-}62)$$

式中，$\phi_1(x)$ 是 $\phi(x,z)$ 随 x 坐标变化的部分；$\phi_2(z)$ 是 $\phi(x,z)$ 随 z 坐标变化的部分。根据斯涅尔定律，由式（5-62）第一式得到 $n(z)\cos\alpha=\cos\alpha_0$，于是

$$\phi_1(x) = x\cos\alpha_0 + C_1 \tag{5-63}$$

式中，α_0 是声线方向角 α 的初始值，即声线的初始掠射角；C_1 为常数。另外，从斯涅尔定律得到 $n(z)\sin\alpha = \sqrt{n^2 - \cos^2\alpha_0}$，因 $\cos\gamma = \sin\alpha$，把它代入式（5-62）第二式得

$$\phi_2(x) = \int_0^z \sqrt{n^2 - \cos^2\alpha_0}\,\mathrm{d}z + C_2 \tag{5-64}$$

式中，C_2 是积分常数，于是程函方程为

$$\phi(x,z) = x\cos\alpha_0 + \int_0^z \sqrt{n^2 - \cos^2\alpha_0}\,\mathrm{d}z + C \tag{5-65}$$

这里假定声线的起始点位于坐标原点，$C = C_1 + C_2$ 是积分常数。式（5-65）即 $n = n(z)$ 条件下，平面问题的程函方程显式。把 $\phi(x,z)$ 代入形式解式（5-44a）中，便得到射线声学近似下平面问题的声压表示式：

$$p(x,z) = A(x,z)\exp\left(\mathrm{i}\left(\omega t - xk_0\cos\alpha_0 - k_0\sqrt{n^2 - \cos^2\alpha_0}\,\mathrm{d}z\right)\right) \tag{5-66}$$

声强 I 定义为通过垂直于声波传播方向上单位面积的平均声能。简谐波的声强可写成一个周期 T 内声能的平均，即 $I = \frac{1}{T}\int_0^T pu\,\mathrm{d}t$。声能传递方向即为声波传播方向，因而，声强可用指向声波传播方向的矢量 I 来表示。若采用声压的复数表示式，则声强表示为

$$I = \frac{\mathrm{i}}{\omega\rho}\frac{1}{T}\int_0^T p^*\nabla p\,\mathrm{d}t \tag{5-67}$$

式中，p^* 为 p 的复共轭。简单计算，只考虑 I 在 x 方向上的分量 I_x，它正比于 $p^*\frac{\partial p}{\partial x}$。因声压表示为 $p = A\mathrm{e}^{-\mathrm{i}k_0\phi}$，则

$$p^*\frac{\partial p}{\partial x} = A^2\left(\frac{1}{A}\frac{\partial A}{\partial x} - \mathrm{i}k_0\frac{\partial\phi}{\partial x}\right) \tag{5-68}$$

在声压幅值随距离相对变化甚小或在高频条件下，上式中式（5-68）相比是个小量，可忽略不计，于是 I_x 正比于 $A^2\frac{\partial\phi}{\partial x}$。类似地，$I_y \propto A^2\frac{\partial\phi}{\partial y}$，$I_z \propto A^2\frac{\partial\phi}{\partial z}$，于是可得

$$I \propto A^2\nabla\phi \tag{5-69}$$

可见，声强与声压振幅 A 的平方和程函梯度 $\nabla\phi$ 的乘积成正比，且 I 的方向与声线传播方向 $\nabla\phi$ 相一致。前面的讨论中，已得到了强度方程式（5-47），由它可得

$$\nabla(A^2\nabla\phi) = 0$$

由上式可知声强矢量 I 的散度等于 0，即

$$\nabla \cdot I = 0 \tag{5-70}$$

下面应用高斯定理对式（5-70）作进一步的分析。高斯定理将 $\nabla \cdot I$ 的体积分转化为面积分。若把封闭面 S 看作由沿着声线管束的侧面和管束两端的横截面 S_1 和 S_2 组成，如图 5-12 所示，则由于声线管束侧面的法线方向处处与 I 方向相垂直，上式中沿声线管束侧面的面积分应等于 0。

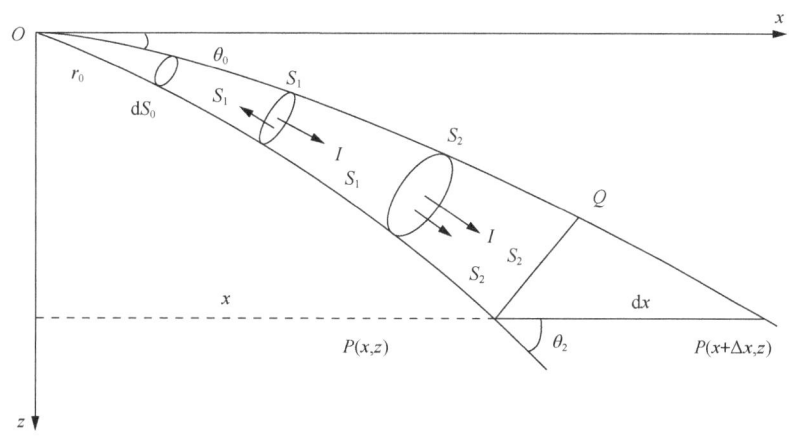

图 5-12　声能沿射线管束传播

由图 5-12 看出，S_1 的法线（外法线方向）与 I 方向相反，而 S_2 法线与 I 方向相同，在声强 I 沿端面 S_1 和 S_2 均匀分布的条件下，式（5-70）便成为 $-I_{S_1}S_1 + I_{S_2}S_2 = 0$，即

$$I_{S_1}S_1 = I_{S_2}S_2 = \cdots = 常数 \tag{5-71}$$

式中，常数由声源的辐射声功率来确定。式（5-71）说明，声能沿声线管束传播，端面大，声能分散，声强值就小，端面小，声能集中，声强值就大，即 I 与 S 成反比。另外，管束侧面上积分为零，表示管束内的声能不会通过侧面与管外有交流，因而总量保持不变，表明它是一个保守量。

式（5-70）表明声强是个保守量，但没有给出声强的大小，下面讨论声强的计算。令 W 表示单位立体角内的辐射声功率，若立体角微元 $\mathrm{d}\Omega$ 所对应的截面积微元为 $\mathrm{d}S$，则声强等于（平面问题）：

$$I(x,z) = \frac{W\mathrm{d}\Omega}{\mathrm{d}S} \tag{5-72}$$

如果声源轴对称于发射声波，考虑掠射角为 α_0 和 $\alpha_0 + \mathrm{d}\alpha_0$ 的两条声线，如图 5-13 所示，令它们绕 z 轴旋转一周，得到一个声线管束，它所张的立体角内微元为 $\mathrm{d}\Omega$，由于对称性，$\mathrm{d}\Omega$ 等于：

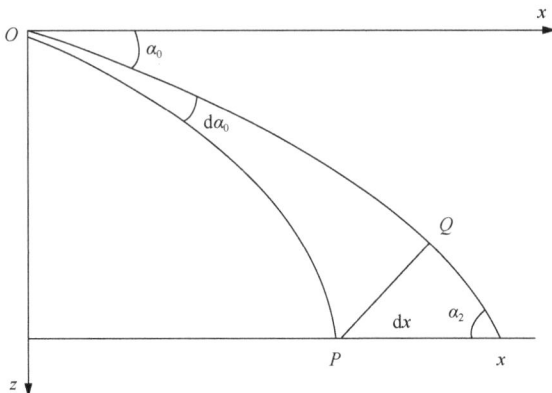

图 5-13 声线的声强图

$$\mathrm{d}\Omega = \frac{\mathrm{d}S_0}{r_0^2} = 2\pi\cos\alpha_0 \mathrm{d}\alpha_0 \tag{5-73}$$

当声线到达观察点 P 处，$\mathrm{d}\Omega$ 所张的垂直于声线的横截面积为

$$\mathrm{d}S = 2\pi x \times \overline{PQ} = 2\pi x \sin\alpha_z \mathrm{d}x \tag{5-74}$$

式中，α_z 为接收点处的声线掠射角；$\mathrm{d}x$ 为初始掠射角从 α_0 增加到 $\alpha_0 + \mathrm{d}\alpha_0$ 时，其水平距离 x 的增量。如果已经知道初始掠射角 α_0 所射出声线的轨迹方程 $x = x(\alpha_0, z)$，则水平距离 x 的增量 $\mathrm{d}x$ 为

$$\mathrm{d}x = \left(\frac{\partial x}{\partial \alpha_0}\right)_{\alpha_0} \mathrm{d}\alpha_0 \tag{5-75}$$

于是，

$$\mathrm{d}S = 2\pi x \sin\alpha_z \left(\frac{\partial x}{\partial \alpha_0}\right)_{\alpha_0} \mathrm{d}\alpha_0 \tag{5-76}$$

把式（5-73）、式（5-76）代入式（5-72）中，得到

$$I(x, z) = \frac{W\cos\alpha_0}{x\left(\dfrac{\partial x}{\partial \alpha_0}\right)_{\alpha_0} \sin\alpha_z} \tag{5-77}$$

考虑到声速梯度 $g < 0$ 时，$\left(\dfrac{\partial x}{\partial \alpha_0}\right) < 0$，它将导致声强 $I(x,z) < 0$，这是不合理的，因此将上式改写为

$$I(x,z) = \frac{W\cos\alpha_0}{x\left|\frac{\partial x}{\partial \alpha_0}\right|_{\alpha_0} \sin\alpha_z} \qquad (5\text{-}78)$$

式（5-63）就是射线声学计算单条声线声强的基本公式，它在水声学中有很多重要应用。

水声学中，有时用 r 表示水平距离，则式（5-78）为

$$I(r,z) = \frac{W\cos\alpha_0}{r\left|\frac{\partial r}{\partial \alpha_0}\right|_{\alpha_0} \sin\alpha_z} \qquad (5\text{-}79)$$

求得声强后，由它可得到声压振幅表示式。若不计入常数因子，则声压幅值等于：

$$A(r,z) = |I|^{\frac{1}{2}} = \sqrt{\frac{W\cos\alpha_0}{r\left|\frac{\partial r}{\partial \alpha_0}\right|_{\alpha_0} \sin\alpha_z}} \qquad (5\text{-}80)$$

综上所述，从强度方程求得射线声场的振幅因子 $A(r,z)$，结合先前从程函方程求得射线声场的程函 $\phi(r,z)$ [平面问题见式（5-65）]，把它们代入形式解 $p(x,z)$ 中，便求得平面问题的射线声场表示式：

$$p(r,z) = A(r,z)\mathrm{e}^{-\mathrm{i}k_0\phi(r,z)} \qquad (5\text{-}81)$$

4. 射线声学的适用条件

程函方程（5-48）是在条件 $\frac{1}{k^2}\frac{\nabla^2 A}{A} \ll 1$ 下导出的，该条件可理解为在可以与声波波长相比拟的距离上，声波振幅的相对变化量远小于 1 且声波波长很短，即高频情况。

在可以与声波波长相比拟的距离上，声波振幅的相对变化量远小于 1 且声波波长很短指的是声波在介质中传播时，若介质的不均匀性变化较为缓慢，即在声波的一个波长范围内，声速的变化很小，那么声波的振幅相对变化也会很小。这是因为声波的传播受介质特性影响，如果介质特性变化缓慢，则声波传播过程中能量损失较小，从而保持了振幅的稳定性。

射线声学是波动声学在高频条件下的近似，它假设声波传播类似于光线，沿直线传播，并且方向性强。高频声波由于波长短，更容易被介质中的小尺度结构所散射和衰减，因此它们通常具有更好的方向性和穿透能力，但同时也更容易在介质中迅速损失能量。Etter[2]在《水声建模与仿真》一书中指出，这里的高频可理解为

$$f > 10\frac{c}{H} \qquad (5\text{-}82)$$

式中，c 为声速；H 为海深。

5. 射线声学在焦散区和影区不适用

在射线声学中，当用式（5-79）计算声强时，可能会遇到 $\left|\dfrac{\partial r}{\partial \alpha_0}\right|=0$，这时 $I\to\infty$，这是不合理的。水声中，称 $I\to\infty$ 为聚焦，射线方法在聚焦区域（焦散区）不适用。

此外，没有直达声线到达的区域称为影区，此时影区的声强为零，这与实际情况不符，所以射线方法在影区也不适用。

射线声学理论方法和波动声学理论方法是处理同一个物理现象的两种重要方法，尽管各有优缺点，但都能对声传播问题作出良好的描述。这就表明这两种方法之间必然存在某种内在联系。深入研究这种内在联系将有助于加深对声传播问题的理解，更好地掌握海洋中的声传播规律，从而使水声技术更好地服务于人类，有兴趣的读者请参考文献[3]。

5.2 海洋中的主要噪声源和噪声谱特性

噪声通常指的是那些不受欢迎且可能引起不快的声音。水下的噪声是指那些在水声通道中存在，并对声呐系统操作造成干扰的声音，这些声音对声呐系统的性能产生了负面影响。

本节将着重探讨三种主要的水下噪声来源，它们对声呐系统的影响各有差异：一方面，海洋环境噪声与目标自噪声构成了声呐系统的主要干扰背景，从而影响系统的正常运行并限制了设备性能；另一方面，目标的辐射噪声不仅暴露了目标自身的位置，对其安全构成威胁，同时它作为自噪声，也对搭载在目标上的声呐系统造成了背景干扰。因此，可以认为，水下噪声对于舰船的安全运行和声呐系统的高效工作都是极其不利的。

不论是在理论研究还是工程应用方面，对水中噪声特性的深入探索，尤其是针对目标辐射噪声的特性研究，都与声呐信号特性的研究具有同等的重要性。因此，减少振动和降低噪声已成为水声科学研究的关键。

5.2.1 噪声的频谱

1. 噪声的随机过程

噪声通常指的是在通信系统中传输信号时引入的一些不需要的信号，它们使接收机信号变差，从而影响通信质量。与一般的信号不同，噪声不能通过一个确定的时间函数来描述，而是通过长时间的观测来得到其统计意义上的变化规律。作为随机过程的噪声，噪声声压值或置于噪声场中的水听器输出端的噪声电压随时间的变化是无规则的，都是随机量，在统计学中，用随机函数来描述这种随机过程。

随机变量是概率论中的一个基本概念，它通过统计方法来描述。一个随机变量的完整描述可能用到整个概率分布，但在某些情况下需关注一些特定的数字特征，这些特征反映了随机变量的某些重要性质。数字特征是由随机变量的分布所确定的，常见的有数学期望（也称为均值）、方差（衡量随机变量偏离均值的程度）、协方差和相关系数（衡量不同随机变量之间的线性关系）。下面以随机量噪声声压 p 为例，给出这些统计量的定义及其特性。设随机量 p 是某一特定时刻 t_1 的噪声声压，$P(p_1 < p < p_1 + \Delta p_1)$ 是随机量 p 取值落在 p_1 和 $p_1 + \Delta p_1$ 之间的概率，则概率密度函数定义为

$$\Phi(p_1, t) = \lim_{\Delta p_1 \to 0} \frac{P(p_1 < p < p_1 + \Delta p_1)}{\Delta p_1} \tag{5-83}$$

Φ 为概率密度，它是全部 $p(t_1)$ 可能的取值中，落在 p_1 和 $p_1 + \Delta p_1$ 之间的总次数与 Δp_1 的比值在 $\Delta p_1 \to 0$ 时的极限。另外，把 Φ 的积分 $P(p_1 < p < p_1 + \Delta p_1, t_1) = \int_{p_1}^{p_1 + \Delta p_1} \Phi(p, t) \mathrm{d}p$ 称为概率分布函数或概率分布。

如果一个随机过程经过时间平移后，其统计特性保持不变，例如，t 时刻的概率密度函数 $\Phi(p_1, t)$ 和 $t + \tau$ 时刻的概率密度函数 $\Phi(p_1, t + \tau)$ 相等，即

$$\Phi(p_1, t) = \Phi(p_1, t + \tau) \tag{5-84}$$

则称这种随机过程为平稳随机过程。由此可以得到结论：平稳随机过程的概率密度函数与时间是无关的，即

$$\Phi(p_1, t) = \Phi(p_1) \tag{5-85}$$

在水声学中，考虑到噪声在短时间内往往是平稳的，为了方便处理，通常把水中噪声视为平稳随机过程。

如果噪声声压的概率密度函数可以表示为

$$\Phi(p) = \frac{1}{\sigma\sqrt{2\pi}} \mathrm{e}^{\frac{(p-a)^2}{2\sigma^2}} \tag{5-86}$$

则称此分布为高斯分布，相应的噪声称为高斯噪声。式中，a 和 σ 分别为随机量 p 的数学期望与方差，它们定义为

$$a = \langle p \rangle = \int_{-\infty}^{\infty} \Phi(p) \mathrm{d}p \tag{5-87a}$$

$$\sigma^2 = \left\langle (p-a)^2 \right\rangle = \int_{-\infty}^{\infty} \Phi(p)(p-a)^2 \mathrm{d}p \tag{5-87b}$$

在水下噪声的研究中，也是为处理上的方便，经常将某些干扰噪声假定为高斯噪声。在噪声分析的领域内，除了概率密度函数、数学期望和方差等基本统计量外，相关函数和功率谱密度也是描述噪声特性的关键工具。根据随机过程的理论，噪声的自相关函数与其功率谱密度函数之间存在一个傅里叶变换的关系。

设 $p(t)$ 是随机量，它的自相关函数被定义为

$$R(\tau) = \lim_{T \to \infty} \frac{1}{2T} \int_{-T}^{T} p(t) p(t-\tau) \mathrm{d}p \tag{5-88}$$

则功率谱密度函数为

$$S(\omega) = \int_{-\infty}^{\infty} R(\tau) \mathrm{e}^{-\mathrm{i}\omega\tau} \mathrm{d}\tau \tag{5-89}$$

如果某种噪声的功率谱在频域上是均匀的，则称这种噪声为白噪声。噪声声压是随机量，不能用确定的数学函数描述，但噪声声压有效值 p 是有明确定义的。噪声声压有效值 p 是从强度出发来定义的，它表示在介质特性阻抗为单位值时平均声强 $\overline{I}$ 的平方根。假设噪声的平均值（数学期望）a 等于 0，介质阻抗为单位值，则它的方差便给出平均声强：

$$\overline{I} = \sigma^2 = \int_{-\infty}^{\infty} p^2 \Phi(p) \mathrm{d}p \tag{5-90}$$

或用时间平均来表示：

$$\overline{I} = \sigma^2 = \lim_{T \to \infty} \frac{1}{T} \int_{-T/2}^{T/2} p^2(t) \mathrm{d}t \tag{5-91}$$

由此得到噪声声压有效值：

$$p_e = \sqrt{\overline{I}} = \sqrt{\lim_{T \to \infty} \frac{1}{T} \int_{-T/2}^{T/2} p^2(t) \mathrm{d}t} \tag{5-92}$$

用式（5-92）计算 p_e 时，测量时间 T 应取得足够长。

2. 噪声的频谱分析

确知信号可以通过傅里叶变换从时域转换到频域，而随机信号的频谱分析通常是基于其功率谱密度。对于确知信号，傅里叶变换是一种常用的分析方法，它可以将信号从时域函数转换为频域上的频谱密度函数，从而揭示信号的频率特性。由于噪声声压是一个随机变量，它与时间的关系不是确定的，这意味着它的瞬时幅值不能预先知道。因此，传统的傅里叶变换不能直接应用于随机信号，因为随机信号在任意给定时间的确切值是不确定的。不过，随

机信号的分析并非不可能,对于宽平稳随机过程来说,其功率谱密度是自相关函数的傅里叶变换。如果该随机信号的自相关函数存在并能用确定的形式表示,那么求出其功率谱是可能的。功率谱密度描述了随机过程在各个频率分量上的平均强度,这是从统计角度对信号强度的频率特性进行的描述。本节所指的噪声频谱分析,就是指对功率谱密度的分析。功率谱密度是一种描述信号平均频率特性的统计量,通过这种分析,可以了解信号在不同频率下的能量分布情况,对于非确定性的噪声信号,也能把握其频率上的行为特征。

信号的频谱可以分为线谱和连续谱两大类。从数学的角度来看,如果一个信号可以用傅里叶级数来表示,那么这个信号的频谱就是线谱。在物理层面,当信号通过图 5-14 所示的测量系统后,如果在离散的频率点上观察到若干明显的谱线,如图 5-15 所示,则该信号被认为是线谱信号。图 5-15 中,$f_1, f_2, \cdots$ 为频率,$I_1, I_2, \cdots$ 和 $P_1, P_2, \cdots$ 为对应频率上的平均功率和声压有效值。线谱通常表现为在频谱图上的离散尖峰,每个尖峰对应着信号中的一个特定频率成分。这种频谱往往与周期信号或准周期信号相关联,因为这类信号由一系列离散的频率分量组成。

图 5-14 频谱测量系统示意图

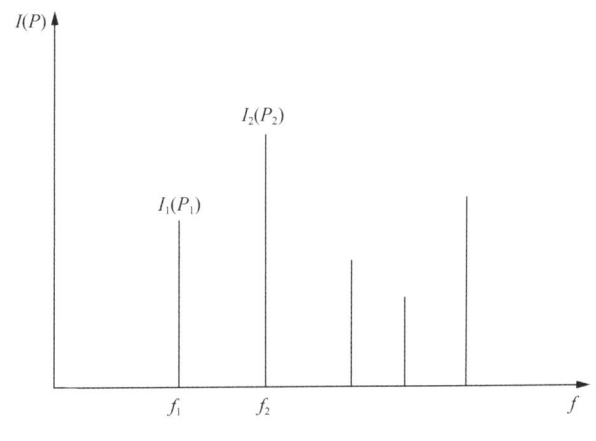

图 5-15 离散频谱图

在实际中,还能遇到另一类信号,它们的频谱分析是用傅里叶变换来表示的,其频谱曲线如图 5-16 所示,频谱曲线是频率的连续函数,则称其为连续谱信号。连续谱表现为在频谱图上连续分布的带宽,没有明显分离的频率尖峰。这通常与非周期信号相关,因为非周期信号包含连续的频率范围。

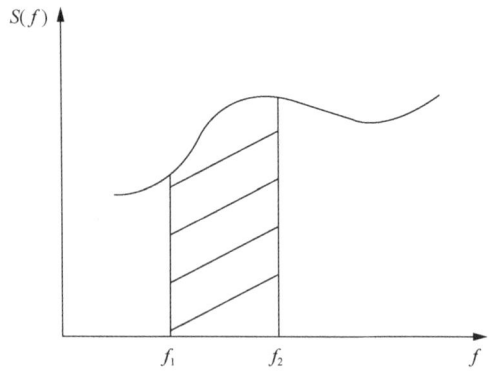

图 5-16　连续频谱图

信号的连续谱线具有如下特性：设在中心频率 $f_1,f_2,\cdots,f_n$ 处取窄带 $\Delta f_1,\Delta f_2,\cdots,\Delta f_n$，相应地测出各频带内的平均声强 $\Delta I_1,\Delta I_2,\cdots,\Delta I_n$，令

$$Z_1=\frac{\Delta I_1}{\Delta f_1},Z_2=\frac{\Delta I_2}{\Delta f_2},\cdots,Z_n=\frac{\Delta I_n}{\Delta f_n} \tag{5-93}$$

式中，$Z_1,Z_2,\cdots,Z_n$ 就是声强的平均频谱密度。通常将 $\Delta f\to 0$ 时的极限称为声强的频谱密度函数 $S(f)$：

$$S(f)=\lim_{\Delta f_n\to 0}\frac{\Delta I_n}{\Delta f_n}=\frac{\mathrm{d}I}{\mathrm{d}f} \tag{5-94}$$

由 $S(f)$ 可画出 $S(f)\sim f$ 曲线，因为存在式（5-94）所示的极限，所以该曲线一定是连续的。实际工作中遇到的瞬态非周期信号的频谱就是这种连续谱。

由式（5-94）可以得到

$$I=\int_{f_1}^{f_2}S(f)\mathrm{d}f \tag{5-95}$$

式中，f_1、f_2 为任取的两个频率；I 为带宽 $\Delta f=f_2-f_1$ 内的总声强。由式（5-95）可知，若 $f_2\to f_1$，则 $I\to 0$，可见连续谱中，某一确定频率分量上的声强贡献是无限小的，但连续谱的频率分量有无限多个，总的累加起来就得到一个有限的声强值。

根据海洋环境噪声级（noise level, NL）的定义 $\mathrm{NL}=10\lg(I_N/I_0)$，这里的 I_N 是水听器工作带宽内的噪声总声强，如在水听器工作带宽内，噪声谱级 $S(f)$ 和水听器响应都是均匀的，则由式（5-95）得

$$I_N=S\Delta f \tag{5-96}$$

式中，Δf 是水听器工作带宽。将式（5-96）代入环境噪声级的定义式，就得到

$$NL = 10\lg\Delta f + 10\lg\frac{S}{I_0} \tag{5-97}$$

以上简要阐述了连续谱与线谱的独特属性。在水下声音环境中,噪声是由众多不同源头混合而成的,并且每个噪声源具有其特定的频率特征。因此,实际的水下噪声可能呈现为线谱或连续谱,更有可能表现为这两种频谱形态的结合体。

3. 水下噪声的指向性特性

海洋环境噪声具有复杂的空间方向性,通常不能简单视为各向同性。海洋环境噪声的各向异性特性对声呐系统的设计和应用有着显著影响。在工程应用中,尽管为处理上的方便有时会假设海洋环境噪声是各向同性的,但实际噪声源的空间分布、不同噪声源的指向性辐射等因素都会使得海洋环境噪声表现出明显的空间指向性。例如,风浪噪声作为海洋环境噪声的一个组成部分,是由海面波动产生的辐射噪声,它主要来自海面,具有一定的垂直指向性,因为其强度和方向受到风速、风向及海面状况的影响;远处航行的船只所产生的噪声来源于特定方向,因此它们在水平面上具有指向性;船只的大小、速度以及航向都会对其噪声的空间分布产生影响。海洋环境噪声的各向异性特性对于理解和预测声学环境非常重要,同时也对提高声呐系统的性能和精确度起着关键作用。深入研究海洋环境噪声的指向性,可以优化声呐设计和信号处理算法,从而提高海洋探测与通信的效率和可靠性。

5.2.2 海洋环境噪声

海洋环境噪声是水声信道中的一种自然干扰背景,对声呐系统的运作产生一定的影响。在声呐方程中,海洋环境噪声通常以 NL 的形式出现,用于描述声呐所在环境的噪声水平。在声呐方程中,NL 是一个重要参数,它表示声呐基阵所处海洋环境中的噪声水平。为了更好地理解和预测环境噪声对声呐系统的影响,研究人员提出了各种建模方法。例如,有研究者提出了一种噪声场时域建模方法,给出了水平分层介质中表面噪声时域声压和质点振速的积分表示,这有助于建立噪声矢量场宽带模型。海洋环境噪声是声呐系统设计和使用中不可忽视的因素。通过深入研究和精确建模,可以提高声呐系统的性能,增强其在复杂海洋环境中的探测能力。

1. 深海中的环境噪声源

近期,海底深水听音设备得到了广泛应用,学者们在 1~100kHz 频段内对深海的声学背景进行了详尽的测量与分析,极大地丰富了对深海声源及其属性的了解。研究揭示了几个关键点:在这一宽广的频率区间内,声源类型繁多,而观测到的环境声场是这些声源影响的总和；环境声场在不同频率区间表现出各异的特征，这暗示着各类声源发声机制的差异性；环境声场与诸如风速等自然环境因素紧密相关，这些自然条件的波动会引起声谱各部分形态的相应变化。由此可见，海洋环境中的声场是众多声源共同作用的产物，而在声谱的不同区域中，某些声源起主导作用，其他声源则起到辅助作用。

海洋潮汐和海面波浪都会在海水中引起静压力变化，这些变化在水声设备接收的信号中表现为低频噪声源。海洋潮汐是由地球与月球以及太阳的引力作用造成的，这种周期性的水平面升降会导致海水静压力的变化。在压力谱中，这通常体现为1或2Hz的频率分量。虽然潮汐引起的压力变化量级很大，但由于其频率远低于水声设备的工作频率，因此不会对声呐等设备的工作造成干扰。海面波浪作为另一种低频干扰源，其引起的海水静压力变化的幅度随着深度的增加而迅速降低。这意味着在深水区域，波浪的影响较小，但在浅海区域，由于深度限制，波浪引起的压力效应可能仍然会传递到海底的水听器上，成为影响设备性能的一个因素。

地球的地壳运动被认为是海洋中低频噪声的一个重要来源。地壳运动是由地球内应力引起的构造运动，不仅能够引起岩石圈的演变，促使大陆、洋底的增生和消亡，还能形成海沟和山脉，并导致地震、火山爆发等自然现象的发生。这些运动在地球表面产生振动，进而传递到海洋中，成为海洋噪声的一部分。特别是微震，作为一种连续的震动形式，具有约1/7Hz的准周期性，可以引起地球表层有10^{-4}cm量级的垂直震动。如将这种扰动假设为正弦形扰动，则它在海中产生的压力p为

$$p = 2\pi f \rho c a \tag{5-98}$$

式中，f是频率；ρ是海水密度；c是海水中声速；a为振幅。若取$f=1/7$Hz，$a=10^{-4}$cm，则算得$p=1$Pa，此结果与在低于1Hz频率上测得的自然噪声的声压级大致相等。由此可以推断，微震扰动或者地壳通常的运动，是非常低频率的海洋噪声主要来源，当然，单次大地震和远处火山爆发等间歇地震源，无疑也是深海低频噪声来源。

海洋中或大或小的无规则随机水流形成的湍流能够以多种方式产生噪声，它们也是海洋环境噪声的组成部分。湍流会使水下设备如水听器、电缆等产生颤动或作响，这种由设备自身振动产生的噪声称为自噪声，它并不属于自然噪声。

在湍流中，运动的流体会引起压力变化，这些压力变化会向外辐射形成声波。在湍流区外，这些声波可以在海水中传播产生噪声。研究表明，这类由湍流引起的噪声可被视为四极子源，并且随距离迅速衰减，其影响范围有限，因此对整体环境噪声的贡献较小。

当压敏水听器位于湍流区内，它可以接收到由湍流引起的动态压力变化。Wenz[4]的研究表明，这些压力变化的大小可以根据湍流尺寸来估算。设海流速度的湍流速度分量为u，则由它产生的动压力为ρu^2，ρ是流体密度。设海流速度为0.5m/s，湍流速度分量为海流速度的5%，则$u=0.025$m/s，相应的湍流动压力等于0.625Pa，达116dB。Wenz[4]进一步推导了

三种不同稳定流速值 $\bar{u}$ 的湍流压力谱的估算，并将结果展示在图 5-17 中。特别地，对于 $\bar{u}=0.02\text{m/s}$ 的环境海洋湍流，所估算的谱与在 1~20Hz 频率范围内观测到的噪声谱相当符合。因此，尽管没有直接的观测数据作为证明，但根据 Wenz 的研究和理论推导，可以推断深海洋流的湍流可能是另一种低频噪声源。

如前所述，海洋表层的波动产生的水压随着深度的增加而迅速衰减至零。然而，当两个逆向传播的行进波在海洋中相遇时，它们可以互相作用形成驻波。这种相互作用产生的水压在各个深度上是均一的，并且不会随深度增加而减弱。此外，由此形成的驻波频率是其构成海浪频率的两倍。这一现象经过了多次实验证明，Marsh[5]的研究进一步表明，从该理论推导出的噪声水平与在浅水和深水环境中观测到的数据高度吻合。鉴于这一发现，并考虑到 Kuo[6]在预测噪声场方向性方面的理论研究较为成功，可以推断，此类波浪非线性相互作用极有可能是海洋波浪产生低频噪声的关键机制之一。

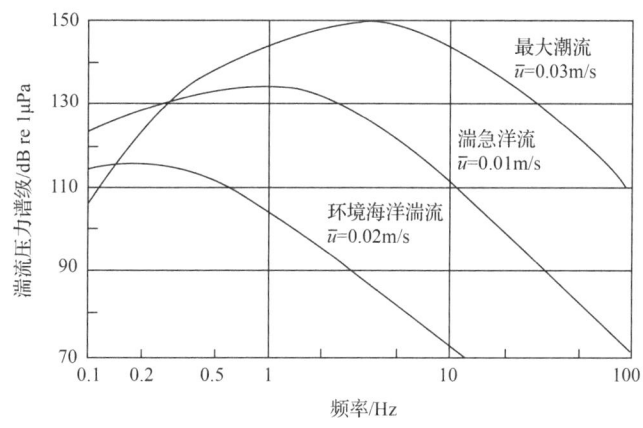

图 5-17 Wenz[4]理论推导的海洋湍流产生的压力

在 50~500Hz 的十倍频率范围内，远处航行中的船只是主要的噪声源。大量测量结果表明：在上述频率范围内，自然噪声与风和天气无关，且噪声来自水平方向。这说明在这个特定的频率范围，噪声源不是本地的气象条件，而是远处的水平方向上的某个持续性噪声源；在 50~500Hz 范围内，船只密集海区的自然噪声量级高于船只稀少海区的测量值。这表明噪声量级与船只密度有关，即船只的数量对噪声级别有直接影响；在 50~500Hz 频段，观测到的自然噪声谱中的突起或高的平坦部分与船舶的辐射噪声谱的极大值相当符合。这进一步证实了船舶是这个频段内的主要噪声源，并且船舶的噪声特征在自然噪声谱中有明显的体现。

以上结果可以表明，频率在 50~500Hz 十倍频率范围内，远处航行中的船只是主要的噪声源，这些船只离水听器可能有数十公里，甚至上百公里。

海洋表面的粗糙度是导致较高频率自然噪声的关键因素。研究测量发现，在 500~25000Hz 的频率区间内，自然产生的噪声水平与海况条件紧密相关，并且这些噪声水平与水下听音设备所在位置的风力强度有直接的联系。

尽管已知粗糙的海面是噪声的一个源头，其具体产生机制至今尚未被充分揭示。举例来说，在出现破碎浪和飞溅浪花的海况中，水下噪声的产生是不可避免的。但是，当海况从风平浪静（0级）转变为轻微波动（2级）时，并没有出现白浪和浪花，尽管如此，环境噪声水平却显著上升。这种现象表明，除了白浪和浪花之外，可能还有其他未被识别的噪声生成过程在起作用。

在理论研究中，Mellen[7]于1952年提出，水听器在高频下的灵敏度受到海洋中分子热噪声的限制。他假设，海洋这一巨大体系中的微观自由度与缩小版的模型中的自由度相同，每个自由度携带的能量平均为 kT（其中 k 代表玻尔兹曼常数，T 代表温度）。基于这些假设，Mellen推导出了水中分子热噪声对应的等效平面波压力，它在指向性指数为DI、效率为 E（用分贝表示）的水听器上产生的等效热噪声谱级为

$$NL = -15 + 20\lg f - DI - 10\lg E \tag{5-99}$$

式中，f 是频率，kHz，此噪声以 6dB/oct 的斜率随频率增加。

2. 自然噪声的间歇源及自然噪声的变化特性

海洋中的自然噪声源，除了以上已经提到的那些，还有一类被称为间歇源的噪声源，它们是一种暂时存在的噪声源，如能发声的海洋生物、降雨等。另外，噪声源和声传播条件的多变性，导致了自然噪声的易变性。

海洋中能发声的生物大体分成三类，即甲壳类、鱼类和海生哺乳类。甲壳类中，多种虾和蟹能够通过撞击、摩擦自己的钳子和触角发出声音。例如，螯虾会通过相互碰击它们的身体部位（如螯）来产生噪声，这些噪声的频率通常为500~2000Hz；某些鱼类，比如石首鱼，可以通过激振鱼鳔或摩擦鳍和牙齿来发声，石首鱼生活在切萨皮克湾和美国东岸海域，它们发出的间断性噪声类似于啄木鸟啄击树木的声音；海生哺乳类中，鲸和海豚等海生哺乳动物则利用喉管喷气来产生噪声，特别是海豚，它们还能够在不同的生活环境下发出频率变化的啸声，这种能力对它们之间的沟通和定位非常重要。

降雨会显著提高自然噪声级，其增加的程度与多个因素有关，包括降雨率、降雨面积、风速以及海况等级。首先，降雨率对噪声级的增加有直接影响。在较高的降雨率下，比如暴雨时，在5~10kHz频段内，噪声谱级可以增加近30dB。即使在较低海况，如2级海况条件下的平稳降雨，在19.5kHz频段上，噪声级也可以提高10dB，达到6级海况的值。Heindsmann等[8]对降雨噪声进行了实际测量，图5-18就是他们在长岛海峡东端海深为36m海域测得的降雨自然噪声谱，虚线是和测量数据的风速相应且无雨时的噪声谱。由图可以看到，在1~10000Hz频段，暴雨的噪声谱近于自然噪声，而在10000Hz处，暴雨下的噪声级超过无雨时18dB。其次，风速也是影响噪声级的重要因素。风速与风成噪声级之间存在对数关系。一些研究提出了噪声模型来计算风成噪声级，并且分析了风速与距台风的距离的关系，提出了本地风速模型。Franz[9]由空气中单个水滴降落至水面产生的噪声的理论和实验研究结果，推导了以海中可能发生的降雨率为参数的雨噪声谱的估计值，结果示于图5-19，虚线是风力2级

且无雨时的深海噪声谱。显然，这些理论值和图 5-17 所示的测量值是大致相符的，谱线形状也较相似。此外，海况等级也会影响噪声水平。例如，在无雨的情况下，高频段的噪声谱级与风速的相关系数可以达到 0.59，而在有降雨的情况下，高频段的噪声谱级与降雨率的相关系数可以达到 0.85。强降雨可使高频段环境噪声谱级增大 6dB 以上。综上所述，降雨通过增加环境噪声级别而改变海洋声学环境，这对海洋生物和人类的海洋活动都有潜在影响。

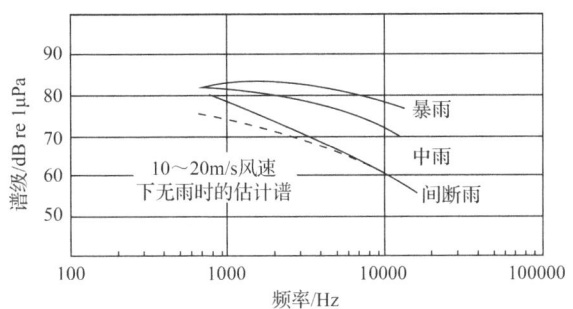

图 5-18 长岛海峡观测到的雨噪声谱

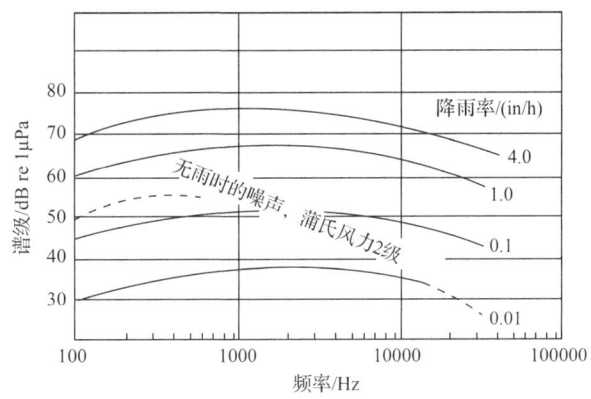

图 5-19 不同降雨率的雨噪声理论谱

经过实地测量发现，自然噪声的波动性显著，与众多水声特性相似。这种波动性通常与噪声源的变化有关，诸如风力、降雨以及船只交通等要素均处于持续变动之中。此外，声波传播条件的变动亦对远处噪声源发出的声波产生影响，进而导致噪声强度的改变。

3. 海洋环境噪声的振幅分布与空间的关系

海洋环境噪声的每个噪声源都可以视为一个随机变量，它们的总和即海洋环境噪声。根据中心极限定理，如果噪声源数量 N 足够大，那么海洋环境噪声的振幅分布应当接近高斯分布。然而，当水听器置于近海面时，由于噪声源数量 N 不够大，自然噪声分布会比高斯型尖，也就是说它的分布尾部比高斯分布更重，表现出更多的极端值。

至于海洋环境噪声的平稳性，它在短时间内可认为是平稳的，意味着其统计特性（如均值、方差和自相关函数）在短时间内是常数。但在较长时间内，由于环境的变化，噪声可能是非平稳的，其统计特性会随时间变化。

因此，海洋环境噪声的振幅分布在一般深度上符合高斯型，这是大量独立的噪声源叠加的结果，而在近海面处噪声源数量有限，导致分布偏离高斯型。同时，海洋环境噪声的平稳性与其被观察的时间尺度有关。

声音的空间相关性是衡量噪声属性的另一种统计指标，它在声呐系统接收阵列的设计中扮演了关键角色。为了有效减少环境噪声的影响，设计接收阵列时，阵列元素的间隔应该超过环境噪声的空间相关距离，这样做可以提升阵列输出端的信号与噪声的比例。

空间噪声相关性描述的是处于海中不同位置的水听器所接收到的噪声之间，在时间上进行平均的乘积关系。容易证明，两个相距为 d 的各向同性单频噪声的相关系数为

$$\rho(d) = (\sin kd)/(kd) \tag{5-100}$$

式中，k 是波数。

Cron 等[10]假设噪声源分布在无限平面上，每个源的指向性为 $\cos^m \theta$，在此条件下研究了噪声场的相关系数。$m=2$ 时的结果示于图 5-20 中，见图中的粗实线。细实线表示单频各向同性噪声空间相关系数。由图可以看出：①无论水平方向还是垂直方向，相关系数随间距 d 做衰减振荡，曲线和各向同性的单频噪声场具有相同的形状；②水平方向和垂直方向上，相关系数的首个零点分别位于 d/λ 为 0.8 和 0.9 附近；③克罗恩和谢尔曼用海底垂直阵在 400~1000Hz 频段内测量到的噪声相关性与 $m=2$ 时的理论值非常一致，这就说明，海面粗糙度形成的噪声场具有近于 $\cos^2 \theta$ 的指向特性。

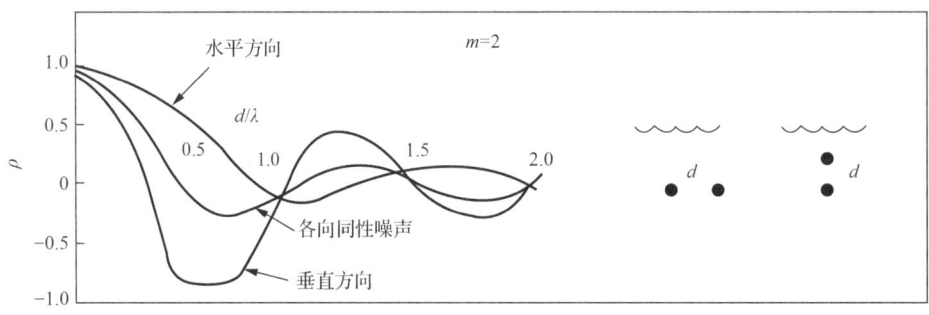

图 5-20 单频噪声空间相关系数

当对两个分离的水听器输出的信号进行相关性分析时，相关峰的延迟位置揭示了信号到达两个水听器的时间差异，而相关峰的幅度和形状则反映了这两个信号之间的相关性。Urick[11]在百慕大群岛附近的深海进行了实验，将水听器以不同的垂直距离放置在海底。通过对水听器的输出信号进行相关性分析，他获得了表示深海环境噪声相关峰随海风速度和水听器垂直距离变化的曲线，如图 5-21 所示。水平轴代表相对时延，上方水听器相对于下方水听器的时延定义为正值。从图中可以观察到，在风速较低的情况下（图的左侧），相关图在零时延处显示出明显的相关峰，即使增加水听器之间的距离，相关峰依然存在且紧靠零时延附近，这

表明信号几乎是同时抵达的。而在风速较高的情况下（图的右侧），随着水听器间距的增加，相关峰减小（表明相关性减弱），并向右侧移动，时延随之增加，这意味着信号是依次到达的。这些发现说明：在低风速条件下，噪声源主要是远处的船舶和风暴，噪声沿水平方向传播至水听器，因此几乎没有时延；而在高风速条件下，海面噪声变成了主要的噪声源，由于噪声来自海面，它不会同时到达垂直分布的水听器，因此时延不为零，并且随着水听器间距的增加，时延也会增加，相关图的峰值减小，这表明随着水听器间距的增加，相关性逐渐减弱。

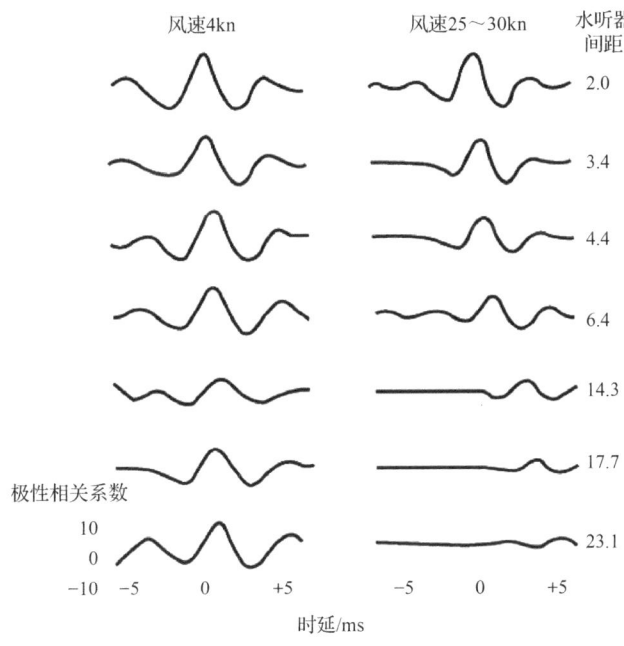

图 5-21　200～400Hz 频程内自然噪声的时延相关图

4. 浅海环境噪声平均功率谱预报经验公式

由于海洋环境的复杂性，难以用精确的数学模型来预测环境噪声，海洋环境噪声的预测依赖于大量的实测数据和经验公式。

浅海环境噪声主要由行船及工业噪声、风成噪声和生物噪声等混合而成，并且这种混合情况会随着时间和地点变化。由于环境噪声的这种时空变化性，难以用一个"全能"的数学模型来精确描述它，很多情况下是根据实测环境噪声，归纳总结经验公式来近似地描述它。以下是浅海环境噪声平均功率谱 $S(f)$ 的经验公式。

一级风：$S(f) = -14.2 \lg f + 96.3 \text{dB}$

二级风：$S(f) = -14.4 \lg f + 97.8 \text{dB}$

三级风：$S(f) = -13.1 \lg f + 98.3 \text{dB}$

四级风：$S(f) = -13.1 \lg f + 100.6 \text{dB}$ (5-101a)

五级风：$S(f) = -12.8 \lg f + 103.1 \text{dB}$

六级风：$S(f) = -13.0 \lg f + 107.2 \text{dB}$

七级风：$S(f) = -14.4 \lg f + 114.9 \text{dB}$

式（5-101a）给出了以风速为参数的环境噪声谱级经验预报公式，根据大量的实验数据，Piggott[12]研究总结出了以风速和频率为自变量的浅海环境噪声谱级预报公式：

$$L(f,u) = A(f) + 20n(f) \lg u \quad (5\text{-}101\text{b})$$

式中，$L(f,u)$ 是噪声谱级（dB re 1μbar）；f 为噪声频率（Hz）；u 为风遮（m/h）；A 和 n 为由频率、季节、传播条件等因素决定的系数。还有一种浅海噪声谱级经验公式是用海况表示的，其形式为

$$LL(f) = 10 \lg f^{-1.7} + 6SS + 55 \quad (5\text{-}101\text{c})$$

式中，LL 为噪声谱级；SS 为海况等级。

5.3 海洋中波导传播特性以及声传播特性分析方法

5.3.1 海洋中波导传播特性

1. 深海海洋传播

深海海洋传播的主要特征是存在一种声速剖面，它能使声线向上折射。这种声速剖面可以实现远程传播，这是因为海底没有显著的影响。因此，重要的声线路径是折射-折射路径或折射-海面反射路径。已经发现，深度超过2000m的所有海洋都是典型的深海环境。

首先讨论深海中一个特有的声场图案，把一个点源放在平滑的理想反射海面的附近，讨论的图案就是这一点源产生的声波干涉图案。其几何示意图如图5-22所示，图中 S 表示声源位置，深度为 z_s，海面 $z=0$，对于声场中任一点 $P(r,z)$，连接声源和接收器的可能声路径只有两条，即直达路径 SP 和海面反射路径 SAP。假定在海面处是镜反射，那么反射路径就好像是从虚源 S' 开始的。因此，在 $P(r,z)$ 处的总声场可以简单地写成这两个点源的贡献之和：

$$P(r,z) = \frac{e^{ikR_1}}{R_1} - \frac{e^{ikR_2}}{R_2} \quad (5\text{-}102)$$

式中，$k = 2\pi/\lambda$ 为声波波数，且有

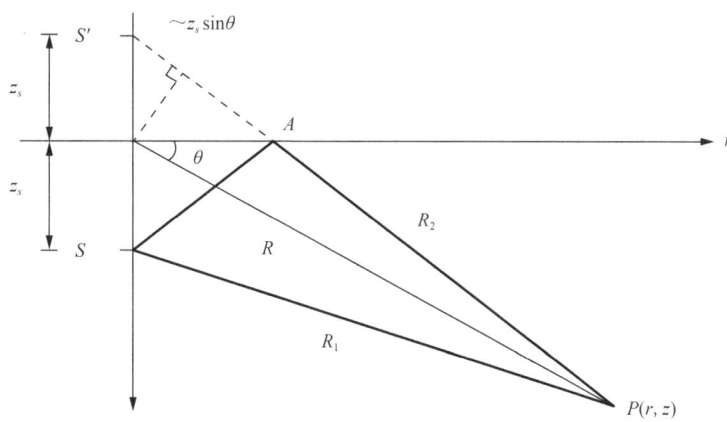

图 5-22 海面虚源求解法的几何示意图

$$R_1 = \sqrt{r^2 + (z-z_s)^2}$$
$$R_2 = \sqrt{r^2 + (z+z_s)^2} \quad (5\text{-}103)$$

式（5-102）中的负号是为了满足海面的压力释放边界条件（$p=0$）。注意声源级已归一化在距声源 1m 处的单位幅度。

式（5-102）代表一种非常复杂的干涉图案。假定相对原点的距离 R 远大于声源深度 z_s，由此可以导出一个简化的图案表达式。用 θ 表示倾角，当 $R \gg z_s$ 时，距离 R_1 和 R_2 可近似表示为

$$R_1 \simeq R - z_s \sin\theta$$
$$R_2 \simeq R + z_s \sin\theta \quad (5\text{-}104)$$

式（5-105）进一步假定式（5-102）两项分母中的距离可简单地用斜距 R 代替（因为幅度随距离衰变很慢），则有

$$p(r,z) \simeq \frac{1}{R}\left(e^{ik(R-z_s\sin\theta)} - e^{ik(R+z_s\sin\theta)}\right) = \frac{e^{ikR}}{R}\left(e^{-ikz_s\sin\theta} - e^{ikz_s\sin\theta}\right) \quad (5\text{-}105)$$

然后用三角函数代替两个指数函数，即得

$$p(r,z) = -\frac{2i}{R}\sin(kz_s\sin\theta)e^{ikR} \quad (5\text{-}106)$$

这意味着幅度变化取如下简单的形式：

$$|p| = \frac{2}{R}|\sin(kz_s\sin\theta)| \quad (5\text{-}107)$$

由自由空间中的点源得到球面扩展波,且有 $|p|=1/R$。可以看出,反射海面的存在使得声压具有极大值和极小值的指向图案,声压的极大值、极小值分别为

$$|p|_{\max} = \frac{2}{R}, \quad 当 \sin\theta = (2m-1)\frac{\pi}{2kz_s}, \quad m=1,2,\cdots \quad (5\text{-}108)$$

$$|p|_{\min} = 0, \quad 当 \sin\theta = (m-1)\frac{\pi}{kz_s}, \quad m=1,2,\cdots \quad (5\text{-}109)$$

这就是经典的海面虚源干涉图案即洛埃镜干涉图案。注意声压最大值是单个声源声压的两倍(相长干涉),而声压最小值为0(相消干涉)。洛埃镜波束数 M 是有限的,它可通过式(5-108)满足下式来确定:

$$(2M-1)\frac{\pi}{2kz_s} \leq 1$$
$$M = \text{int}\left\{\frac{2z_s}{\lambda} + 0.5\right\} \quad (5\text{-}110)$$

式中,λ 是波长。因此,波束数正比于声源到海面的以波长为单位的距离。

在水声学中,给定深度 z 处的声压与距离的关系具有重要意义。将 $\sin\theta = z_r/R$ 代入式(5-107),即得

$$|p| = \frac{2}{\sqrt{r^2+z_r^2}} \left| \sin\frac{kz_s z_r}{\sqrt{r^2+z_r^2}} \right| \quad (5\text{-}111)$$

它仍是声压幅度随距离变化交替出现极大值和极小值的表达式。但在远距离上 ($r \gg z_r$,$\sin\theta \simeq \theta$),上述表达式简化为

$$|p| \simeq \frac{2kz_s z_r}{r^2} \quad (5\text{-}112)$$

这表明声场最终变成单调衰减。声压幅度衰减正比于 r^{-2},相当于传播损失为

$$\text{TL} = 40\lg r \quad (5\text{-}113)$$

它是球面扩展损失的两倍。应当指出,式(5-113)给出的声场的强衰减完全是由干涉效应引起的。

会聚区传播,其得名于靠近海面的声音源头发出的声波形成波束,此波束沿深海的折射途径进行传播,并在离声音源头几十公里的地方再次浮现在水面附近,形成一个高声强的区域(也称作集中区域或焦点区域)。这样的现象会在增加的传播距离上周期性地出现。高声强区之间的距离称为会聚区距离。

会聚区传播的重要性在于它能够在长距离上以高能量和低失真度传递声音信号。关于会

聚区传播的最初研究可追溯至20世纪60年代初，Hale[13]在其报告中描述了大约750km的传播实验结果，这些结果显示出以大约55km为周期出现的13个集中区域。Hale进一步深入探讨了形成集中区域所需的环境条件，并利用声音射线理论对集中区域的结构进行了解释。

2. 浅海海洋传播

浅海传播环境中，声速剖面通常呈现为向下折射或是近似等声速的特征，这种环境下远程传播主要依靠海底的反射路径。换言之，在这种环境中，声波的传播路径主要包括"折射-海底反射"和"海面反射-海底反射"。典型的浅海环境如大陆架水深一般小于200m。

在浅海声学研究中，尽管已进行了大量的理论和实验研究，但现有的理论知识和测量数据不足以定量地了解浅海环境。由于浅海环境中的海面、海水和海底的特性都随空间变化且随时间变化，人类对这些海洋学参数的了解还不够详细和精确，因此难以进行有效的远程预报。

图5-23给出了100m深的浅海声道的声线图。典型的声速剖面呈现出一个由暖表面层引起的负梯度分布。这意味着从声源发出的声线会向下折射，并且多次与海底发生作用。海底是一个有损耗的界面，这导致了在低频和中频（小于1kHz）下，传播损失主要是由海底反射造成的；而在高频下，散失损失成为主导因素。声速结构随季节变化显著，冬季时接近等速结构，使得海底的影响较夏季小，从而通常认为冬季的传播条件优于夏季。

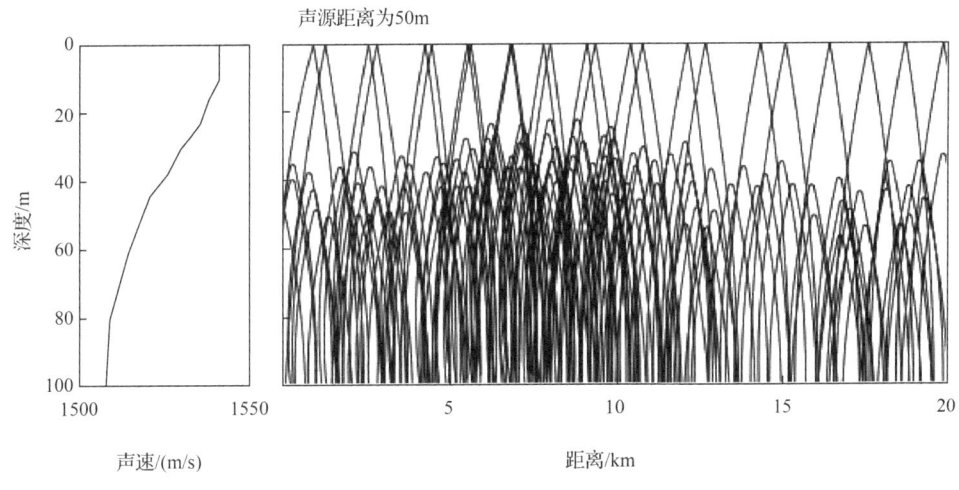

图5-23 地中海夏季的浅海传播

声源位于中间深度（50m）时，声线图表明，所有传播路径都与海底发生作用，因此远程传播主要受海底损失影响。

3. 与距离有关的环境

通常，为了便于研究，将海洋声学环境视为在水平方向上分层的结构。这种假设意味着声速剖面、海深以及海底的构成等关键参数并不会随传播距离的改变而变化。然而，这仅是一种简化模型，海洋实际环境的水平差异总是存在的。实际上，即使是沿着传播路径与距离相关的微小水平变动，也可能对声场的模式产生显著的影响。

5.3.2 声速剖面分析

声速剖面是指某一位置处声速随深度变化的水层切面，表示声速与深度的函数关系[14]。

1. 声速剖面测量技术

声速剖面测量技术主要可分为两大类：直接测量声速的声速剖面仪和间接测量声速的温盐深剖面仪[15]。

直接测量声速的声速剖面仪通常采用脉冲时间法和脉冲循环法来获取不同深度的声速数据。这些仪器需要测量声波通过一个固定距离的时间。脉冲时间法只需要记录单次接收的时间，而脉冲循环法则记录多次接收的时间。声速剖面仪主要由换能器、计算机控制单元、时序控制单元、数据存储单元和传感器单元等组成。根据连接方式的不同，声速剖面仪又可以分为拖缆式和自容式[16]。

间接测量声速的温盐深剖面仪则通过测量水的导电性、温度和深度来计算声速。这种方法通常需要配合使用多种传感器来获取相关物理参数，然后基于这些参数计算声速。温盐深剖面仪可以更细致地反映水体中的声速变化，因为声速在水中不仅受温度影响，还受到盐度和压力（深度）的影响。

在实际海洋调查中，为了获得更准确的声速分布，通常会结合使用这两种方法。例如，可以使用自容式测量设备获取大范围的声速剖面数据，同时辅以温盐深剖面仪获取更详细的数据。这样的组合可以提供更全面和精确的声速分布信息，为多波束地形测量等其他海洋学研究提供重要的数据校正基础。

此外，还有一些先进的技术和方法被用于声速剖面的重构和仿真，如利用经验正交函数算法重构全海深声速剖面，以及利用再分析数据进行的声速剖面仿真验证。

各种声速剖面仪由于连接方式的不同，其性能也有差异。例如，拖曳式声速仪能够实现声速的即时测量，然而，它的应用在深海环境中受到缆绳长度的限制，难以满足深水区域的测量需求。另外，自容式声速仪虽能适用于深海环境的声速数据收集，但缺乏即时性。

温盐深剖面仪是一种用于海洋和其他水体调查的重要设备，它通过测量水中的电导率、温度和深度来获取水文数据。这些数据对于了解水体的物理化学性质、水层结构以及水团运动状况至关重要。在温盐深剖面仪中，温度传感器、电导率传感器和压力传感器是水文要素测量的关键部件。其中，温度传感器通常采用热敏电阻或铂电阻来测量水温；电导率传感器用于测量水的电导率，进而计算出盐度，类型主要有感应式和电极式；压力传感器用于测定水压，并据此计算得到水的深度，类型包括应变式和硅阻式。

国内温盐深剖面仪研制虽然起步较晚，但发展迅速，尽管如此，仍面临创新能力不足的挑战。在市场中，欧美产品占据了主导地位，尤其是美国海鸟公司的 SBE911Plus 和德国 SST 公司的温盐深剖面仪 CTD 90M 这两款产品，它们在市场上具有较强的代表性。目前，间接法测量声速剖面的设备不仅仅局限于温盐深剖面仪，只要携带测量温盐深的传感器，均可进行声速剖面的测量，主要包括 Argo 浮标、自主式水下机器人、水下滑翔机等海洋观测平台[17]。Argo 浮标搭载浮标专用的温盐深剖面仪；自主式水下机器人是一个智能化程度较高的水文要素探测装备；水下滑翔机是一个将浮标技术、潜标技术和自主式水下机器人融合的设备。温盐深剖面仪产品正在朝低功耗、模块化、智能化等方向发展，但由于间接测量法测量的物理量较多，计算得到的声速剖面误差较大，精度较低。

2. 声速剖面的应用

在执行海洋勘探活动时，众多海洋探测设备主要借助超声波技术来开展工作，而超声波在传播过程中的速度直接关系到探测结果的准确性。在某一海域中，声速测量的准确度将会直接影响超声波测深仪、声呐的性能，如单波束测深仪、多波束测深仪、海底地貌仪等。在海水中尽管声速变化相对较小，但是在对远距离进行探测的过程中，不断积累的声速误差将会使探测精度越来越差。因此，海水中声速是进行超声波定位与探测、环境监测和资源勘探等一系列活动的重要参数。

声速剖面的测量不仅在民用方面有诸多应用，对武器装备等军用设备的影响也较大。在不同的区域和深度，鱼雷和潜艇的作战效果千差万别。负梯度变化的声速剖面将会使鱼雷反舰失效、自导距离缩短、跟踪目标不连续等；声速剖面达到负向最大时，将会使潜艇声呐的探测距离最小，出现短时的"失明"。

精确实时的声速剖面数据能够快速、有效地为超声波测深仪、声呐等水声设备校正测量误差。通过对多波束测深仪进行声线修正，可以获得准确的水深数据。通过声速剖面的获得，可以预先估计鱼雷的作用距离和潜艇声呐的探测距离，为军事作战、装备试验、演习训练等提供良好的保障。

5.3.3 射线追踪法

射线追踪法，也称为声线追踪法，是一种基于几何方法的声音传播模拟技术，它源于图形渲染领域的路径追踪技术。射线追踪法与计算机图形学中的射线追踪法不同，射线追踪法更注重于模拟声波在环境中如何传播以及如何到达接收点的过程。这种技术可以用于室内和室外环境的传播建模，并结合计算机图形与实景图像或建筑图纸来构建环境的三维几何模型，以实现更准确的模拟效果。

在给定参数的环境下（如材料吸声系数、空间的形状等），射线追踪法利用几何光学的原理来模拟声音的传播路径，包括直射、反射、衍射和漫反射等多种路径。通过考虑环境中物体的位置及其声波特性来确定每个传播路径的强度。尽管在多数情况下，直射和反射是接收信号的主要组成部分，但在一些特定区域，如靠近散射表面或当直射路径被遮挡时，衍射和漫反射可能占据主导地位。每根声线因反射不断地失去能量，并按照反射原理重新确定新的传播方向。声线能否到达接收点的一个重要判断依据是能量的衰减量是否已达到设定的衰减阈值。射线追踪法的整体流程图如图 5-24 所示，该方法可应用于三维空间中室内外声源对声场分布的计算。

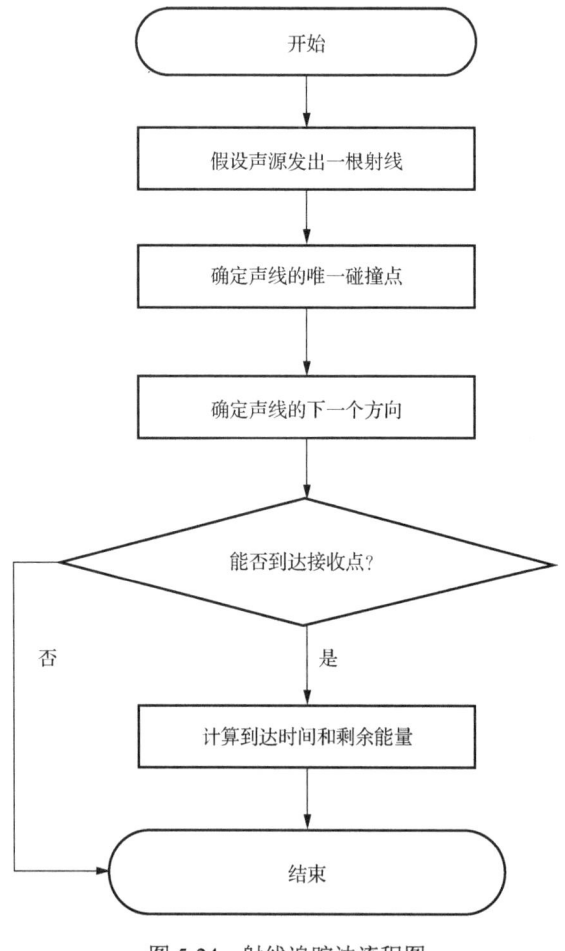

图 5-24 射线追踪法流程图

此外，还需考虑射线何时终止。目前，计算射线衰减程度的方法是假定每根射线都携带能量信息，每当射线发生反射时，便根据发生反射的表面的材质来计算射线能量的衰减程度，这种方法比较常用。Schissler等[18]提出快速的后向传播方法用于多声源场景,但是后向声源不支持理想点源。

5.3.4 声传播损失模型

海洋环境呈现非均质的特性,当声波在其中传递时,其声强会因扩散距离的增长而逐步下降。这种在传输途中声波能量的递减,源于多种原因[19],可以归纳为下列三个方面。

第一,扩展损失。这是由于声波在传播过程中,其波阵面不断扩大而导致的声强下降。因为波阵面的扩大,单位面积上的能量分布减少,导致声强降低。这种现象也被称为几何衰减。

第二,吸收损失。当声波在非均匀介质中传播时,会因为介质的黏性、热传导以及介质中盐分的弛豫过程而造成能量损耗。这些物理现象导致声波的能量转化为其他形式,如热能,从而减少了声强。因此,这种衰减也称为物理衰减。

第三,散射损失。复杂的介质(例如海洋)中,存在许多大小不一的颗粒物,如沙粒、气泡和浮游生物,以及介质本身的不均匀性,这些都会导致声波发生散射。散射使得声波的传播方向发生改变,从而影响了声强的分布。此外,海水与空气的界面也会对声波产生散射作用,进而引起声强衰减。虽然散射导致的声强损失通常较小,但在某些情况下,其影响不容忽视。在实际计算总的传播衰减损失时,通常将扩展损失和吸收损失合并考虑,而散射损失因其相对较小,往往被忽略。

水声学中,度量声波传播衰减的物理量是传播损失TL,它定义为

$$\text{TL} = 10\lg\frac{I(1)}{I(r)} \tag{5-114}$$

式中,$I(1)$、$I(r)$分别是离声源等效声中心1m和r处的声强。根据以上叙述可知,传播损失TL应由扩展损失和吸收损失两部分组成,即传播损失TL=扩展损失TL_1+吸收损失TL_2。

1. **声传播的扩展损失**

在理想介质中,沿r方向传播的简谐平面波声压可写成

$$p = p_0 \exp(\mathrm{i}(\omega t - kr)) \tag{5-115}$$

式中,p为平面波声压,它不随距离r而变。

平面波声强与p^2成正比,且不随r变化,所以,$I(1)=I(r)$。这里,$I(1)$是离声源等效声中心1m处的声强;$I(r)$是离声源等效声中心r处的声强。根据传播损失的定义,TL_1表示为

$$\mathrm{TL}_1 = 10\lg\frac{I(1)}{I(r)} = 0 \tag{5-116}$$

这是由于平面波波阵面不随距离扩展,因而不存在波阵面扩展所引起的扩展损失 TL_1。

对于沿矢径 r 方向传播的简谐均匀球面波,其声压可表示为

$$p = \frac{p_0}{r}\exp\left(\mathrm{i}(\omega t - kr)\right) \tag{5-117}$$

式中,p_0/r 为球面波声压幅值,因 p 与距离 r 成反比,所以声强 $I(r)$ 与 r^2 成反比,由此得球面波的扩展损失等于:

$$\mathrm{TL}_1 = 10\lg\frac{I(1)}{I(r)} = 20\lg r \tag{5-118}$$

柱面波的声强与传播距离成反比,其传播扩展损失表示为

$$\mathrm{TL}_1 = 10\lg\frac{I(1)}{I(r)} = 10\lg r \tag{5-119}$$

式中,r 为声波在柱的径向传播距离。

为方便计算,习惯上把扩展引起的扩展损失 TL_1 写成

$$\mathrm{TL}_1 = n10\lg r \tag{5-120}$$

式中,r 是传播距离;n 是常数。在不同的传播条件下,它取不同的数值。通常:$n=0$,适用平面波传播,无扩展损失,$\mathrm{TL}_1=0$;$n=1$,适用柱面波传播,波阵面按圆柱侧面规律扩大,$\mathrm{TL}_1=10\lg r$,如全反射海底和全反射海面组成的理想浅海波导中的声传播;$n=3/2$,计入海底声吸收情况下的浅海声传播,$\mathrm{TL}_1 = 15\lg r$,这是计入界面声吸收所引入的对柱面传播扩展损失 $\mathrm{TL}_1=10\lg r$ 的修正;$n=2$,适用球面波传播,波阵面按球面扩展,$\mathrm{TL}_1= 20\lg r$;$n=3$,适用于声波通过浅海负跃层后的声传播损失,$\mathrm{TL}_1 = 30\lg r$;$n=4$,计入平整海面的声反射干涉效应后,在远场区内的声传播损失,$\mathrm{TL}_1=40\lg r$,它是计入多途干涉后,对球面传播损失的修正,此规律也适用偶极子声源辐射声场远场的声强衰减。

2. 声传播的吸收损失和吸收系数

在传播介质中,声波因海水的吸收作用以及非均匀散射效应而造成的衰减往往同时发生。在实际环境中测量这些传播损失时,通常不易区分这两种影响。因此,为了方便讨论,常将它们合并考虑,并统一称为吸收损失。假设平面波(扩展损失等于 0,声强衰减仅由海水吸收引起)传播距离微元 $\mathrm{d}r$ 后,由吸收引起的声强降低为 $\mathrm{d}I$,它的值应与声强 I 和 $\mathrm{d}r$ 成正比,所以应有

$$dI = -2\beta I dr \tag{5-121}$$

式中，β 是常数，并规定 $\beta>0$，上式中负号表示声强随距离增加而下降（$dI<0$），完成上式积分得到

$$I(x) = I(1)\exp(-2\beta r) \tag{5-122}$$

式中，$I(1)$ 是离声源等效声中心 1m 处的声强。从式（5-122）可以看出，当计入介质吸收后，声强呈指数衰减。对式（5-122）取自然对数得

$$\beta = \frac{1}{2r}\ln\frac{I(1)}{I(r)} \tag{5-123}$$

由于 $I \propto p^2$，β 也可写成

$$\beta = \frac{1}{r}\ln\frac{p(1)}{p(r)} \tag{5-124}$$

式中，$p(1)$ 是离声源等效声中心 1m 处的声压幅值；$\ln\dfrac{p(1)}{p(r)}$ 是声压幅值比的自然对数，为无量纲量，称为奈培；β 是单位距离上传播衰减的奈培数，Np/m。

实用上，人们习惯于使用以 10 为底的常用对数，根据声传播损失定义，由式（5-124）可得

$$\mathrm{TL}_2 = 10\lg\frac{I(1)}{I(r)} = 20\beta r\lg e \tag{5-125}$$

式中，TL_2 是由介质吸收引起的传播损失，定义吸收系数 α 为

$$\alpha = 20\beta\lg e = 8.68\beta \tag{5-126}$$

于是就有

$$\mathrm{TL}_2 = r\alpha \tag{5-127}$$

可见，由海水吸收引起的传播损失等于吸收系数乘以传播距离。

结合式（5-120），可得总传播损失 TL。它等于扩展损失加吸收损失：

$$\mathrm{TL} = n10\lg r + r\alpha \tag{5-128}$$

式中，吸收系数 α 可由经验公式计算得到，也可查阅有关曲线、数值表得到。式（5-128）是计算传播损失的常用公式，在工程和理论上具有十分重要的应用。

实验测量发现，纯水中的吸收测量值远大于理论预报的经典声吸收系数。经典声吸收系数是只考虑均匀介质中的切变黏滞声吸收和热传导声吸收，即 $\alpha_a = \alpha_n + \alpha_k$。其中，$\alpha_a$ 是经典声吸收系数；α_n 是介质切变黏滞引起的声吸收系数；α_k 为介质热传导声吸收系数。测量值和理论值的差值称为超吸收。

由测量结果可知，在 100kHz 以下频段，海水吸收系数明显高于淡水，进一步的研究表明，这是由海水中含有溶解度较小的二价盐 $MgSO_4$ 所致，它的化学离解-化合反应的弛豫过程引起了这种超吸收。$MgSO_4$ 在海水中有一定的离解度，部分 $MgSO_4$ 会发生离解-化合反应 $MgSO_4 \Leftrightarrow Mg^{2+} + SO_4^{2-}$，即 $MgSO_4$ 离解成 Mg^{2+} 和 SO_4^{2-}，呈离子状态，而同时有一些 Mg^{2+} 和 SO_4^{2-} 化合成 $MgSO_4$。在声波作用下，原有的化学反应平衡态被破坏，达到新的动态平衡，这是一种化学的弛豫过程，导致声能的损失，这种效应称为弛豫吸收。

Schulkin 等[20]根据频率 2~25kHz、距离 22km 以内的 30000 次测量结果，总结出下述半经验公式：

$$\alpha = A\frac{Sf_r f^2}{f_r^2 + f^2} + B\frac{f^2}{f_r}(\text{dB}/\text{km}) \tag{5-129}$$

式中，$A = 2.03 \times 10^{-2}$；$B = 2.94 \times 10^{-2}$；S 为盐度（%）；f 为波频率（kHz）；f_r 为弛豫频率（kHz），它等于弛豫时间的倒数，且与温度有关，其关系为

$$f_r = 21.9 \times 10^{\left(6 - \frac{1520}{T+273}\right)} \tag{5-130}$$

式（5-130）表明，$MgSO_4$ 弛豫频率 f_r 随温度升高而升高。当温度从 5℃变化到 30℃时，f_r 约从 73kHz 变化到 206kHz。从半经验公式（5-129）看出，在低频（$f \ll f_r$）和高频（$f \gg f_r$）时，α 近似与 f^2 成正比。另外，海水中含有溶解度很高的 NaCl，它的存在反而使得海水的超吸收下降。这是由 NaCl 溶质对水的分子结构变化产生影响所致。在高频下，NaCl 浓度越高，超吸收越小。

Thorp[21]给出了低频段吸收系数 α 的经验公式：

$$\alpha = \frac{0.109 f^2}{1 + f^2} + \frac{43.7 f^2}{4100 + f^2}(\text{dB}/\text{km}) \tag{5-131}$$

式中，f 的单位是 kHz，该式适用的温度是 4℃左右。若计入纯水的黏滞吸收，则在低频条件下，吸收系数变为

$$\alpha = \frac{0.109 f^2}{1 + f^2} + \frac{43.7 f^2}{4100 + f^2} + 3.01 \times 10^{-4} f^2 (\text{dB}/\text{km}) \tag{5-132}$$

研究发现，吸收系数 α 的数值还随压力而变，压力增加，α 变小，其关系为

$$\alpha_H = \alpha_0 \left(1 - 6.67 \times 10^{-5} H\right) \tag{5-133}$$

式中，H 是海深（m）；α_H 是深度 H 处的吸收系数。由式（5-133）可见，深度每增加 1000m，吸收系数减小 6.67%。以上给出了吸收系数与声波频率、深度的变化关系，使用时可根据这些参数，选用合适的经验公式，以获得合理的吸收系数值。

5.4 海洋信道环境下的水中目标辐射噪声特性

在舰船、潜艇和鱼雷进行航行或作业时，其推进器和各种机械设备会产生振动。这些振动通过船体传递到水中，形成辐射噪声。被动声呐方程中的声源级是衡量这种辐射噪声强度的参数，它被定义为在水听器声轴方向上，距离声源等效声中心 1m 处的声强与参考声强之比的分贝数（dB）。再由式（5-134）得到辐射噪声源的声源级 SL[22]：

$$SL = 10 \lg \frac{I_N}{I_0 \Delta f} \tag{5-134}$$

式中，I_N 是换能器工作带宽 Δf 内距噪声源声中心 1m 处的噪声声强；I_0 是参考声强。

如果在换能器工作带宽 Δf 内换能器的响应是均匀的，则可得到 1Hz 频带内的辐射噪声源的谱级等于：

$$SL(f) = 10 \lg \frac{I_N}{I_0 \Delta f} \tag{5-135}$$

式中，$SL(f)$ 为辐射噪声源的谱级，在工程上经常被应用。

舰船、潜艇、鱼雷的辐射噪声是众多噪声源的综合效应，这些噪声源有推进器、转动和往复式机械、各种泵等，它们产生噪声的机理各不相同，因此，辐射噪声的谱线形状也比较复杂。就舰船辐射噪声而言，在很大的频率范围内，实际的噪声由各种噪声混合而成，其谱线表现为线谱和连续谱的叠加，如图 5-25 所示。

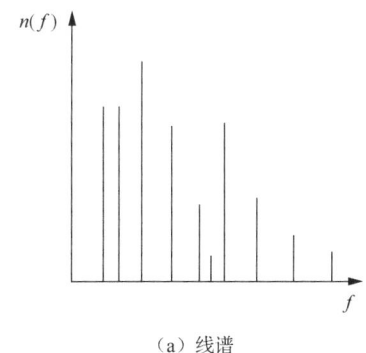

(a) 线谱

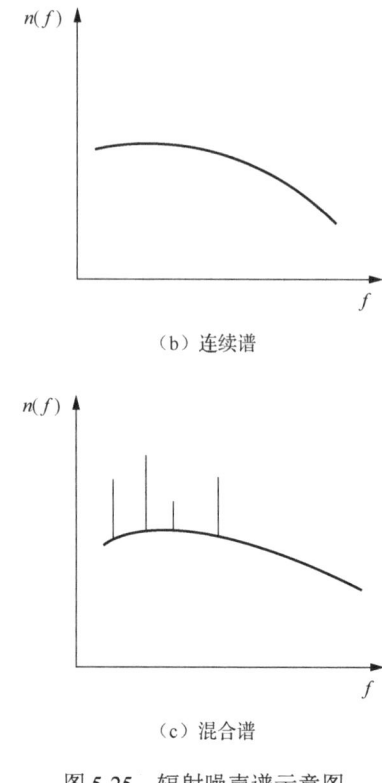

图 5-25 辐射噪声谱示意图

5.5 海洋信道环境下的水中目标声散射特性

5.5.1 目标回声信号

当声波传播过程中遇到障碍物时，这些物体的表面会激发出次级声源，它们向周围环境辐射的声波被称作散射波。散射波中，返回声源方向的那部分波，又称为目标（障碍物）回波。事实上，在声学理论中，对于尺寸远大于波长的物体，即大目标，前方产生的波称为反射波，而物体背后形成的波称为绕射波；若物体的尺寸远小于波长，即小目标，它在所有方向上产生的波则被称作散射波，此时反射现象并不显著；当物体大小与波长相近，反射、绕射和散射过程都显著，这种情况下的散射波由这些不同的次级波组合而成。另外，在声学中，也有人将近场的次级波称为衍射波，远场的次级波称为散射波。其实，从波动理论来看，它们都是次级波，本质上并无差别，本节将它们统称为散射波。

目标所产生的回声实质上是散射波的一种表现形式，其形成是在入射波与目标交互作用之后。在这一交互过程中，关于目标的特定特征信息同样被编码至回声之中。通过对这些回声进行深入分析和处理，人们能够提取出关于目标的关键信息。结合一些已知的背景知识，有助于实现对目标的探测和辨识。例如，通过分析运动目标的多普勒效应，可以推断出目标的动态属性。因此，探究目标产生的回声特性在应用工程领域具有重要价值。

1. 回声信号的形成

一般，声呐目标在尺度大小上总是有限的，所以，当声波投射到它们表面时，上面提到的反射、绕射和散射过程均可能发生。但是在不同的场合，往往只有其中的一、二种过程是主要的，其余的过程则是次要的。

针对那些曲率半径超出声波长度的物体，主要的回声效应源自镜像式的反射现象。与此同时，在物体表面紧邻正入射点的区域，可观察到相干的反射性回声。所谓的镜面反射，它遵守的是反射的基本规律，这一课题在声学的入门教程里已有详尽阐释，此处不予以重复说明。

目标表面的不规则性，如棱角、边缘和微小凸起，通常具有小于声波波长的曲率半径。当声波遇到这些不规则表面时，会发生散射，从而形成目标的回波。在多数情况下，声呐探测的目标表面都带有这种不规则性，它们产生的散射波是回声信号的一个关键组成部分。

原则上，一般的声呐目标都是弹性物体，在入射声波的激励下，目标的某些固有振动模式将会被激发出来，这些振动自然会向周围介质辐射声波，这种再辐射波也是目标回声的组成部分。图 5-26 所示为窄平面波脉冲入射到光滑铝球上后所接收到的回波脉冲串，其中第一个脉冲为镜反射回波，尾随的那些脉冲就是目标的再辐射波，因为这种再辐射波不遵循反射定律，所以也称为非镜反射回波。

图 5-26　来自铝球目标的回波脉冲串

这种再辐射波的激励，其实受到诸多因素的影响，例如目标的力学参数及其状态、它与入射声波的相对位置等。因此，回波的大小也会受这些因素所影响。

图 5-27 所示为回音廊式回声的传播路径，投射到目标表面上点的声波，除产生镜反射波以外，还按斯涅尔定律产生折射波透射到目标内部。折射波在目标内部传播，在点 B、C、$\cdots$ 上同样产生反射和折射，到达 G 点时，折射波恰好在返回声源的方向上，这种波也是回波的一部分。

2. 回声信号的一般特征

反射声波是在声波遇到障碍物时相互作用产生的现象，这一过程涉及多个复杂的物理因素。反射声波的性质受到众多元素的影响，包括障碍物的形态、材料构成、与声波的相对位置关系、入射声波的频率及其脉宽等。这些要素交织在一起，使反射声波的性质呈现多样化和复杂性。在此处，不会深入探讨反射声波的所有特性，而是概述其基本特点。

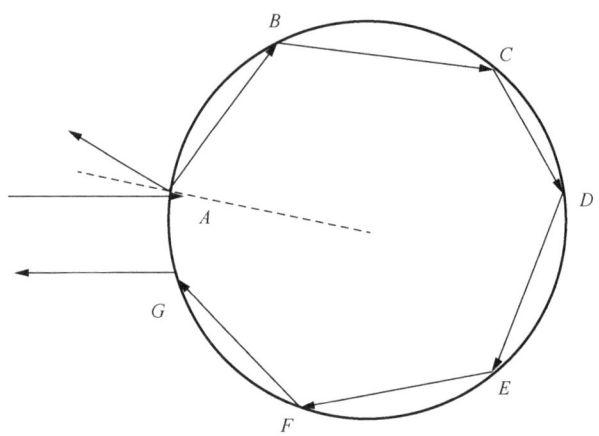

图 5-27 回音廊式回声传播路径

运动目标的多普勒效应是一种常见的物理现象。设入射波频率为 f，目标与声源之间的距离变化率为 V，则回声频率 f_r 为

$$f_r = f \frac{c+V}{c-V} \quad (5\text{-}136\text{a})$$

注意到 c 是海水中的声速，总有 $c \gg V$，考虑到目标运动可能接近声源，也可能远离声源，于是有

$$f_r = f + \Delta f \quad (5\text{-}136\text{b})$$

$$\Delta f = \pm \frac{2V}{c} f \quad (5\text{-}136\text{c})$$

式中，Δf 是回波频率与入射波频率之间的差值，称为多普勒频移。式中正负号的选择是当目标接近声源时，取正号，反之则取负号。

多普勒频移是多普勒测速的理论基础，由式（5-136c）可知，只要测出 Δf，就可结合 f、c 的值求得 V 值。例如，已测得回波频移为 2000Hz，并已知声呐工作频率为 100kHz，$c = 1500$m/s，则根据式（5-136c）可知，目标是以 15m/s 的相对速度趋近声源。

根据多普勒效应制造的测速仪器称为多普勒测速仪，它能给出目标相对于大地的运动速度。迄今所应用的水中目标测速设备中，多普勒测速仪是唯一能测量对地速度的仪器。多普勒测速仪的另一个优点是，其测量精度远优于其他水下测速仪器。

通常情况下，返回的信号脉冲的宽度会超过发出的信号脉冲。这是由于目标反射回来的声音是由其整个表面的反射和散射元素产生的。整个目标表面会对回波产生贡献，但因每个部分的传播路径不同，各个部分产生的回波抵达接收端的时间也各不相同。这些回波的叠加效果使得回波信号的脉冲宽度增加。如图 5-28 所示，一束平面波以掠射角 θ 入射到长为 L 的目标上，很明显，在收发合置条件下，回波脉冲将比入射脉冲长，其值 $\Delta \tau$ 等于：

$$\Delta\tau = \frac{2L\cos\theta}{c} \tag{5-137}$$

式中，c 为介质中的声速。当发射的声波为短脉冲，并且目标由众多散射点构成复杂形状时，所接收到的反射声波脉冲会显著延长。然而，若反射过程主要是镜面反射，则脉冲宽度的增加并不明显，此时可以忽略不计。例如，对于潜艇目标来说，在正横方向，回波展宽仅为 10ms 左右，而在艏艉线方位，这种展宽则可达 100ms。

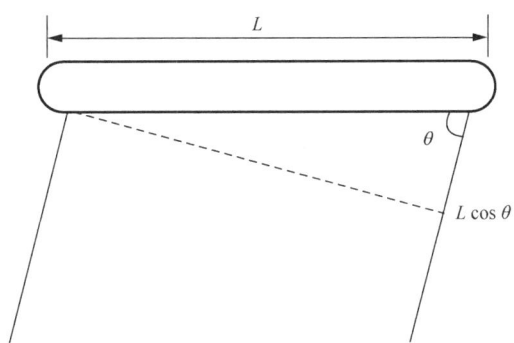

图 5-28　回声信号脉宽为 $2L\cos\theta/c$

在声波反射的过程中，当非镜面反射占据主导时，返回信号的形态通常显得杂乱无章。这种现象是因为非镜面反射情况下，来自目标物体各个不同散射点的声波相互干涉叠加，导致回波形态复杂化。例如，如果发出的是正弦波形的填充脉冲，那么所接收到的回波形态可能与原始发射波形大相径庭，丧失了其原有的规律性特征。此外，目标物体的回波中可能包含一些较为强烈的回声，这些通常源自那些能够产生镜面反射的特定部位，比如潜艇上的潜望镜就可能产生这样的强回波。这些强烈的回波与其他散射波混合后，会进一步改变回波的轮廓。

在观察带有螺旋桨的物体后部时，可以观察到其回音幅度会呈现一种循环性的变化。产生这种现象的原因在于螺旋桨的旋转具有周期性，使物体的有效散射面积也随着产生周期性的改变。另外，移动中的船体和其产生的尾流之间的相互干涉，也是导致回音出现调制效应的一个因素。

3. 回声信号的亮点模型

近些年来，由于工程上的需要，汤渭霖等[23]提出了目标回声的亮点模型，用来描述声散射机理及回声信号组成。这种模型是在入射声为高频、限带信号条件下，总结理论和实验研究结果得出的。这种回声信号亮点模型在工程上具有一定的应用价值，如估计复杂几何形状目标的 TS 值，又如在理论上模拟目标回声信号等。

光学领域内，"亮点"这一术语用以指代在光滑凸起表面产生强烈反射的区域，这实质上对应于首个菲涅耳区。由于其概念的直观性和形象性，水声学借用该术语来描述反（散）射信号的源点，即认为这些信号是从亮点发出的。在高频率环境下，目标的回声信号主要包含几何反射和弹性再辐射波两种成分,这两者产生的回声机制有所差异,从而引出了两类不同的亮点,即几何亮点和弹性亮点。几何亮点指的是镜像反射点以及导致散射信号的不平整区域,这些是实际存在的。而弹性亮点则涉及目标的弹性再辐射波,这是由目标的受迫振动所引发的波动,是一种物理过程,并不存在一个具体可区分的物理形态的亮点,它更像是一种理论上的构造。

在假设目标特性是线性时不变的条件下,可借用网络理论来描述回声产生过程。将目标看成四端网络,其传递函数为 $H(r,\omega)$,入射平面波 $p_i(r,\omega)$ 为网络输入,回声信号 $p_b(r,\omega)$ 为网络输出,则应有

$$p_b(r,\omega) = \frac{e^{ikr}}{r} p_i(r,\omega) H(r,\omega) \tag{5-138a}$$

或

$$H(r,\omega) = \frac{p_b(r,\omega)}{p_i(r,\omega)} r e^{-ib} \tag{5-138b}$$

式中,r 是距离;ω 是声波频率,波数 $k = \omega/c$,c 是声速。于是目标强度 TS 为

$$\text{TS} = 10\lg |H(r,\omega)|^2 \tag{5-138c}$$

根据目标声散射的理论和实验研究结果,传递函数可表示为

$$H(r,\omega) = A(r,\omega) e^{i\omega\tau} e^{i\phi} \tag{5-138d}$$

式中,$A(r,\omega)$ 是目标表面局部幅度反射因子;ϕ 是目标表面形成回声时所产生的相位跳变;τ 为延时,由该亮点相对于某设定参考点的声程差 d 决定,$\tau = 2d/c$。参数 A、ϕ、τ 都是频率和入射角的函数,它们决定了传递函数 H 的特性。

在高频和有限带宽条件下,复杂几何形状目标的回波,可看成由组成该目标的子目标的回波叠加组成,根据线性叠加原理,得到总的传递函数 H 为

$$H(r,\omega) = \sum_{i=1}^{N} A_i(r,\omega) e^{i\omega\tau_i} e^{i\phi_i} \tag{5-138e}$$

相应的目标强度值如下。

相干叠加时:$\text{TS} = 10\lg \left| \sum_{i=1}^{N} A_i(r,\omega) e^{i\omega\tau_i} e^{i\varphi_i} \right|^2$

非相干叠加时:$\text{TS} = 10\lg (\sum_{i=1}^{N} |A_i(r,\omega)|^2)$

式中,N 为子目标数目。

利用亮点模型可以预报回声信号的波形。设入射声信号是限带脉冲信号，载频为ω_c，包络为$p_0(t)$，则回声信号为

$$p(t) = p_0(t)e^{i\omega_c t} \tag{5-138f}$$

又设$p_0(t)$的频谱为$P_0(\omega)$，则$p(t)$的谱为$P_0(\omega-\omega_c)$。由式（5-138a）可得回声信号为

$$P_b(r,\omega) = \frac{e^{ikr}}{r}\sum_{i=1}^{N}A_i(r,\omega)e^{i\omega\tau_i}e^{i\phi_i}P_0(\omega-\omega_c) \tag{5-138g}$$

对其进行反变换得

$$p_b(t) = \frac{e^{ik\tau}}{r}\sum_{i=1}^{N}A_i(r,\omega)p_0(t-\tau_i)e^{-i\omega_c(t-\tau_i)}e^{i\phi_i} \tag{5-138h}$$

式（5-138h）就是回声信号的波形表达式，只要得到每个亮点的参数A_i、τ_i、ϕ_i，就可给出回声信号的波形。

5.5.2 声波在弹性物体上的散射

当声波遇到弹性物体时，它们能够穿透物体并激发内部的声场。特别是，当物体内部声波的波长小于物体的半径时，内部的波动过程开始显得尤为重要。在这种情况下，将会形成内部的驻波场，并激发物体固有的振动模式。物体振动产生的声波是回音信号的一部分。由于回音信号的不同部分之间会发生干涉，随着频率的变化，散射波的强度会出现明显的极大值和极小值变化。这种与频率相关的散射波强度变化，明显区别于刚性物体的情况。除此之外，弹性物体的散射场在其他方面也表现出与刚性物体散射场的差异，例如，再辐射波携带了目标的特征信息。因此，弹性物体的声散射特性是目标检测和分类识别的物理基础，这在工程应用中具有重要的价值。

声呐通常用于探测水中目标，这些目标大多由金属制成，其声学特性与水相较为接近。因此，在分析声呐探测时，不能简单地将这些目标视为完全刚体，而应考虑它们作为弹性或黏弹性物体的性质。对于理想刚体或者自由边界的目标，其散射声场与声波频率的关联性并不显著。特别是在高频段，如果目标尺寸远大于声波在水中的波长，散射声场的特征几乎与频率无关。然而，对于具有弹性特性的目标，其散射声场与频率有强烈的相关性。尤其是当声波的脉冲宽度较宽时，随着频率的变化，散射声强度会出现明显的极大值和极小值。这种与频率相关的特性源于弹性目标本身的性质。当声波遇到弹性目标时，会产生反射波和非规则散射波，同时可能激发目标的某些共振模式，导致目标振动并发出声波，这些声波也是回波的一部分。这些不同类型的声波叠加在一起，形成了总的回波信号。当入射声波的频率发生变化时，可能会激发目标的不同共振模式，从而改变目标振动产生的声波，最终影响散射

声场的特性。

下面以弹性球为例，说明弹性物体回声强度随频率急剧起伏的物理机理。为此，应用傅里叶变换将式（5-138a）所示的入射波改写为如下形式：

$$p_t = \frac{P_0 c}{D\sqrt{2\pi}} \int_{-\infty}^{\infty} g(k) e^{i(kD-\omega t)} dk \qquad (5\text{-}139)$$

式中，$g(k)$是入射波的频谱，它由下式确定：

$$g(k) = \frac{1}{\sqrt{2\pi}} \int_{-\infty}^{\infty} p_i(k) e^{i(kD-\omega t)} dt \qquad (5\text{-}140)$$

类似地，根据远场回波表达式，将积分变量变为$x(ka)$，则回波可表示为

$$p_s = \frac{P_0 c}{2 r_0^2 \sqrt{2\pi}} \int_{-\infty}^{\infty} g(x) f_\infty(x, x_1, x_2) e^{i\left(\frac{2 x_0}{a} - \omega t\right)} dx \qquad (5\text{-}141)$$

式（5-141）的被积函数包含了入射波频谱$g(x)$与形态函数f_∞乘积。上面已经说明，形态函数f_∞随频率作极大、极小的急剧变化；另外，当入射脉冲为长脉冲时，其频谱较窄，所以，当频率稍许变化时，$g(x)$的位置也有相应的变化，考虑到$|f_\infty|$的振荡特性，乘积$g(x)|f_\infty|$会产生较大的变化，导致回声强度随频率急剧变化，如图5-29所示。相反，当入射脉冲为窄脉冲时，其频谱较宽，虽然入射声频率的稍许变化同样引起$g(x)$位置变化，但因$g(x)$是缓变的，它和$|f_\infty|$的乘积不会产生较大的改变，所以，回声强度就不会因频率的稍许变化而产生急剧的变化，如图5-30所示。

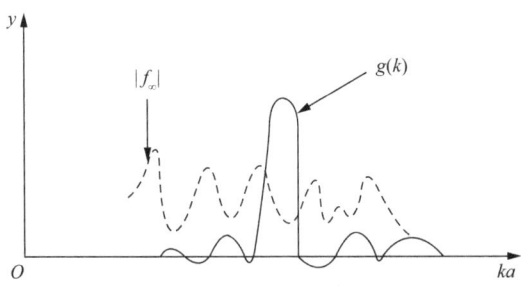

图5-29 长脉冲入射的$g(k)$和$|f_\infty|$的相互位置关系

研究结果表示，在处理弹性目标时，反射声波的形态受到输入声脉冲的宽度以及入射声波的频率的显著影响。

在长时间脉冲的影响下，返回的声波图形会明显失真，且当频率稍有偏移时，反射信号的幅度和形态可能经历显著变动。产生这种现象的原因是，当一个脉冲长时间撞击物体表面，它不仅会在物体表面产生镜面反射波，而且可能会激发物体的振动，进而产生次级回波。这两个回波的重合形成了所接收的反射信号，由于它们的相位存在差异，相互叠加后导致了波

形的扭曲以及信号强度的波动。

当发射的是窄脉冲声波时，接收端会捕捉到一系列回波，这些回波以基本一致的时间间隔排列，且其形态与发射的脉冲相似，但是振幅会逐渐减小。如图 5-31 所示，这串回波的第一个代表的是表面反射信号，随后的则是由物体的弹性响应产生的再辐射回波。在短脉冲声波的作用下，物体的振动还未充分激发起来，表面的反射回波已经返回，因此在接收端，这两种类型的波是分离的，不会在时间上重叠，导致接收到的是一连串的脉冲，其形状大体上与发射的脉冲相似，不会造成显著的波形失真。

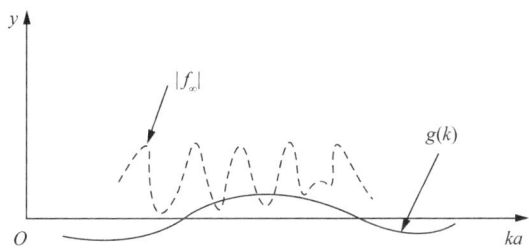

图 5-30　窄脉冲入射的 $g(k)$ 和 $|f_\infty|$ 的相互位置关系

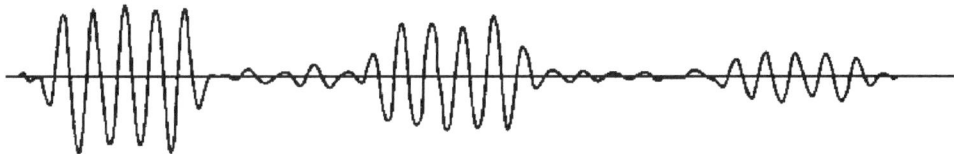

图 5-31　铁球的回波脉冲串

弹性物体的声散射还有一种有趣的现象，即非镜面反射。Finney[24]在实验中发现，对于浸在水中的弹性薄板，如果声波入射角 θ 满足如下关系：

$$\sin\theta = c / c_R \tag{5-142}$$

则在入射方向上会有较强烈的反射信号，这种反射不满足镜反射规律，故称为非镜面反射。式（5-142）中，c 是水中声速；c_R 是板中弯曲波速度。

进一步研究发现，当入射角 θ_1 满足：

$$\sin\theta_1 = c / c_1 \tag{5-143}$$

时，同样会发生非镜面反射。式（5-143）中的 c_1 是板中纵波波速。实际上，非镜面反射现象并非仅限于弹性薄板。当球形或柱形物体遭遇窄脉冲信号的垂直入射时，同样会观察到多个依次减弱的回波脉冲，并呈现出一定的时间间隔。这一现象归因于沿散射体表面激发的表面波-蠕波。这些表面波能够部分或者完整地围绕散射体传播，而在传播途中，在切线方向逐步释放能量。因此，随着蠕波能量的持续减少，其辐射出的信号振幅按指数规律降低，形成一系列逐渐减弱的回波脉冲，如图 5-32 所示。

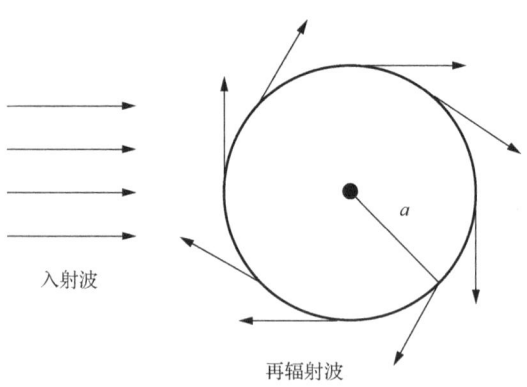

图 5-32 蠕波传播示意图

另外，测量结果表明，所接收到信号串中的脉冲时间间隔，恰好是蠕波绕柱或球传播一周所需的时间，这也间接佐证了这种蠕波的存在。

在探讨声波与刚性球体的相互作用时，注意到了散射声场呈现出的空间分布特性。进一步观察到，当声波遇到弹性介质时，散射的声场也会表现出特定的空间指向性，并且这种指向性模式更为复杂。以一个长圆柱体在垂直于其长轴方向上的散射声波为例，可以参考图 5-33。图 5-34 展示了散射声场的空间指向性，其中图 5-34（a）显示了一个铝制柱体散射声场的指向性模式。为了进行对照，图 5-34（b）则展现了一个刚性柱体散射声场的空间指向性模式。

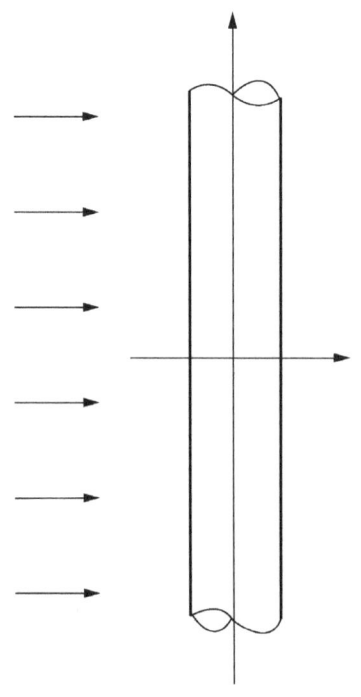

图 5-33 长柱声散射

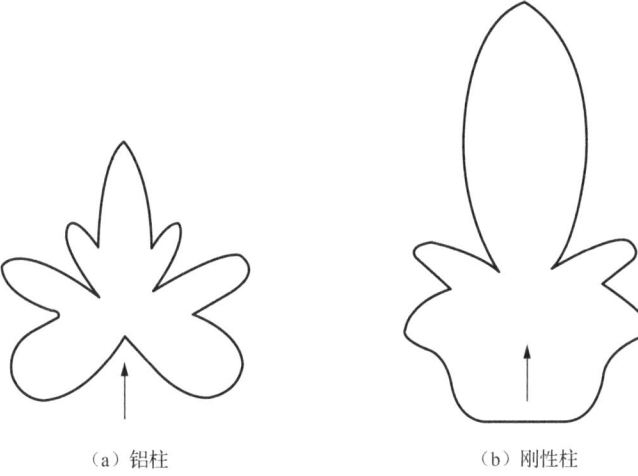

图 5-34　长柱散射声场空间指向性图

参 考 文 献

[1] Kinsler L E, Frey A R, Coppens A B, et al. Fundamentals of Acoustics[M]. 3rd ed. New York: Wiley, 1982: 430-431, 438.

[2] Etter P C. 水声建模与仿真(第三版)[M]. 蔡志明, 等译. 北京: 电子工业出版社, 2005: 118.

[3] 汪德昭, 尚尔昌. 水声学[M]. 北京: 科学出版社, 1981: 135.

[4] Wenz G M. Acoustic ambient noise in the ocean: Spectra and sources[J]. The Journal of the Acoustical Society of America, 1962, 34(12): 1936-1956.

[5] Marsh H W. Origin of the Knudsen spectra[J]. The Journal of the Acoustical Society of America, 1963, 35(3): 409-410.

[6] Kuo E Y T. Deep-sea noise due to surface motion[J]. The Journal of the Acoustical Society of America, 1968, 43(5): 1017-1024.

[7] Mellen R H. The thermal-noise limit in the detection of underwater acoustic signals[J]. The Journal of the Acoustical Society of America, 1952, 24(5): 478-480.

[8] Heindsmann T E, Smith R H, Arneson A D. Effect of rain upon underwater noise levels[J]. The Journal of the Acoustical Society of America, 1955, 27(2): 378-379.

[9] Franz G J. Splashes as sources of sound in liquids[J]. The Journal of the Acoustical Society of America, 1959, 31(8): 1080-1096.

[10] Cron B F, Sherman C H. Spatial-correlation functions for various noise models[J]. The Journal of the Acoustical Society of America, 1962, 34(11): 1732-1736.

[11] Urick R J. Correlative properties of ambient noise at Bermuda[J]. The Journal of the Acoustical Society of America, 1966, 40(5): 1108-1111.

[12] Piggott C L. Ambient sea noise at low frequencies in shallow water of the Scotian shelf[J]. The Journal of the Acoustical Society of America, 1964, 36(11): 2152-2163.

[13] Hale F E. Long-range sound propagation in the deep ocean[J]. The Journal of the Acoustical Society of America, 1961, 33(4): 456-464.

[14] 余平, 廖开训, 陶军, 等. 基于声学调制解调器的声速剖面遥测技术[J]. 海洋技术, 2006, 25(3): 90-92.

[15] 刘贞文, 杨燕明, 许德伟, 等. 海水声速直接测量和间接测量结果分析[J]. 海洋技术, 2007, 26(4): 44-46.

[16] 王莉娜, 宋海英. 声速剖面仪水下探头软硬件设计[J]. 海洋测绘, 2005, 25(1): 70-73.

[17] 张龙, 叶松, 周树道, 等. 海水温盐深剖面测量技术综述[J]. 海洋通报, 2017, 36(5): 481-489.

[18] Schissler C, Manocha D. Interactive sound propagation and rendering for large multi-source scenes[J]. ACM Transactions on Graphics, 2017, 36(4): 1-12.

[19] 何祚镛, 赵玉芳. 声学理论基础[M]. 北京: 国防工业出版社, 1981: 372, 378.

[20] Schulkin M, Marsh H W. Sound absorption in sea water[J]. The Journal of the Acoustical Society of America, 1962, 34(6): 864-865.

[21] Thorp W H. Analytic description of the low-frequency attenuation coefficient[J]. The Journal of the Acoustical Society of America, 1967, 42(1): 270.

[22] Pekeris C. Theory of propagation of explosive sound in shallow water[J]. Geological Society of America Memoirs, 1948, 27: 1-116.

[23] 汤渭霖, 范军, 马忠成. 水中目标声散射[M]. 北京: 科学出版社, 2018.

[24] Finney W J. Reflection of sound from submerged plates[J]. The Journal of the Acoustical Society of America, 1948, 20(5): 626-637.

第6章 水下声学材料分类与性能测试

6.1 水下声学材料分类及其应用情况

声呐作为舰艇水中目标探测与通信的关键设备,主要由干端与湿端两部分构成。其中,干端主要负责信号处理,而湿端则负责通信水下声学系统。在声呐体系中,水声材料可大致分为水声有源材料与水声无源材料两大类。水声有源材料是指依靠输入电能达到吸声和隔声效果的材料。水声无源材料包括透声材料、反声去耦材料以及吸声材料等,其主要应用于水声换能器、声基阵、声呐安装平台以及声呐导流罩等领域。

水声透声材料的主要应用领域包括水声换能器声辐射面透声窗、防水密封,以及声呐导流罩透声窗。反声去耦材料是水声换能器、声阵和导流罩的关键附属声学构件,旨在优化和改进水下信息传递的质量,确保信号不失真地传输至信号处理装置。吸声材料主要应用于声基阵安装平台、声呐导流罩非透声区以及潜艇声隐身等领域,通过降低回波信号,减轻声呐平台区噪声混响,抑制刚性结构振动,优化声呐平台噪声,改善声系统工作的近场环境条件,从而降低潜艇的声目标强度。水声无源材料在声呐湿端相关领域具有广泛应用,对声呐系统的作用距离、灵敏度以及可靠性具有基础性和决定性作用。应用于各领域的水声无源材料主要为各类黏弹性材料,如天然或合成的橡胶、聚氨酯类材料、碳纤维材料等。这类材料制成的水声构件在不同的温度和不同的水压条件下具有不同性质,呈现出不同的声学特性。

水声透声材料以其表层无声波反射及声信号无损透过的特性而独具特色。其声学性能得益于与介质海水的高度匹配,二者的特性声阻抗相近,同时,水声透声材料本身具有较低的声传输损耗,使声波近乎自由地通过。鉴于其在工作状态下与水下电子元器件密切接触,因此,通常要求其具备低透/吸水性、优良电绝缘性和良好耐霉菌性,部分工作环境下还需具备较好的耐油性。常见的水声透声材料包括透声橡胶、液体聚氨酯、钛合金、玻璃钢以及结构增强的复合橡胶材料等。

为了确保声波在指定方向上的发射(或接收),消除自噪声和隔离声呐基阵附近障碍物产生的散射声,增强水下声系统的抗干扰性,水声换能器或声呐基阵设计中常采用反声障板对水声换能器或基阵实施声屏蔽。反声障板是保障水声换能器和声呐基阵性能及可靠工作的重要声学构件,在声呐基阵和换能器设计中,对反声障板的结构形态和声学指标有具体要求。反声材料/反声障板的基本性能要求:在规定频率范围、工作水深下具备满足要求的反声能力。表征反声材料/反声障板的主要性能指标包括:①工作压力;②工作带宽;③反声系数;④透射系数。因此,优秀的反声材料/反声障板需满足两个条件:一是阻抗失配,即材料的特性阻抗与水的特性阻抗差异越大越好,确保水中的声波无法进入材料内部;二是具备一定的声衰减能力,以降低反声障板的后辐射。

材料的吸声机理主要可分为两类,即液体的黏滞吸收和固体的黏弹性吸收。液体黏滞吸收是利用分子运动摩擦产生损耗,而固体黏弹性吸收则主要依赖形变(链段运动摩擦)产生损耗。流体黏滞损耗制成的流耗吸声器,由于其结构要求严格且复杂,难以在工程领域推广应用。橡胶材料具有与海水良好的特性阻抗匹配性,使声波能无反射地进入材料内部。同时,橡胶材料的黏弹性及内耗大,能有效衰减声波在传导过程中的能量。因此,水声吸声材料及构件的基材通常选用橡胶类黏弹性材料。

最初的吸声材料是根据阻抗过渡原理设计的,包括吸声尖劈和吸声圆锥。这些材料通过在橡胶中加入大量气泡性填料,提高橡胶的内耗。当声波照射到材料时,会引起微孔的变形,从而使声能衰减。通常,这类材料被制成尖劈或圆锥形状,利用结构设计实现均匀的阻抗过渡。通过声波在材料表面的多次反射,增加入射波在吸声材料中的行程,实现吸声效果。此类吸声材料在中高频段表现出良好的吸声性能,但应用于低频消声时,需要较大的结构尺寸。由于材料内部含有大量气泡性填料,其吸声性能对压力敏感,随着工作水深的增加,吸声性能有所下降。

为了提高吸声材料的低频吸声性能和耐压能力,近年来研究人员开发了多种复合结构吸声材料。基本策略是:在结构上采用高强度材料作为承力骨架,解决耐压问题;在声学性能方面,通过在黏弹性材料内部设置声学空腔,实现小尺寸低频消声。常见的耐压吸声复合结构主要包括以下几种形式:一是橡胶-蜂窝铝-钢板吸声结构;二是空气背衬式耐压去耦吸声结构,它是由高强度材料构成的长方体,内含双层空腔,根据工作频段的不同,选择对应腔体的结构尺寸;三是三明治夹心式吸声材料,一般采用带孔薄橡胶板粘贴在钢板上,通过改变孔径的大小和数量来调整材料的有效杨氏模量和损耗。近年来,高分子压电材料技术日益成熟。高分子压电材料是在高分子材料中填入压电粒子和导电材料,当材料受到振动时,压电粒子能将振动能量转换成电荷,导电粒子再将其转换成热能消耗掉。与黏弹性材料相比,高分子压电材料的阻尼机理有所不同,其减振能力是多种能量耗散途径的协同作用,显著特点是使用条件不受环境温度和振动频率的限制。

6.2 水下黏弹性材料基本理论

6.2.1 水下黏弹性材料的动力学方程

同时具有固体的弹性和液体的黏性两种不同机理的形变,且能够综合呈现黏性流体和弹性固体两者特性的材料称为黏弹性材料。黏弹性固体和黏弹性流体,又可分为线性黏弹性体和非线性黏弹性体。若材料性能表现为线弹性和理想黏性特性的结合,则称为线性黏弹性。当黏弹性材料在承受交变应力作用产生变形时,部分能量像位能那样储存起来,另一部分则转化为热能耗散。例如,金属、岩石、土壤、石油、肌肉、混凝土、复合材料、聚合物等均属于黏弹性材料。这些材料的主要特性取决于温度、声波频率、加载速率和应变幅值等条件。

描述材料的应力-应变-温度关系的方程式称为本构方程,又称流变方程。在振动分析中,黏弹性结构或黏弹性复合结构的研究不可避免地涉及此类方程,黏弹性材料本构方程的形式对黏弹性结构或黏弹性复合结构的动力学分析过程具有决定性影响。由于黏弹性材料主要特性受时间、温度、频率等因素的影响较大,分析过程因而变得复杂。为应对此挑战,国内外学者提出了多种黏弹性材料本构模型,包括复常数模量模型、标准流变学模型、分数阶导数模型、分数指数模型和微振子模型等。

设黏弹性材料是线性、等温、均匀、各向同性的,它在时间域内的本构关系一般可用玻尔兹曼方程形式表示为

$$\sigma(t) = \int_{-\infty}^{t} G_1(t-\tau) \mathrm{d}\varepsilon(\tau) = G_1(t)\mathrm{d}\varepsilon \tag{6-1}$$

也可以写为

$$\begin{aligned}\sigma(t) &= \varepsilon(t)\mathrm{d}G_1(t) \\ &= \int_{-\infty}^{t} \varepsilon(\tau) \frac{\mathrm{d}G_1(t-\tau)}{\mathrm{d}(t-\tau)} \mathrm{d}\tau \\ &= G_1(0)\varepsilon(t) + \int_{0}^{t} \varepsilon(\tau) \frac{\mathrm{d}G_1(t-\tau)}{\mathrm{d}(t-\tau)} \mathrm{d}\tau \end{aligned} \tag{6-2}$$

式中,$\sigma(t)$ 为应力;$\varepsilon(t)$ 为应变;当 $t<0$ 时,$G_1(t)=0$,$\varepsilon(t)=0$。$G_1(t)$ 由于黏弹性材料的"衰减记忆"特征松弛模量,一般是连续的单调非增函数。从式(6-2)可以看出,该本构关系由两部分组成:①即时应力部分。瞬时 t 的应变 $\varepsilon(t)$ 即时地有相应的应力 $G_1(0)\varepsilon(t)$,其中 $G_1(0)$ 称为即时模量。②应力松弛部分。应变保持不变条件下应力产生松弛现象。它由 $G_1(t)$ 和 $\varepsilon(t)$ 卷积给出,$G_1(t)$ 称为材料松弛函数。显然,不同的松弛模量形式,可导出不同形式的本构方程。

6.2.2 水下黏弹性材料的耦合方程

从水声学的角度,潜艇要发挥其安全隐蔽、机动灵活等显著优势,前提条件是要确保水下环境足够安静,因此,潜艇的水下声隐蔽性问题已成为国内外普遍关注的焦点。一方面,要对潜艇自身的振动声辐射水平进行有效控制。机械设备振动激励引起艇体振动形成声辐射,是潜艇辐射噪声的重要组成部分。降低机械设备的振动,抑制艇体的振动,均有助于实现对艇体辐射噪声的有效控制。各国在潜艇辐射噪声控制方面投入了大量的人力物力,并采取了多种措施[1]。另一方面,要对自身的振动声辐射水平进行实时监测和预报。

6.2.3 水下黏弹性平板材料的基本声学性能

为了达到对结构振动与辐射噪声的高效控制,潜艇常常在金属艇体表面敷设黏弹性阻尼材料,或者直接采用新型复合材料代替金属结构。黏弹性材料通过利用其声阻尼特性,将接收到的声能转化为热能消耗,降低目标反射强度,甚至消除物体的反射。为了更好地实现这些声学功能,除了材料本身设计成具备特定性能,如压电特性、黏弹特性等,往往还在材料中加入一些空腔或微粒等声学结构[2]。

复合矩形板作为船舶和潜艇的基本构成单元,其水下声辐射问题的研究是船舶和潜艇声隐身问题研究的基础。研究复合板结构的声辐射问题对于潜艇噪声的被动控制和预报具有重要意义。国内外关于敷设黏弹性自由阻尼层结构振动与声辐射的计算主要有两类方法:第一类是将阻尼层按类似流体的方式处理,该方法忽略剪切波作用,在一定程度上简化了计算过程,但并未定量分析覆盖层剪切波分量对复合板声辐射的影响,因此其结果具有一定的局限性。第二类是采用三维弹性理论来描述覆盖层的动力学特性,Berry 等[3]在计算敷设阻尼材料的板壳声辐射问题时,采用三维方程来描述阻尼材料的运动。三维弹性理论需要利用三维弹性方程,结合应力和位移的边界条件,以及连续性条件进行求解,虽然结果精度较高,但由于未对应力-应变的分布进行近似处理,因此分析过程相对复杂。

本节介绍的是一种求解自由阻尼层复合板振动声辐射的简化理论,该理论沿用克希霍夫理论对底板进行分析,同时,针对黏弹性覆盖层,采用二维弹性理论进行分析,最后结合哈密顿原理得到系统的运动方程,进而求解声辐射问题。相较于三维弹性理论对应的方程,所得方程在维度上有所降低,从而在一定程度上简化了计算过程。

6.3 黏弹性材料动态参数测量技术

黏弹性材料在增强结构抗振性能、降低噪声、延长设备使用寿命等水下设备及工程设计领域具有重大应用价值。研发具备耐水压、良好温度适应性和宽频段特性的新一代黏弹性水声材料已成为水声技术发展的关键。新一代水声材料研究的核心在于其力学参数及结构优化设计，而准确掌握动态力学参数则是实现优化设计的基础。可以将材料视为一个动态力学系统，通过获取系统激励与响应之间的关系，获得系统的动态特性，从而实现系统识别与设计。

黏弹性材料的声学参数主要取决于其动态力学参数。而随着测量技术及理论的不断进步，动态力学参数的测量方法丰富多样，有的已成为公认的测量标准，还有更多的方法正处于探索研究阶段，期望获得认可并推广。为确保这些材料得到合理有效的利用，精确测量其力学性能参数至关重要。动态力学参数的测量方法可以分为两大类：一类通过测量材料的振动响应推算其动态力学参数，如自由振动衰减法、强迫共振法、强迫非共振法等；另一类通过测量材料的声学特性并进行反演以获得动态力学参数，如声波传播法、脉冲法、阻抗管法以及消声水池法等[4]。

6.3.1 自由振动衰减法

自由振动衰减法的测量框图如图 6-1 所示。在构件 2 上可以施加不同性质的力，如脉冲力、阶跃力、随机力或正弦力等。图中所表示的是对构件施加锤击脉冲力，待力消失以后，由于受到橡胶阻尼试样 7 的阻尼作用，构件 2 开始发生自由衰减振动。自由衰减振动信号由传感器 3 拾取之后，经带通滤波器 4 滤波，形成单频信号进入放大器 5。最后由数据采集器 6 采集自由衰减振动的时域波形，并将此信号输入计算机，通过分析计算得到衰减系数。

为了降低测量误差，在测量过程中，对测试对象通常采取悬挂或其他柔性安装方式进行装配，以减小能量传输损耗。如用电磁激振器激振，要注意防止其断电后因被动运动产生的附加阻尼。这种附加阻尼是由试样驱动激振器的动圈在磁场中运动，因磁电效应而产生的。因此，建议使用非接触式的电磁激振器激振，或采用机械断开方式脱开激振器与试样的连接部分。

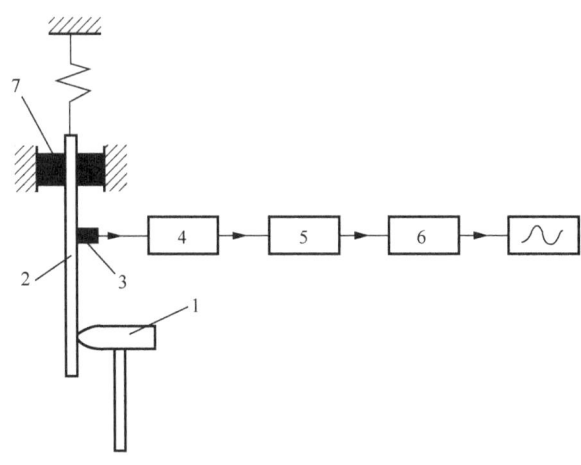

图 6-1 自由振动衰减法的测量框图

注：1-力锤；2-构件；3-传感器； 4-带通滤波器；5-放大器；
6-数据采集器；7-橡胶阻尼试样

自由振动衰减法的实施条件是被测材料试样的阻尼需小于临界阻尼值，处于欠阻尼状态。在此条件下，系统由受激振动到趋于静止需要较长的衰减时间，有利于精确测定阻尼特征值。严格而言，所测得的阻尼值是材料在系统自由振动频率下的阻尼值。自由振动衰减法因其操作简便，测量精度较高，得以广泛应用。

6.3.2 强迫共振法

在实际工程领域，强迫共振法因其测量便捷性而被广泛采用，该方法可分为纵向振动共振法、扭转振动共振法和弯曲振动共振法等。在以往的研究中，纵向振动共振法在测量理论和方法方面均取得了很大的进展。Norris 等[5]通过测量一端受简谐激励、另一端加质量负载的棒状试样两端的加速度而得到了材料的力学参数。Madigosky 等[6]采用宽频信号作为激励源，在另一端自由的前提下，对黏弹性材料的杨氏模量和损耗因子进行了测量。Guillot 等[7]利用激光测振仪，以扫频信号为激励源，测量了棒状材料在一端受简谐激励而另一端自由时的材料力学参数，通过和波速法的对比，验证了其方法的正确性。Guillot 等对原有的测试系统进行了优化，探讨了在不同温度和压力条件下的低频宽带测量技术，由测量结果来看，在 50～5000Hz 的测量范围内取得了令人满意的测量结果[8]。

当前应用的吸声材料主要为黏弹性材料，材料特性参数受到温度、压力、频率等因素的显著影响。在数百赫兹到数万赫兹的水声频段内，精确测定其材料参数有一定的难度。因此，提升黏弹性材料动态力学参数的测试精度以及扩大测试频率范围，成为当前实验技术领域亟待解决的问题。本节主要介绍采用动态黏弹谱仪测量吸声材料的复杨氏模量和复剪切模量的方法。

材料的动态力学参数为

$$E = \frac{\sigma}{\varepsilon} = E' + E''\mathrm{i} = |E''|(\cos\delta + j\sin\delta) \tag{6-3}$$

式中，σ 为应力；E 为应变；$\varepsilon = \eta \mathrm{d}\sigma / \mathrm{d}t$；$E'$、$E''$、$|E''|$ 分别称为储能模量、损耗模量和绝对模量。杨氏模量有拉伸模量、压缩模量、弯曲模量、剪切模量和体积模量之分，取决于材料的形变模式。动态黏弹谱仪利用强迫共振法测量材料的复杨氏模量和复剪切模量。测试装置示意图以及测量两种模量时样品不同加载方式示意图如图 6-2、图 6-3 所示。

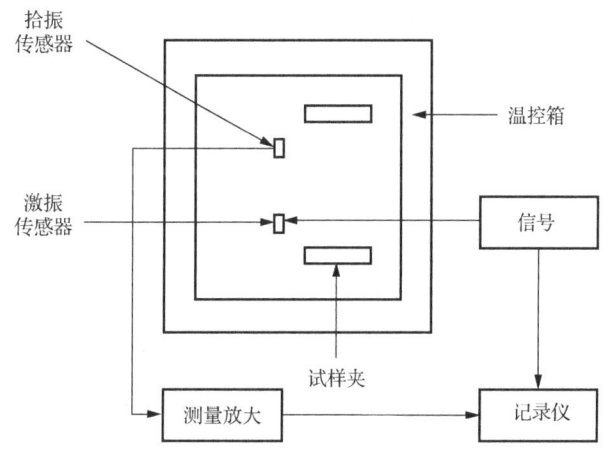

图 6-2　动态黏弹谱仪测试装置示意图

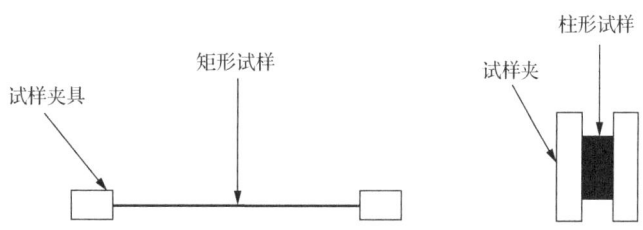

图 6-3　测量复杨氏模量和复剪切模量时样品加载方式示意图

动态黏弹谱仪直接测量的是材料样品在较低频段内的复数模量，然后利用高聚物黏弹性行为的时-温等效原理，得到测试频段内的材料复数模量。

在不同的作用时间（或频率）下，或在不同温度环境下，高聚物均可呈现相同的力学状态，即时间和温度对于高聚物的力学松弛现象，从而对黏弹性的影响具有某种等效的作用。从微观层面来看，为使高聚物中的某一运动单元具备足够的活动性以表现出力学松弛现象，所需的时间相对较长。因此，同一个力学松弛现象既可以在较高温度和较短的作用时间下表现出来，也可以在较低温度和较长的作用时间下表现出来。

在交变应力作用时，作用力时间相当于作用频率的倒数，那么降低频率相当于增加了作用力时间，也能使本来跟不上响应的力学松弛表现出来。显然，延长作用时间（或降低频率）与提高温度对分子运动具有等效作用，进而对高分子聚合物的黏弹性行为也产生等效影响。这就是著名的时-温等效原理。

6.3.3 强迫非共振法

动态力学热分析方法通过测量某种特定形状试样随温度、频率或时间变化的应力、应变、刚度和阻尼等参数曲线，间接获取包括复杨氏模量、复剪切模量等动态力学参数。采用动态力学热分析（dynamic mechanical thermal analysis，DMTA）或者动态力学分析方式直接测试的频率较低，通常不超过 1kHz，更高的频率可以通过时-温等效原理间接获得。

动态热机械分析（dynamic thermomechanic analysis，DTMA）为使样品处于程序控制的温度下，对样品施加单频或多频的振荡力，测量相应的振荡形变及其响应滞后，获取其储能模量、损耗模量和损耗因子随温度、时间或力的频率的变化关系。该技术在橡胶、塑料、薄膜、树脂、纤维、涂料、金属与合金、陶瓷等领域具有广泛的应用。利用 DTMA 仪，可以研究材料的刚性（杨氏模量）、阻尼特性（损耗模量）、损耗特性（损耗因子）及其随温度的变化，研究材料的黏弹性能、应力与应变关系，测量玻璃化转变、相转变、软化温度，跟踪固化过程，以及进行蠕变、松弛、热膨胀等特殊测试。

目前，市场上通用的 DTMA 仪采用强迫非共振法直接测试动态力学参数，即强迫试样设定频率振动，测定试样在振动中的应力与应变幅值以及应力与应变的相位差，按定义直接计算动态力学参数的储能模量、损耗模量和损耗因子。

这种 DTMA 仪除具备各种测量模式的常规分析功能之外，还支持温度、频率、模量的 3D 图谱，支持转变活化能计算、主曲线（频率外推）、Cole-Cole 图等高级特性。DTMA 的特点：①仅需少量样品即可在很宽的温度或者频率范围内测定材料的动态力学性能；②是研究高分子结构变化-运动-性能三者关系的简便有效的方法；③适用于动态载荷下工作的产品结构、配方设计。

DTMA 首先通过传感器对试样施加激励力，并采集和测试样品变形后的位移和力响应。一台典型的 DTMA 仪的测试结构如图 6-4 所示。其标准测量方式为，在程序温度（线性升温、降温、恒温及其组合等）过程中，给试样施加一定频率、一定振幅的正弦波形式的动态振荡力，样品相应产生一定频率、一定幅度，以及伴随着一定滞后（相对于力的波形的相位差）的动态振荡应变，如图 6-5 所示。具体滞后程度与材料的黏弹特性有关，使用相应的传感器记录力的振幅、形变振幅及两者之间的滞后角，在整个测量过程（时间/温度变化）中连续输出这些数值（可单一频率测试，也可多频轮转测试并将对应频率的数据点进行连接拟合）。以压缩模式为例，如图 6-6 所示，动力学参数之间的关系如图 6-7 所示。

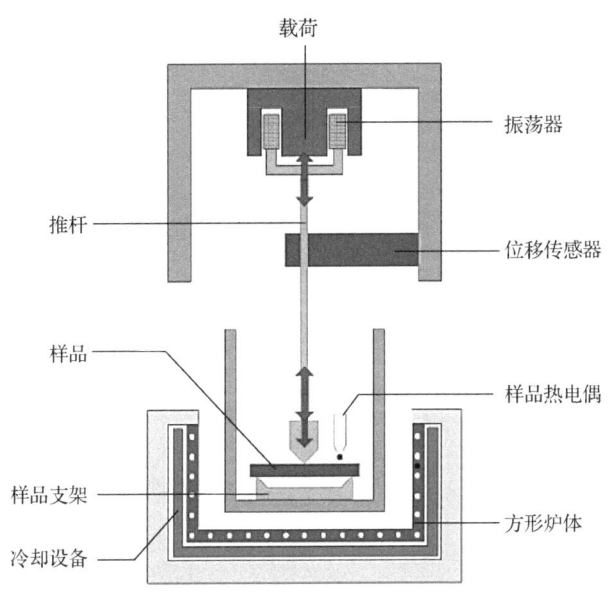

图 6-4 测试结构示意图（扫封底二维码可见彩图）

如图 6-6、图 6-7 的压缩模式下：应力 $\sigma' = F'/A$；应变 $\varepsilon^* = \Delta L^*/L_0$；试样应变 $\varepsilon(t) = \varepsilon_0 \sin \omega t$；试样应力 $\sigma(t) = \sigma_0 \sin(\omega t + \delta)$；试样刚度 $K = F_i/D_i = K' + K''\mathrm{i}$；试样损耗角正切 $\tan \delta = K''/K'$。试样的刚度对直接测试动态力学参数频率有很大影响，刚度越大其直接测试频率越高。对于理想的弹性材料，激励和响应同相 $\delta = 0°$，理想黏性材料则响应滞后 $\delta = 90°$，黏弹性材料（实际聚合物材料）响应滞后 $0° < \delta < 90°$。同理，如对黏弹性材料施加一个正弦交变应变，则该试样做出的应力响应就会超前于应变一个相位角 δ。

材料的模量定义为应力与应变之比，由于黏弹性材料的应力与应变存在一个相位差，因此所得的模量应为复数。

如图 6-8 所示为某橡胶样品的测试图谱，是包含储能模量、损耗模量和损耗因子等曲线的 DTMA 图谱。图中左上角的曲线是储能模量 E'，代表了材料的刚性部分；中间对称的曲线是损耗模量 E''，代表了材料的阻尼部分；右上角的曲线是损耗因子 $\tan \delta$，为损耗模量与储能模量的比值，代表了材料的损耗特性。在约-40℃～0℃的温度范围内，E' 呈现台阶式下降，E'' 与 $\tan \delta$ 出现峰值，这是由材料在该温度区间内的玻璃化转变所致。另外，每一类曲线均包含不同线型的多条线，此为多频扫描在不同频率下的结果。可以通过分析软件对各自曲线进行分析。基于多频扫描结果，还可作频率外推和计算转变活化能等。

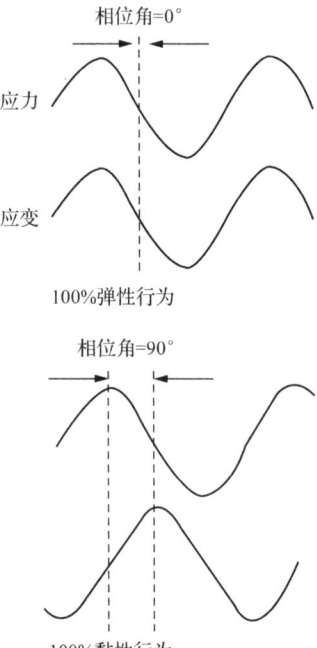

图 6-5　应力应变与相位角的关系

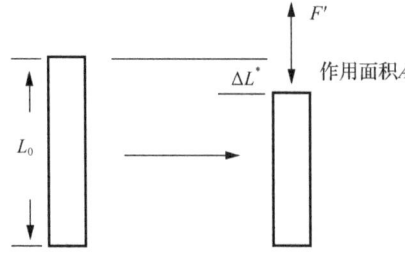

图 6-6　压缩模式测量示意图

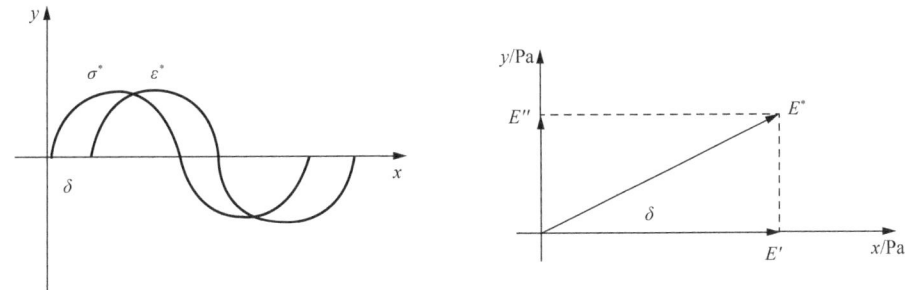

图 6-7 应变和杨氏模量动力学参数的变化关系

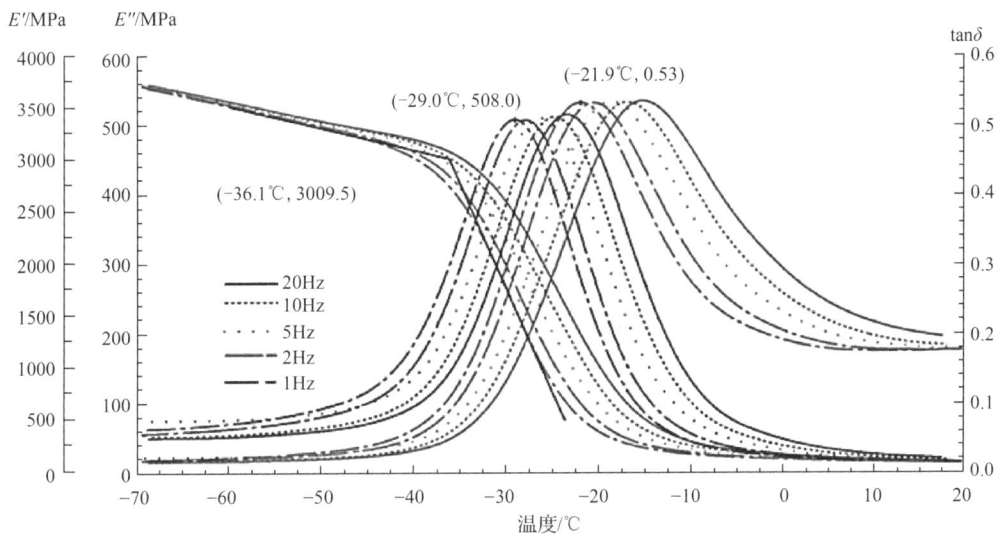

图 6-8 材料动力学参数随温度的变化关系（扫封底二维码可见彩图）

6.3.4 声传播测试方法

通常测定黏弹性材料参数的方法可分为力学方法和声学方法两大类。相较于力学测试手段，声学方法的优势在于其能够直接获取材料的声学性能参数，从而在频段范围上与机理研究同步。声学测量通过在自由场或者声管里测量材料样品的反射系数或者透射系数，进而计算材料参数。现有方法包括在水池中由待测试样的平板试样测量斜向入射声波的回声降低或插入损失来反演材料参数[9-10]，但低频测量时由于样品边缘的衍射干扰使得误差较大。此外，也可利用做成球形的待测试样，使实际测量的散射系数与理论计算的散射系数相差最小，从而计算材料体积模量的做法[11]。

1. 声管测量法

声管测量研究已经有几十年的发展，根据测量和分离声波信号的方法不同，声管测量方法分为驻波法、脉冲法和行波法。这种测量方法只能测量法向吸声特性，并且对于一些非均匀且具有一定内部结构的材料来说，由于声管测量的尺寸限定，测量结果并不能完全反映结构的声学特性。

根据声学参数和材料力学参数之间的关系，可以通过测量材料的声速和衰减系数来确定其力学参数，而材料的声速和衰减系数可以通过测量声管中材料的反射系数来得到，声管测量反射系数的技术已经相当成熟。对于均匀试验试样，声波是法向入射的，材料中仅存在纵向传播的波，只要得到材料的纵波声速和衰减，就可以计算出材料的体积和纵波模量 S，而纵波声速、衰减可通过复反射系数和输入阻抗之间的关系得到。在《声学 水声材料纵波声速和衰减系数的测量 脉冲管法》（GB/T 5266—2006）标准里，详细介绍了基于脉冲管法的测量原理。本节介绍声管的宽频测量方法，如图 6-9 所示。

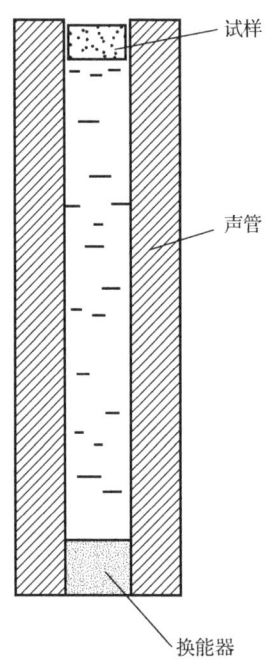

图 6-9 反射法测量力学参数原理示意图

这种测量方法是通过声管测量出材料试样的复反射系数 R，将待测试样和标准反射体交替置于脉冲管的一端，并且试样的后界面阻抗已知，用脉冲管法通过测量与换能器接收到的试样反射波和标准反射体反射波相对应的电压幅值和相位，求得试样前界面复反射系数的模 $|R|$ 和相位 φ，进而得到材料的输入面阻抗，然后计算出被测试样的纵波声速、衰减，最终确定材料的体积纵波模量 S 如下：

$$S = S'(1 + i\eta_s) \tag{6-4}$$

$$\eta_s = \frac{2\alpha_1 \omega^2 c_1}{\omega^2 - \alpha_1^2 c_1^2}, \qquad S' = \frac{\omega^2 c_1^2 - \alpha_1^2 c_1^4}{\omega^2 \left(1 + \alpha_1^2 c_1^2\right)^2} \tag{6-5}$$

利用测量材料声学性能的专用声管,测量出材料样品的复反射系数,进而得到材料样品的输入声阻抗,然后计算出被测试样的纵波声速、衰减系数以及剪切形变时黏弹性材料的剪切模量和损耗因子,最终可以确定材料的复杨氏模量和复剪切模量:

$$E = E' + \mathrm{i}E'' = E'(1 + \mathrm{i}\eta_E) \tag{6-6}$$

$$G = G' + \mathrm{i}G' = G'(1 + \mathrm{i}\eta_G) \tag{6-7}$$

在测量剪切模量时,被测的材料样品贴在钢柱的表面,如图 6-10 所示,当柱中激发起纵向振动时,在环形材料中将产生剪切振动。样品的柱径为 a,G' 和 η_G 分别是剪切变形时黏弹性材料的剪切模量和剪切损耗因子。

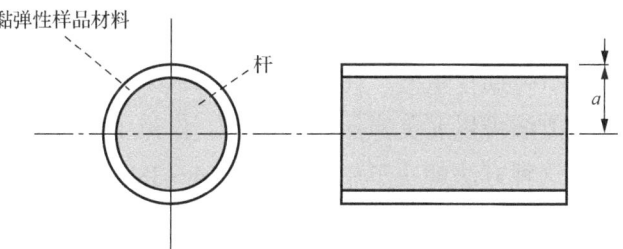

图 6-10 被测的材料样品示意图

根据材料样品纵波声速与材料杨氏模量、泊松比之间的关系有

$$c_1 = \sqrt{\frac{E(1-\sigma)}{\rho(1+\sigma)(1-2\sigma)}} \tag{6-8}$$

$$\alpha_i = \frac{E}{2(1+\sigma)} \tag{6-9}$$

所得杨氏模量:

$$E = \frac{3\rho c_i^2 - 4G}{\rho c_i^2 - G} G \tag{6-10}$$

材料剪切模量声管测量方法的测量系统简单,其缺点是计算误差大,样品制作难度大。

2. 自由场测量方法

在自由场中或者消声水池中,对一些典型的平板样品进行测量,采用截断参量源作为声源,测试样品的透射系数的频谱和角谱,并采用曲线拟合方法来估计测量频段的材料的横波声速和衰减系数,材料的剪切模量 G 与材料的横波声速和衰减系数存在如下关系:

$$\eta_G = \frac{2\alpha_i \omega^2 c_i}{\omega^2 - \alpha_i^2 c_i^2} \tag{6-11}$$

$$S' = \frac{\omega^2 c_t^2 - \alpha_t^2 c_t^4}{\omega^2 \left(1 + \alpha_t^2 c_t^2\right)^2} \tag{6-12}$$

参量源法测量系统在 10~100kHz 频段内能够对水声材料的剪切模量进行精确测定，然而自由场测量方法在此过程中存在一定局限性，测量不能随温度变化和水压变化展现样品性能，而且测量结果必须考虑水池壁的反射、样品边缘的衍射和换能器的近场效应，并且样品要做得足够大。

此外，还可以考虑利用材料散射声场反演材料的力学参数，这是近年来发展的一种新研究方法。根据水下材料的散射声场声压模函数的勒让德系数，运用遗传算法反演材料的基本声学参数，如泊松比、纵波速度及纵波衰减系数、横波速度及横波衰减系数等。一直以来，声压的测试技术较为成熟，而相位的测量相对来说，在较宽的频率范围内实测技术难度较大，相位变化对于材料特性很敏感，相位测试结果很大程度影响了测试的精确性。采用材料散射声场反演的方法可以避免声压相位测量，仅需了解散射声场的声压幅值，进一步降低了实验误差。这种方法解决了中高频率（14~38kHz）上黏弹性材料声学参数的测量问题。此方法存在的问题是目标散射声场测量点较多，对同一目标的散射声场需多次测量反演材料的参数，因而方法的测量效率不高，而且现在对材料横波衰减系数的测量精度尚不够高。

3. 声速测量法

声速测量法也是一种比较成熟的测量方法，根据固体中弹性波传播理论，通过测量试样中弹性波的传播速度获取材料动态杨氏模量，常用的测量方法包括脉冲回波法、干涉法、相位比较法。以上几种方法主要测试低频段 1~5kHz，或者更低的频率。此方法的优势在于操作简便，材料消耗较少，节约资源。这种方法首先得到纵波的传播速度，然后得到杨氏模量。

声速测量法的基本原理在于利用波在传播过程中的形变来推导波的机械特征。传播的正弦波可用傅里叶积分来表示，同时涉及两个参数，即波的传播速度和材料衰减系数。通过这两个参数，可以立即得到材料的其他参数，如复杨氏模量 E 等。

采用这种方法测试时，可以通过消音铁锤撞击杆的一端来产生一个脉冲波。在脉冲波传播过程中记下两个截面上波形的变化情况，通过对比这两个截面上波的信息可以推导出传播速度和衰减系数，进而计算得到材料的参数 E。试验所用试样的直径约为 10mm、长度约为 1m 实圆形截面的杆件，实验测量的有效范围是 0~7kHz。需要注意的是，为确保一维传播波的有效性，试验中所用杆的直径必须远小于应力波的波长，对高阻尼材料来说，必须取更长的试样来避免应力波重叠的情况发生。相较于其他方法，此测量方法成本较低，测量过程简洁、迅速，数据接收与处理方便。

4. 声管+DMTA

目前还有一种新的方法，利用声管和DMTA结合来测量水声材料的动态参数特性。利用声管测量得出材料的吸声系数，将DMTA测得的剪切模量值作为已知数据，并把该材料的泊松比和材料密度系数以及声管中圆柱状样品的厚度作为输入参数，代入相关公式得出该材料的复纵波波速和横纵波波速，再根据分层介质理论，得到材料试样基于动态黏弹谱的吸声系数。其中，材料试样吸声系数可以采取两种方式，即空气背衬方式和钢背衬方式。

也可以采用如下的间接测量方法：根据采用空气背衬方式时声管中吸声系数的测量结果，反演得出泊松比值；在此基础上，联合其他参数用于钢背衬方式下声管分层介质模型的仿真计算中，计算其他的材料动态参数。采用动态力学方法可以获得材料在很宽频段的声学特性，与声管（200～30kHz）或者水池（1kHz以上）的测量频段相比，前者的宽频段优势和低频测量优势非常明显。实际应用中，这种方法实施便捷，低频优势显著，且能达到较高精度。

6.4 水下声学材料小样声管测试方法

6.4.1 脉冲管法

测定水声材料的纵波声学参数有很多方法，国内外广泛应用的方法为脉冲管法。早期水下声学材料测量多采用脉冲法，主要模拟舰船主动声呐的工作状态，测量声管内有无样品反射脉冲的幅度比，来评估材料对入射声脉冲的吸收能力。脉冲管是一种刚性厚壁（壁厚不少于管内半径）金属圆管，可发射、传播和接收脉冲声波，用于测量水声材料或构件样品声学性能参数。这种方法一般是在刚性厚壁声管内，用脉冲声技术在稳态平面波条件下测量水声材料试样复反射系数，然后计算试样材料纵波声速c和衰减系数α。

另外，在测量插入损失I_L和回声降低E_r方面，比起开阔水域中测量时样品尺寸大、成本高且难控制静水压等缺陷，脉冲管法测量样品小、测量方便，不会有边缘绕射的干扰，测量精度较高。

1. 复反射系数的测量

脉冲管[12]工作原理图如图6-11所示，主体是一根充水钢管，通常脉冲管都是垂直放置，下端封闭，装有换能器；上端开口，用来安放圆柱形的待测试样，只有当需要对管中施加静压力时，脉冲管的上端才封闭起来。

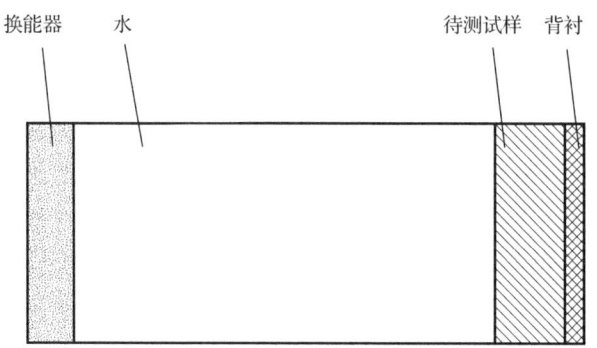

图 6-11 脉冲管法测量复反射系数原理图

脉冲管中的换能器通常是收发两用型的。待测试样和标准反射体交替置于脉冲管的一端，试样后界面阻抗已知，用脉冲法测量换能器接收到的试样反射波和标准反射体反射波相对应的电压幅值和相位，通过比较可得试样前界面复反射系数的模值 R 和相位 φ。复反射系数的测量步骤如下。

首先，测量样品反射的脉冲声压：

$$p_s = R p_0 \mathrm{e}^{-\mathrm{i}2k_0 l} \quad (忽略水中衰减) \tag{6-13}$$

式中，p_0 为样品的换能器表面声压幅值；k_0 为管中水的波数；l 为发射表面到样品表面的距离；R 为样品的复反射系数。

接着，移去样品，测量标准反射器反射的声压：

$$R = R \mathrm{e}^{\mathrm{i}\varphi} \tag{6-14}$$

当脉冲宽度适当（$\tau \leqslant 2l/c_w$）时，管终端阻抗不影响换能器发射，因此只要保持 $p_0 = p_0'$、$k_w = k_w'$、$l = l'$，即可得到复反射系数 R。

若以低阻抗空气界面作为标准反射器，则可得

$$p_s / p_M = R / R_0 = R \mathrm{e}^{\mathrm{i}(p-x)}, \quad R_0 = 1, \quad \varphi_0 = \pi \tag{6-15}$$

所以样品表面反射幅值同空气界面反射幅值之比的绝对值等于样品反射系数幅值，而两次回波的相位角差等于反射系数的相位角，即

$$\left| \frac{p_s}{p_M} \right| = R \tag{6-16}$$

$$\varphi = |\varphi_s| - |\varphi_M| + \pi \tag{6-17}$$

式中，$|p_s|$ 为样品反射的相对幅值；$|p_M|$ 为移去样品后空气界面反射的相对幅值；$|\varphi_s|$ 为样品反射的相对相位角；$|\varphi_M|$ 为移去样品后空气界面反射的相对相位角。

若以高阻抗金属界面作为标准反射器，则可得

$$p_s = \frac{R}{R_0} = Re^{i\varphi}, \quad R_0 = 1, \quad \varphi_0 = 0 \tag{6-18}$$

因此,

$$\frac{|p_s|}{|p_M|} = R \tag{6-19}$$

$$\varphi = \varphi_s - \varphi_M + 2k_w d \tag{6-20}$$

式中,$2k_w d$ 是因 p_s 和 p_M 的界面位置不同而引入的校正因子。脉冲管内传播平面波时,根据声传输理论,可分别在两种不同背衬情况下求出试样的输入阻抗。

(1) 当试样末端为空气背衬(即声学软末端)时,输入声阻抗由下式求出:

$$Z_{in} = \frac{i\omega\rho}{\alpha + \frac{i\omega}{c}} \tan h\left(\alpha d + \frac{i\omega d}{c}\right) \tag{6-21}$$

(2) 当试样末端为刚性背衬(即声学硬末端)时,输入声阻抗由下式求出:

$$Z_{in} = \frac{i\omega\rho}{\alpha + \frac{i\omega}{c}} \cot h\left(\alpha d + \frac{i\omega d}{c}\right) \tag{6-22}$$

利用试样前界面的复反射系数,试样的输入声阻抗也可由下式求出:

$$Z_{in} = \rho_n c_n \frac{1 + Re^{i\varphi}}{1 - Re^{i\varphi}} \tag{6-23}$$

式中,Z_{in} 为试样的输入声阻抗(Pa·s/m);α 为试样的衰减系数(Np/m);d 为试样厚度(m)。

纵波声速和衰减系数的计算如下。

(1) 对于声学软末端:

$$i\frac{\tan h\left(\alpha d + \frac{i\omega d}{c}\right)}{\alpha d + \frac{i\omega d}{c}} = \frac{\rho_n c_n}{\omega \rho d} \frac{1 + Re^{i\varphi}}{1 - Re^{i\varphi}} \tag{6-24}$$

(2) 对于声学硬末端:

$$i\frac{\cot h\left(\alpha d + \frac{i\omega d}{c}\right)}{\alpha d + \frac{i\omega d}{c}} = \frac{\rho_w c_w}{\omega \rho d} \frac{1 + Re^{i\varphi}}{1 - Re^{i\varphi}} \tag{6-25}$$

式(6-24)和式(6-25)右边的所有参数均可测出,但以上两式是超越方程,不能用代数运算方法解出方程中的纵波声速 c 和衰减系数 α，必须用图解法或借助计算机逐次近似法自动求出，从而确定试样的纵波声速 c 和衰减系数 α。

由上面讨论可知，反射系数幅值的测量误差直接决定于两次测量过程中发射信号的稳定度。一般说来，这个要求是比较容易达到的。

然而，引起反射系数相位角测量误差的因素较多。以空气末端测量为例，样品反射的相对相位角 $\varphi_s = 2k_w l + \varphi$，空气界面的相对相位角 $\varphi_M = 2k'_w l' + \pi$，所以，$k_w$ 和 l 的改变都会引起 $\Delta\varphi = \varphi_s - \varphi_M$ 的改变。若用绝对误差表示，可写成如下关系式：

$$\Delta\varphi = \Delta(2k_w l) = 4\pi\Delta\left(\frac{fl}{c}\right) \tag{6-26}$$

式中，f 为工作频率；l 为水柱高度；c 为管中水的声速。

因此，φ 的极限误差为

$$(\Delta\varphi)_{\max} = \left|\frac{\partial\varphi}{\partial f}\Delta f\right| + \left|\frac{\partial\varphi}{\partial l}\Delta l\right| + \left|\frac{\partial\varphi}{\partial c}\Delta c\right| = \Delta\varphi_f + \Delta\varphi_l + \Delta\varphi_c \tag{6-27}$$

式中，$\Delta\varphi_f = \frac{4\pi l}{\lambda}\left|\left(\frac{\Delta f}{f}\right)_{\max}\right|$；$\Delta\varphi_l = \frac{4\pi l}{\lambda}|\Delta l_{\max}|$；$\Delta\varphi_c = \frac{4\pi l}{\lambda}\left|\left(\frac{\Delta c}{c}\right)_{\max}\right|$。

由此可见，φ 的极限误差是由信号的频率稳定度 $\Delta f/f$、两次测量中水柱高度差 Δl 和管中声速的改变 $\Delta c/c$ 所决定的。而声速的改变是由管中水的温度变化引起的。

下面给出典型示例：设脉冲管总长度 $l = 2\text{m}$，工作频率 $f = 10\text{kHz}$，信号频率稳定度 $\Delta f/f = 10^{-5}$，温度变化会引起声速的变化，水柱高度测量误差为 $\Delta l = \pm 0.2\text{mm}$，则可以求得 $\Delta\varphi_f \leqslant 0.1°$、$\Delta\varphi_l \leqslant 1°$、$\Delta\varphi_c \leqslant 2°$。由此例可知，由频率漂移引起的误差最小，由水柱高度和水温改变引起的误差较为显著。因此，脉冲管系统必须附加温度控制设施，并尽可能使用声学硬末端。

脉冲管法的模拟测量装置组成如图 6-12 所示，此装置由声管、换能器和电子测量设备组成。位于声管一端的换能器向声管中发射脉冲调制的正弦波，经声管另一端的试样反射，再由同一换能器接收反射波，通过对带声学硬（或声学软）末端的试样反射波与刚性（或柔性）标准反射体反射波声压幅值和相位的比较，测量试样复反射系数的模和相位。

一般要求脉冲管为一根管壁均匀、内壁光洁的充水金属管。为保证管壁有足够的刚性，管壁厚度 h 与管内半径 a 之比应大于等于 1。

脉冲管法中使用的换能器应是平面活塞型收发两用换能器。其在变温变压测量环境下应具备优秀的温度稳定性和压力稳定性。此外，换能器的安装过程中，需尽量避免与声管壳体产生声耦合现象。

对于模拟测量装置仪器的要求如下：①信号发生器的频率稳定度应优于 2×10^{-5}；②移相器应可对正弦信号在 0°～360° 内均匀移相，最大允许误差 ±2°；③衰减器的量程应为 0～80dB，最小步进 0.1dB；④幅值指示器的分辨率应不大于 0.2dB，相位指示器的分辨率应不大于 2°；⑤频率计的最大允许误差应不大于 ±10⁻⁴；⑥功率放大器在工作频带内和换能器应有较好的阻抗匹配，稳定性要求为 8 小时内信号波动不超过 ±1%。

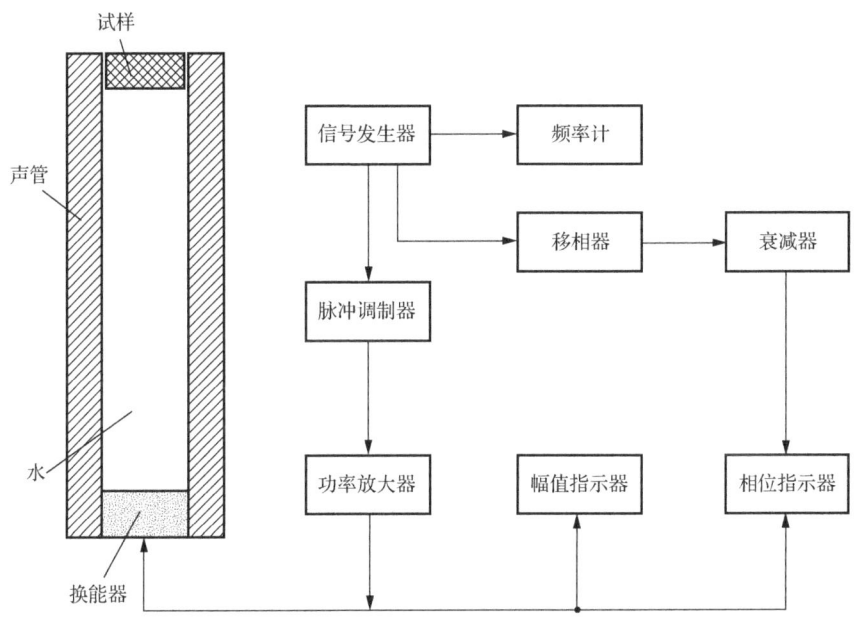

图 6-12 脉冲管法模拟测量复反射系数装置框图

脉冲管法的数字测量装置[13-15]组成如图 6-13 所示，此装置的脉冲管、换能器与模拟测量装置中的相同，电子测量设备由函数发生器、功率放大器、收发转换器、带通滤波器、信号

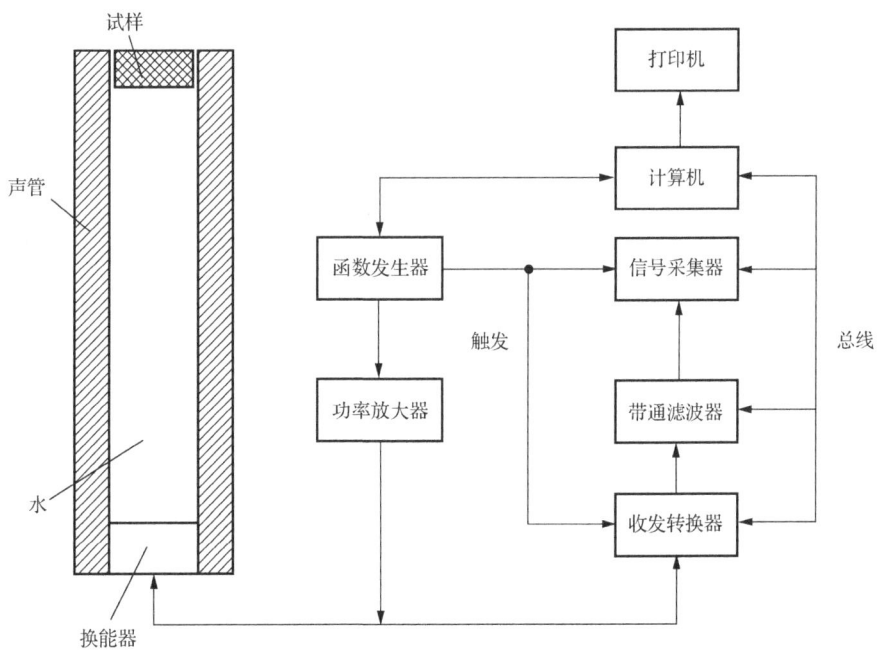

图 6-13 脉冲管法数字测量复反射系数装置框图

采集器和计算机系统组成。函数发生器直接产生脉冲正弦信号，带通滤波可以滤掉低频噪声和频率高于测量频率两倍的信号，收发转换器能在脉冲信号发射时关闭接收通道，发射结束后打开接收通道。计算机安装测量软件，通过总线控制数字仪器，完成信号采集与处理、测量结果保存和打印，系统测量信噪比应大于20dB。

对于数字测量装置仪器的要求如下[16-17]：①函数发生器的频率稳定度应优于2×10^{-5}；②信号采集器的采样率应至少大于脉冲管最高工作频率的10倍；③带通滤波器应能滤掉低频噪声和频率高于测量频率两倍的信号；④功率放大器在工作频带内和换能器应有较好的阻抗匹配，稳定性要求为8小时内信号波动不超过±1%。

标准反射体分为柔性和刚性两种类型。柔性标准反射体在常压条件下可作为全反射参考，其复反射系数近似为-1，适用于声学软末端条件下的测量，一般是管端的空气。在常压情况下，柔性标准反射体为首选。刚性标准反射体可作为常压或加压情况下的全反射参考，复反射系数近似为1，适用于声学硬末端条件下的测量。刚性标准的主要要求如下：①标准反射体通常为不锈钢圆柱，它与脉冲管的间隙应不大于0.2mm；②标准反射体长度应为频率f_0时声波的四分之一波长；③标准反射体适用的频率范围为$f_0\pm\dfrac{f_0}{4}$。

对试样的要求如下：①试样应制成圆柱形，圆柱度不大于0.1mm，试样与脉冲管的间隙应不大于0.2mm；②试样的厚度应在$0.3\lambda\sim0.6\lambda$，平行度不大于0.5mm；③试样要求表面平整，平面度不大于0.5mm。

测量方法如下：脉冲管内应充满蒸馏水，首次注水或换水后应稳定至少48h，使脉冲管壁和水媒质之间充分浸润，达到温度平衡。测量开始前应清除脉冲管内存在的气泡。脉冲管中水的密度ρ_w一般不作测量，在常压、水温$0℃<t<30℃$的范围内可直接取$\rho_w=1000\text{kg}/\text{m}^3$。当$h/a\geqslant 1$时，脉冲管中水的声速$c_w=0.98c_{w0}$。蒸馏水中的声速$c_{w0}$与水温$t$（℃）的关系由式（6-28）表示：

$$c_{w0}=1557-0.0245(74-t)^2 \tag{6-28}$$

在常压下，水温t的范围为$0℃<t<94℃$。

在进行试验前，首先需将试样表面进行清洗，确保擦拭干净，并将其完全浸泡于水中至少24小时，以使试样表面得到充分浸润。在将试样置于脉冲管内时，需尽量避免带入气泡。等待数分钟后，待试样与水媒质间达到温度平衡，方可开始进行测量。试样密度ρ的测量参照《化工产品密度、相对密度的测定》（GB/T 4472—2011）的规定，试样厚度d的测量可用游标卡尺多点测量取平均值。复反射系数的测量步骤如下。

（1）采用模拟装置的测量步骤：①位于脉冲管一端的换能器向管中发射脉冲波，声波经脉冲管另一端的试样或标准反射体反射，由同一换能器接收，要求系统的测量信噪比应不小于20dB。②在测量频率点上，用幅值指示器、相位指示器和移相器分别测出与带背衬试样的反射脉冲相对应的电信号幅值A_1和相位φ_1，以及与标准反射体反射脉冲相对应的电信号幅

值 A_0 和相位 φ_0。③分别计算复反射系数的模和相位，

$$R = \frac{A_1}{A_0} \tag{6-29}$$

对于声学软末端，有

$$\varphi = \varphi_1 - \varphi_0 + 180 + \frac{4 \times 180 f \Delta l}{c_w} \tag{6-30}$$

式中，

$$\Delta l = \left(1 - \frac{D^2}{D_0^2}\right) d \tag{6-31}$$

对于声学硬末端，有

$$\varphi = \varphi_1 - \varphi_0 + \frac{4 \times 180 f d}{c_w} \tag{6-32}$$

（2）采用数字装置的测量步骤：①同模拟装备测量第一步。②在测量频率点上，利用信号采集器测量与带背衬试样的反射信号相对应的电信号，然后测量与标准反射体的反射信号相对应的电信号，经离散傅里叶变换（discrete Fourier transform，DFT）处理后得到它们的幅值 (A_1, A_0) 和相位 (φ_1, φ_0)。③同模拟装置测量第三步。

纵波声速的计算方法如下：改变管中水柱的有效长度，当试样末端为空气背衬（即声学软末端）时，测量水的自由表面反射相位的变化：

$$\Delta \varphi = \frac{4 \times 180 f \Delta l}{c_w} \tag{6-33}$$

由此可得脉冲管中水的声速计算式：

$$c_w = \frac{4 \times 180 f \Delta l}{\Delta \varphi} \tag{6-34}$$

为了提高测量准确度，Δl 应尽量选取使 $\Delta \varphi = 180n$ 的值，故得

$$c_w = \frac{4 f \Delta l_n}{\Delta \varphi} \tag{6-35}$$

式中，n 为整数；Δl_n 为当反射波相位的变化量为 $n\pi$ 时，换能器表面到管口水面间的距离变化量。

c_w 的测量误差主要由 Δl_n 的测量误差决定，n 越大，c_w 的测量准确度越高。若测量频率 $f = 10 \text{kHz}$ 并且 $n = 1$，Δl_n 的相对测量误差为 $\pm 1\%$，c_w 的相对测量误差为 $\pm 2\%$。

2. 插入损失及回声降低的测量

声学材料的插入损失和回声降低既可在开阔水域（自由场）进行测量，也可利用声管进行测量。脉冲管测量的优势在于样品尺寸小、成本低，能测量静水压对插入损失和回声降低的影响，且避免边缘绕射的干扰。利用脉冲管法测量小样品的插入损失和回声降低的原理图如图 6-14 所示[18]。通常只用一个收发合置换能器，样品的直径略小于脉冲管内径，并将样品置于管中某一位置。在常压测量时，终端全反射器选择空气；在改变管中静水压测量时，选择厚金属块。

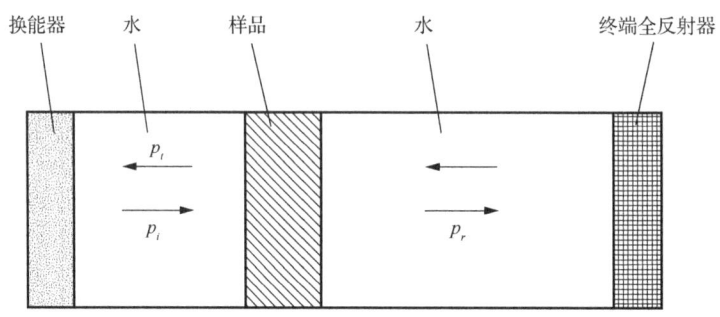

图 6-14 脉冲管法测量插入损失及回声降低的原理图

按照图 6-14 布置，能使发射脉冲与样品的反射脉冲、由终端反射回来的两次穿过样品的声脉冲及其他脉冲完全分开。测量时，先测出与示波器上第一个脉冲 p_r 和第二个脉冲 p_t 相对应的衰减器读数 α_r 和 α_t，取出样品后再测出与示波器上第一个脉冲相对应的衰减器读数 α_d（电脉冲已被示波器消隐掉），分别用下列公式计算 I_r 和 E_r：

$$I_r = (\alpha_d - \alpha_t)/2 \quad (6\text{-}36)$$

$$E_r = \alpha_d - \alpha_r \quad (6\text{-}37)$$

虽然脉冲管法测量插入损失和回声降低优点明显，但只能测量垂直入射情况下的插入损失及回声降低，无法确定两参数与入射角的关系。

6.4.2 驻波管法

较低频率的材料构建复声压反射系数通常在驻波管中进行测量。与脉冲管相比，脉冲管发射的是正弦脉冲信号，而驻波管发射的是单频连续信号。同样地，在驻波管里进行测试时，驻波管也需要满足相应的要求，以保证测量的准确性。

1. 复反射系数测量

复反射系数测量原理如下：驻波管结构与脉冲管类似，测量时，由声管一端的换能器发射连续信号，声波被样品反射后在管内形成驻波，用可移动的探针式水听器来测量管中驻波参数，即可得到材料的复反射系数。

但是，探针水听器位移偏差±1mm，便会产生明显的相位角误差，因此，驻波管测量对装置坐标的精度要求较高。另外，用驻波管测量时，由于要移动水听器，还要增加一套传动机构。若要调整管内静水压，传动机构是相当复杂的。常见的驻波管为收发分置型，其不足在于样品必须开槽（或孔），以使探针水听器能在样品前方来回移动。然而，开槽样品在测量过程中会产生一定问题，部分样品不允许开槽或具备防水外壳，这便导致驻波管测量的局限性。当然，也有换能器收发合置的驻波管，不需要探针水听器，也就不要求样品开槽（或孔），测量时样品在管内移动。但这种方法当样品离开管端进入管中时，样品后背的阻抗难以实现绝对软（或硬）的标准界面，这可能引入较大的测量误差。

测量装置由水听器位置标尺、测量放大器、带通滤波器、示波器、低频信号发生器、频率计、探针水听器、发射换能器等组成[19]，如图 6-15 所示，有时还包括驻波管的吸声末端和温度计。

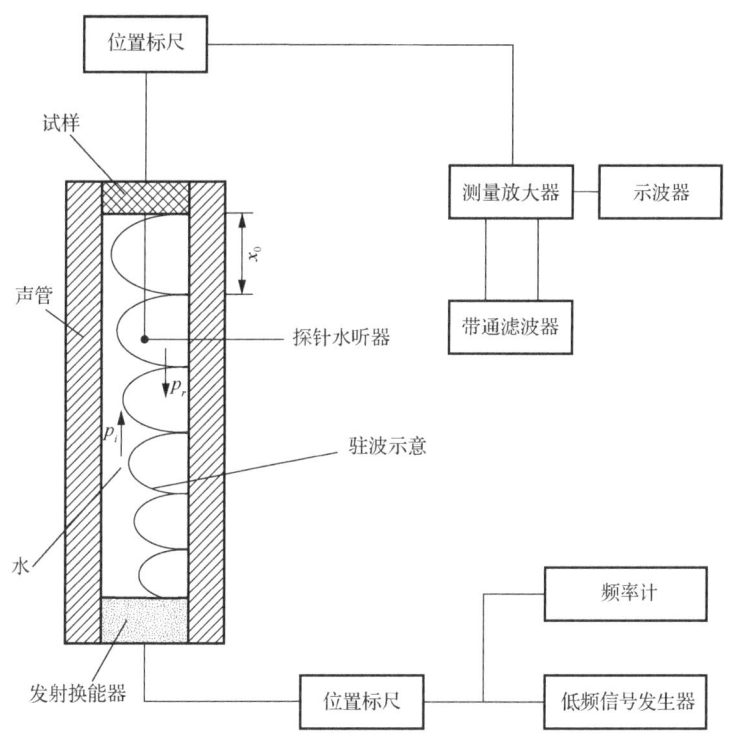

图 6-15 驻波法复反射系数测量装置图

在测试设备前，须完成一系列校验步骤，这些校验有助于排除各种误差来源，并满足最低性能要求。驻波管本体为一厚壁直立不锈钢长圆管，内径均匀，内表面光洁，无缺陷。安装时应有良好的隔振措施。换能器为平面圆活塞型，须具备良好的水密性、温度稳定性、时间稳定性和静水压稳定性。安装时需确保与管体振动耦合程度降至最低。

对于测量装置仪器的要求如下：①信号发生器输出频率范围20Hz～20kHz，频率稳定度优于10^{-6}的正弦波；②频率计应采用频率精度1%，频率稳定度优于10^{-8}的计量信号源输出；③功率放大器输出功率不小于5W，频率范围在20Hz～20kHz，且与换能器有良好的阻抗匹配；④测量放大器频率范围20Hz～20kHz，测量电压范围10μV～30V，增益可在-30～100dB内调节，并且本机电噪声不得大于10μV；⑤相位计频率范围20Hz～20kHz，检测相位范围±180°，检测分辨率为±1°，输入电压0.5～5V；⑥水听器频率范围10Hz～20kHz，耐静水压大于4.0MPa，尺度小于声管径的1/10，且小于最高测量频率时波长的1/10；⑦水听器位置标尺应可连续读出水听器位置，读数分辨率为0.5mm；⑧标准宽带全反射体频率范围20Hz～5kHz，复反射系数模为1，相位0°或180°，耐静水压大于4.0MPa；⑨驻波管内应充满蒸馏水，每当更换水介质后，必须清除管内气泡，并静置至少48h之后方可进行测量。

对于试样的要求如下：①试样应做成柱形，其直径a与管内壁间的环缝宽度Δr应满足$\Delta r/2a<0.01$；②测量均匀材料复声速时，试样厚度一般为$0.3\lambda\sim0.6\lambda$；③试样要求表面平整、厚度一致。同一材料、同样规格的试样应不少于3块；④测试前应清洗试样表面，并在水中浸泡24h以上；⑤测试时，试样背面应与管口齐平，在常压下采用空气背衬条件测试时，应将样品背面的水吸干；⑥带背衬测量时，应将试样均匀粘贴在背衬上，待黏接胶干后再进行测量；⑦安装试样时应注意不能带入气泡，安装完毕后停数分钟再进行测量。

首先测量水温、材料密度和试样的直径与厚度，并检查整个测量系统，在所有测量频率范围内信噪比不小于20dB，空管驻波比不小于40dB。

从试样表面位置开始，移动水听器，寻找驻波的波腹和波节，以及第一个波节离试样表面的距离x_0，重复移动水听器测量三次，取其平均值。

驻波管测量频率较脉冲声管低，其值取决于发射器性能，通常在数百赫兹至数千赫兹之间。被测样品置于管口，常用于声管末端声阻抗已知情况下样品反射系数的测量，不能直接测量样品的隔声（或透声）性能，存在一定的局限性。

驻波管测量频率较脉冲声管低，其值取决于发射器性能，通常在数百赫兹至数千赫兹之间。在被测样品置于管口的情况下，该方法主要适用于声管末端声阻抗已知条件下样品反射系数的测量。然而，此类方法无法直接评估样品的隔声（或透声）性能，因此在应用中存在一定的局限性。

2. 隔声量测量

早期评价构件的隔声量一般在隔声实验室进行，被测构件的面积一般为$10m^2$，样品尺寸大，成本高，只有当项目进行到工程转化阶段时才有条件实现，且通常按照隔声的质量定律进行估算，误差较大。利用驻波管可以进行构件隔声量的测量，该方法简便且所需试样尺寸较小。根据声压透射系数的定义，为确保被测构件后方无反射波，驻波管末端应安装吸声末端。测试样品置于驻波管中部，试样前方形成驻波场，背后的透声场为行波场[20]。测量原理如图 6-16 所示。

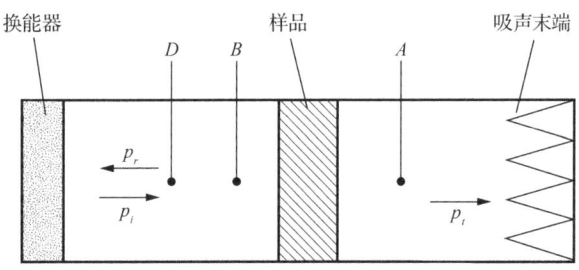

图 6-16　驻波法隔声量测量装置图

声管中的测试方法有两种，一种是先在有试样的条件下测量 A 点的透射声压 p_t，然后在无试样的条件下，在同一点 A 测量直达声压（假设声波在驻波管中传播时无衰减）作为入射声压 p_i，两者相比求出声压透射系数 t_p。此法称为末端直接比较法，即前面提到的插入损失测量法。

在试样表面吸声性能优良的情况下，隔声量与插入损失的数值相差较小；但是对于吸声性能较差的试样，插入损失比隔声量小得多。其原因可明显从图 6-16 中看出，在样品的左端，由于试样表面及声源表面均存在反射，同方向同频率声波多次叠加，使入射到试样表面的正向波大于声源实际发射的声波声压（在比较法中用无试样时 A 点的声压值代表）。

因此，真正的入射波声压应该是样品左端驻波场中的正向波。为了解决这个问题，发展了双传感器法，将驻波场中的正向波（入射波）与反向波区分开来，称为吸声末端驻波分离法。设正向波为 p_i，反向波为 p_r，d 为传感器 B 和传感器 D 的间距，传感器 B 和传感器 D 测得的声压分别为 p_B 和 p_D，则

$$p_B = p_i \mathrm{e}^{-\mathrm{i}kd} + p_r \mathrm{e}^{\mathrm{i}kd} \tag{6-38}$$

$$p_D = p_i + p_r \tag{6-39}$$

分离出的正向波为

$$p_i = \frac{p_B - p_D \mathrm{e}^{\mathrm{i}kd}}{\mathrm{e}^{-\mathrm{i}kd} - \mathrm{e}^{\mathrm{i}kd}} \tag{6-40}$$

因此，仅需一次试验便可全面测出入射波和透射波，既降低了测量次数，又提升了测量准确性。研发并设计高性能的吸声末端是实现驻波管隔声量测试的关键。为确保隔声量测试误差控制在 ±1dB 以内，要求吸声末端的吸声系数在所测频率范围内不低于 0.99。在测试过程中，测量透声的换能器应紧贴试样背面，远离吸声末端，以提高测试准确性。试样的制作和安装是影响测试准确性的另一重要因素，尤其需注意试样与管壁间的缝隙不可过大，应设法密封，以防漏声影响测试准确性。

研究发现，采取驻波分离法可以实现完全按隔声量定义在驻波管中进行隔声量的测量。与直接比较法相比，此类方法可降低测试工作量，提高测试精度，然而，此类方法尚无法应用于重构件及大面积不均匀构件的隔声测量。

6.4.3 行波管法

脉冲管测量装置能够测量样品的反射系数和透射系数，但在测量透射系数时样品需保持均匀密实。测量的最低频率受声管长度的制约，通常约为 2kHz。驻波管测量装置可以在低频连续波条件下工作，其测量最低频率取决于声源的信噪比，目前可低至 100Hz。然而，在测量过程中，样品需置于管口，且仅在两种特定情况下可测量反射系数：一种是样品伴有声学背衬；另一种是声管末端阻抗已知。因此，该方法无法直接获取被测样品的声学性能，具有一定的局限性。

行波管是从驻波管发展而来的，有效解决了低频声管声场由驻波向行波的转换问题，在实验室充水声管中模拟自由场水温水压环境，在低频段实现试样声学参数的测量。

对驻波管进行改进，将被测样品置于声管中央，声管两端配置一对发射器，末端安装无源吸声构件以吸收声波，使驻波场变为行波场，测量过程中无须考虑声波在管口的反射和管口声阻抗的影响，如同声管无限长一样，形成单向传播的行波。然而，低频耐压无源吸声构件的制作目前仍具挑战。

行波管法原理图如图 6-17 所示，被测样品置于声管的中央，和声轴线垂直，将声管隔为上下两部分。主发射器位于声管底部，次发射器位于声管上部，均为平面活塞式换能器。在上下两部分声管中分别嵌入水听器组用来测量样品的反射声场和透射声场[21-22]。

应用主动消声技术使样品的透射声波在声管次发射器表面的反射可以忽略，在管中建立行波声场。然后，通过分别计算样品两侧声场中每一对水听器的传递函数，得到样品的反射系数和透射系数。主发射器垂直向样品表面发射正弦声波，声压为 p_{in}，声能的一部分反射回来，声压为 p_{re}，一部分投射到上半部分声管，声压为 p_{tr}。

行波管法的要求在于，传播至声管上管口次发射器表面的声波与其发射的声波相互抵消，即避免在其表面发生反射。基于此原理，需不断调整主、次发射器发射信号的幅度比和相位差，在声管上半部分形成行波声场，即样品透射波的单向传播。在理想状态下，当行波场形成时次发射器表面的声压反射系数为零。透射行波场形成后，在声管的下半部分只是由入射声波与样品的反射波形成的驻波场。

在建立行波声场过程中，先只有主发射器发射声波，次发射器不工作，用双水听器传递函数法计算次发射器表面的反射系数 r_0，以 0 号、2 号和 3 号、5 号水听器为例：

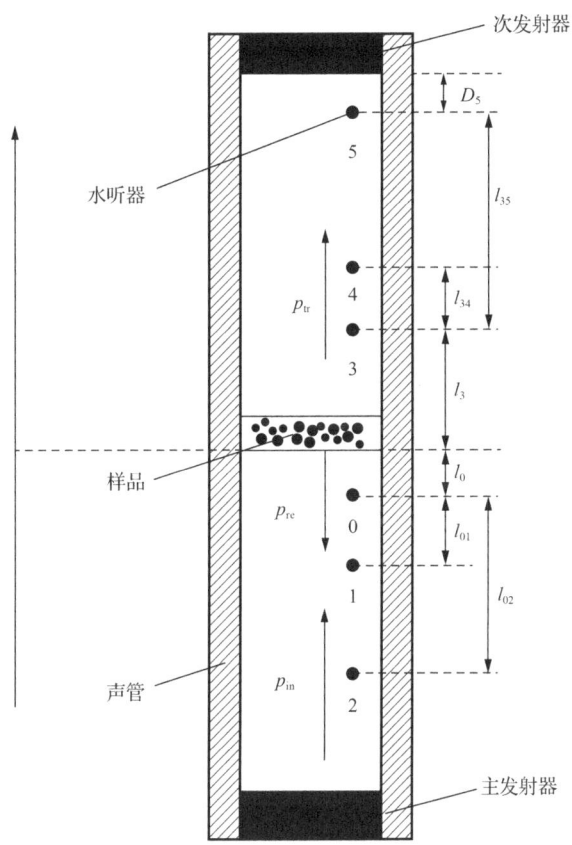

图 6-17 行波管法原理图

$$r_0 = \frac{1-h_{35}\mathrm{e}^{\mathrm{i}kl_{35}}}{(h_{35}-\mathrm{e}^{\mathrm{i}kl_{35}})\mathrm{e}^{\mathrm{i}k(2D_5+l_{35})}} \tag{6-41}$$

$$r_1 = r_0 + MU_0 \tag{6-42}$$

式中，h_{35} 为 3 号水听器、5 号水听器之间的传递函数；U_0 为 0 号水听器通道输出的电压值；k 为管中的声波波数；l_{35} 为组成阵列的 3 号水听器和 5 号水听器之间的距离。

主发射器发射状态不变的情况下，次发射器由一个特定幅度和相位的电信号 U_0 驱动，根据式（6-41）测量得到次发射器表面的反射系数 r_0，由式（6-42）得 M。

若希望当输入次发射器功放的信号为 U_x 时次发射器表面不存在反射声波，则有

$$r_x = r_0 + MU_x = 0 \tag{6-43}$$

即

$$U_x = -\frac{r_0}{M} \quad (6\text{-}44)$$

在建立行波声场后，为确保在样品声学参数测量中满足空间采样定理，根据各测试频率的不同，选择不同水听器对样品反射波和透射波区域声场进行记录。应用双水听器的传递函数，样品反射系数 r_p 和透射系数 τ_p 由下面两式测量得到（以 0 号、2 号、3 号、5 号水听器为例）：

$$r_p = \frac{p_r}{p_{\text{in}}} = \frac{1 - h_{20} e^{ikl_{02}}}{(h_{20} - e^{ikl_{20}}) e^{ik(2L_0 + l_{02})}} \quad (6\text{-}45)$$

$$\tau_p = \frac{p_t}{p_{\text{in}}} = \frac{h_{30} - h_{50} e^{ikl_{35}}}{(h_{20} - e^{ikl_{20}}) e^{ik(L_0 + L_3 + l_{35})}} \quad (6\text{-}46)$$

式中，L_0、L_3 为 0 号、3 号水听器与样品声波入射面的距离。

6.4.4 时空逆滤波法

行波管法能够有效降低声管法测试的低频限制，适用于吸声和隔声测量，一般测量频率约为 400~2000Hz。这种方法测量精度很大程度上取决于声管中行波场的水平，因此对有源消声技术有较高要求。受限于有源消声技术的发展水平，行波管法测量时的低频误差较大，且测量装置相当复杂。

如果将逆滤波技术用于水声管的声学测试，激励换能器在水声管中产生宽频脉冲信号，水听器接收入射信号和样品反射信号，在脉冲波分离的情况下计算水声材料的反射系数和吸声系数，则可以拓宽在声管中的测量低频下限。该方法使用单水听器，解决了传递函数法双传声器幅度和相位不匹配的问题，然而当进一步降低测试频率时，产生测量脉冲所需要的驱动信号过长，对于收发合置式脉冲管系统，会导致发射信号和接收信号的混叠，甚至使换能器无法发射完整的脉冲波。因此，这种在水声管中采用前置逆滤波方法产生可控脉冲波的测试方案，在低频测量方面存在技术障碍。基于后置逆滤波的宽带脉冲法测试，在测量获得系统传递函数后，直接对观测信号进行后置逆滤波，有效避免了前置逆滤波方法中驱动信号过长的问题。

1. 后置逆滤波法测量原理

后置逆滤波法实际上仍是一种宽带脉冲测试法，宽带脉冲测试系统原理如图 6-18 所示[23]。由计算机产生数字信号输入到发射系统，激励换能器在水声管中产生入射声波信号。

入射声波经由标准反射体或待测试样反射后产生回波信号，回波信号经过换能器接收转换为电信号，电信号由接收系统采集得到。

当反射面为标准反射体时，接收系统采集到的信号为 $y_1'(t)$，称为参考信号，当反射面为待测试样时，采集到的信号为 $y_1(t)$，称为样品反射信号。

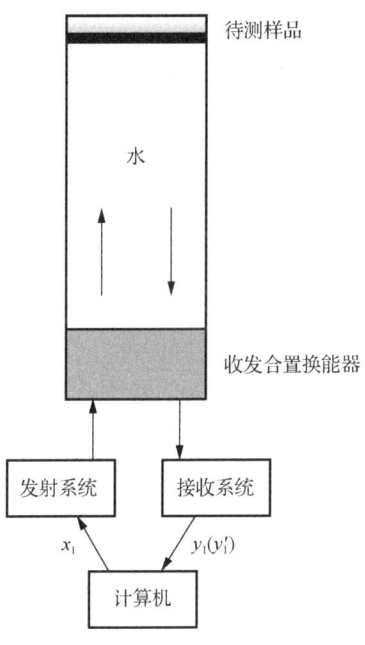

图 6-18　后置逆滤波法测试系统原理图

待测试样的反射系数 $R(\omega)$ 为

$$R(\omega) = \frac{Y_1(\omega)}{Y_1'(\omega)} \tag{6-47}$$

式中，$Y_1'(\omega)$ 为参考信号的幅度谱；$Y_1(\omega)$ 为样品反射信号的幅度谱。

将样品置于声管口，吸声系数可由反射系数计算得到：

$$A(\omega) = 1 - R^2(\omega) \tag{6-48}$$

在采用宽带脉冲法进行测试时，换能器接收到的信号可表示为宽带信号与发射系统、传输系统及接收系统响应函数的卷积。由于系统响应和噪声的影响，线性系统的输出变得模糊，接收到的脉冲信号不再规整，建立稳态需要时间，当超过低频限测量时，无法有效分离和截取脉冲波。使用逆滤波技术，在已知输出和系统响应的条件下，得到宽带信号。测量系统的信号处理模型如图 6-19 所示[24]。

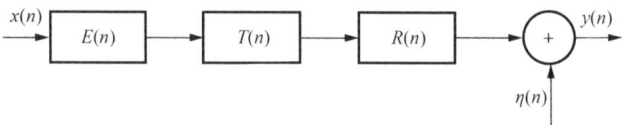

图 6-19 系统信号处理模型

输出（接收）信号 $y(n)$ 可以表示为

$$y(n) = x(n)h(n) + \eta(n) \tag{6-49}$$

式中，$h(n)$ 表示测量系统响应函数；$\eta(n)$ 表示随机噪声；$x(n)$ 为输入信号。

$$h(n) = E(n)T(n)R(n) \tag{6-50}$$

式中，$E(n)$ 为发射系统；$T(n)$ 为传输环境的响应函数；$R(n)$ 为接收系统的响应函数。

反卷积的目的就是从观测信号中恢复输入信号 $x(n)$。式（6-49）一般在频域内进行计算，最常用的是频率逆滤波方法，频域内的逆滤波表达式为

$$\hat{X}(\omega) = \frac{Y(\omega)H^*(\omega)}{|H(\omega)|^2 + S_n(\omega)/S_s(\omega)} \tag{6-51}$$

式中，$S_n(\omega)$ 为噪声信号的功率谱密度函数；$S_s(\omega)$ 为待求信号的功率谱密度函数。

2. 后置逆滤波实现步骤

计算机控制信号发生器生成宽带窄脉冲信号，通过功率放大器后激励换能器，测量输出响应。根据输入、输出响应计算系统传递函数 $H_1(\omega)$。设计滤波器 $H_2(\omega)$：

$$H_2(\omega) = \frac{Y(\omega)H_1^*(\omega)}{|H_1(\omega)|^2 + S_n(\omega)/S_s(\omega)} \tag{6-52}$$

式中，$S_n(\omega)/S_s(\omega)$ 通常设定为一固定常数。将脉冲信号 $x(n)$（如宽带巴特沃斯）作为系统的输入信号，在放置标准反射体和待测试样时测量系统输出，分别记为 $y'(n)$ 和 $y(n)$。将输出信号 $y'(n)$ 和 $y(n)$ 通过式（6-52）的逆滤波器进行后置滤波，得到估计信号，然后对其做傅里叶逆变换，即可得到消除测量系统影响后的理想脉冲信号 $z'(n)$ 和 $z(n)$。将 $z'(n) = Y_1'(\omega)$ 和 $z(n) = Y_1(\omega)$ 代入式（6-47）和式（6-48），即可计算得到待测试样的反射系数和吸声系数。

基于后置逆滤波的宽带脉冲法，通过逆滤波处理，有效减轻了接收信号受系统响应的制约，改善了脉冲重叠现象，并克服了传统测量方法的低频局限，如果提高换能器的低频响应特性，有望进一步降低水声管测试的低频限制。

6.5 水下声学材料大样测试方法

6.5.1 宽带脉冲压缩法

在声学测量中大面积材料样品通常能够体现材料本身特征或结构对其声学性能的影响[25]。理想的大面积水声材料要求其横向尺寸远大于声波波长,就如被测材料样品是无限大一样。然而在实际的自由场测量中大面积材料是尺寸有限的,因此测量过程易受样品板边缘声衍射的影响。为降低此类干扰,在采用传统测量方法时,需保证样品尺寸较大,如要准确测量反射系数,样品至少为波长的 5 倍,这就决定了测量的低频限。同时在保证测量用正弦脉冲有 3 个以上稳态波的条件下,正弦脉冲的脉宽越短越好。

传统测量方法采用脉冲声技术,以期望直达波、反射波及其他多途信号在时域上不发生混叠。宽带脉冲法是一种宽频带测试方法,其关键在于设计并成功产生可控的脉冲声测量信号。利用反滤波技术,采用换能器阵列产生窄脉冲信号,在消声水池中测量大样声学参数,可以有效降低测量频率。为获得更短的发射脉冲,可以通过对测量系统进行最小平方反滤波实现对发射脉冲信号的压缩。此外,也可选用宽带长脉冲信号作为发射信号,对接收信号进行压缩,最终达到从多途信号中分离直达波的目的,实现对透射系数的宽带测量。

宽带脉冲叠加法采用宽带平面换能器基阵、宽带窄脉冲信号和现代信号处理技术,可以在小型消声水池中实现对尺寸约为 1m×1m 的大面积水声材料的反射系数(回声降低)、透射系数(插入损失)等声学性能参数的测量,此方法将测量低频限从传统方法的 10kHz 降低至 2kHz,甚至更低。

6.5.2 近场声全息法

近场声全息法是一种通过对声场中全息面声学量(复声压、复振速、声强等)的分布进行反演,从而构建出整个空间声场的自由场声学测量方法。

非均匀结构吸声材料的反射系数,在入射角发生变化时,不再简单地遵循菲涅耳定律,而是随着结构的不同,其反射系数随入射角的变化规律也不同。近场声全息法通过测量声场中全息面的全息声压,借助平面波理论将材料表面的入射波和反射波分量分离开来,从而得到不同入射角度情况下的材料声反射系数。

声全息反演法测量水声材料任意入射角反射系数基本原理,是通过空间傅里叶变换将空间声场的复声压分解为平面波(平面波分解技术),或通过傅里叶-贝塞尔变换(快速汉克尔变换)将空间声场复声压分解为柱面波(柱面波分解技术),在波数域得到分离的入射波和反射波,从而获得任意入射角的反射系数。

这种自由场全空间全息变换技术测量方法,在实际操作中,需对两个全息面上的完整声场分布进行测量,测量工作量大。而在实际消声水池测量过程中,声场要求为全空间自由场,因此存在以下问题:为了实现声场扫描测量,水面部分区域无法覆盖吸声橡胶,由此导致的声散射将影响反演计算的准确性;被测量样品要尽量布置在水池较深部位,以减小水面边界的影响,这给样品的布放、水听器扫描阵的制作、安装都带来一定的挑战。

参 考 文 献

[1] 陈前, 朱德懋. 粘弹结构动力学分析[J]. 振动工程学报, 1989(3): 42-52.

[2] 俞孟萨, 黄国荣, 伏同先. 潜艇机械噪声控制技术的现状与发展概述[J]. 船舶力学, 2003, 7(4): 110-120.

[3] Berry A, Foin O Szabo J P. Three-dimensional elasticity model for a decoupling coating on a rectangular plate immersed in a heavy fluid[J]. The Journal of the Acoustical Society of America, 2001, 109(6): 2704-2714.

[4] 李宏伟, 王兵, 张用兵. 基于共振法和波速法的粘弹性材料动态力学参数测试方法[C]. 第七届中国功能材料及其应用学术会议, 2010: 185-187.

[5] Norris D M, Wun-chung Y. Complex-modulus measurement by longitudinal vibration testing[J]. Experimental Mechanics, 1970, 10(2):93-96.

[6] Madigosky W M, Lee G F. Improved resonance technique for materials characterization[J]. The Journal of the Acoustical Society of America, 1983, 73(4): 1374-1377.

[7] Guillot F M, Trivett D H. A dynamic Young's modulus measurement system for highly compliant polymers[J]. The Journal of the Acoustical Society of America, 2003, 114(3):1334-1345.

[8] Guillot F M, Trivett D H. Complete elastic characterization of viscoelastic materials by dynamic measurements of the complex bulk and Young's moduli as a function of temperature and hydrostatic pressure[J]. Journal of Sound and Vibration, 2011, 330(14): 3334-3351.

[9] Piquette J C. Shear material property determination from underwater acoustic panel tests[J]. The Journal of the Acoustical Society of America, 2004, 115(5): 2110-2121.

[10] Gartland G J, Radcliffe C J, Hull A J. Measurement of dilatational wave speed using an echo reduction test[J]. Journal of Sound and Vibration, 2009, 320(3): 491-495.

[11] 宋扬, 杨士莪, 黄益旺. 中高频段下的粘弹性材料声学参数测量[J]. 材料科学与工艺, 2007, 15(1): 44-46, 51.

[12] 缪荣兴, 王荣津. 水声材料纵波声速和衰减系数的脉冲管测量[J]. 声学与电子工程, 1986(2): 31-37.

[13] 孙亮, 侯宏, 董利英, 等. 声管中隔声量测试的脉冲声法[J]. 西北工业大学学报, 2010, 28(6): 840-843.

[14] 赵渊博, 侯宏, 孙亮. 收发合置水声管中使用宽带脉冲的吸声测量方案[J]. 声学技术, 2014(3): 213-217.

[15] Sun L, Hou H, Dong L Y, et al. Measurement of characteristic impedance and wave number of porous material using pulse-tube and transfer-matrix methods[J]. The Journal of the Acoustical Society of America, 2009, 126(6): 3049-3056.

[16] Sun L, Hou H. An improved water-filled pulse tube method using time domain pulse separation method[J]. Journal of Marine Science and Application, 2013, 12(1): 122-125.

[17] 王少博. 基于传递矩阵和宽频脉冲声的水声材料声学参数测量方法[J]. 宇航计测技术, 2014, 34(5): 58-60.

[18] 中国船舶工业总公司第七研究院七〇二所. 水声材料驻波管测量方法: CB/T 3674—2019[S]. 北京: 中国标准出版社, 2019.

[19] 曲波, 朱蓓丽. 驻波管中隔声量的四传感器测量法[J]. 噪声与振动控制, 2002, 22(6): 44-46.

[20] 李水, 罗马奇, 范进良, 等. 水声材料低频声性能的行波管测量[J]. 声学学报, 2007, 32(4): 349-355.

[21] 李水, 罗马奇. 水声构件隔声性能的低频测量[C]. 船舶水下噪声学术讨论会, 2007: 200-203.

[22] 任伟伟, 侯宏, 孙亮. 窄脉冲声用于大样品的吸声测量[J]. 应用声学, 2010, 29(6): 430-436.

[23] 代阳, 杨建华, 侯宏, 等. 基于时域逆滤波的宽带脉冲声生成技术[J]. 西北工业大学学报, 2015, 33(4): 688-693.

[24] 时胜国, 王超, 杨德森, 等. 一种基于复倒谱的水声材料声反射系数自由场宽带测量方法: CN105021702A[P]. 2015-11-04.

[25] 何元安, 闫孝伟, 刘永伟, 等. 水下声学材料测试技术[M]. 北京: 科学出版社, 2023.

第 7 章 水中目标声学特性测试与分析

7.1 水中目标声学特性测试方法

7.1.1 海洋水声学基础

海洋水声学规律是海洋声学研究的理论基础，不仅具有深厚的学术价值，还在实际应用中发挥着重要作用。海洋环境中的动态变化，如温度、盐度和水深的波动，对声波的传播路径、速度和衰减产生了直接影响，增加了海洋声学研究的复杂性。

早期的研究主要关注在相对静态的海洋环境中声场的基本特性。然而，随着对海洋动态变化认识的加深，研究重点逐渐转向复杂和多变的动态环境中声场的行为。这一转变促使科学家开发新的理论和方法，以便更准确地理解和预测声场的变化，从而提升水声信号处理的精确性和可靠性[1]。

进入 21 世纪后，水声学和信号处理技术的快速发展极大地支持了全球对海洋动态及其对声学性质影响的深入研究。各国大规模投入资源和人力，开展了一系列关于海洋动态环境下声场特性的研究。这些研究不仅涉及海洋物理环境的数据采集，还广泛涵盖了不同季节、不同地区、不同气象条件下的声场特性分析。尤其是海洋动态环境中海流、潮汐、温跃层和盐跃层等因素如何影响声波的传播路径和能量损失，已成为水声学研究的热点。面对这些挑战，研究人员不断创新，开发了多种新型声学设备和信号处理算法，以提升复杂环境中水声信号的探测和识别能力。如宽带匹配-波束处理方法，该方法通过更高效的算法和技术手段，实现了在动态环境下的目标识别和探测。深海环境中的声道轴声能聚焦效应也是一个需要特别关注的领域，这些研究为理解动态海洋环境下的声场特性和未来水声信号处理技术的发展提供了重要的理论和技术支持。

水下声场理论的建立和发展起源于第二次世界大战期间，当时对潜艇和水中目标的探测需求推动了声场理论的初步形成。冷战时期，美国、苏联以及其他西方国家利用其经济和技术优势，使海洋声学研究得到了空前的发展。这些研究不限于近海和浅海，也扩展到深海和大洋的声场特性探索，通过海量数据采集和实验，这些国家在水下声场理论方面取得了显著的成就。与此同时，我国也利用独特的大陆架地理优势，在浅海声学领域进行了广泛研究，通过自主研发和国际合作显著提升了浅海声学的研究水平。

进入 21 世纪，水声学理论与信号处理技术的迅速发展为深入研究海洋动态及其对海洋声学、声场和水中目标特性的影响提供了强大支持。现代水中目标探测技术不仅关注反射回波的能量，还重视目标与周围水体环境的相互作用。宽带声呐和多频声呐技术的应用，使对复杂水体环境中的目标探测更加精确和可靠，从而提高了探测精度并扩展了水声学理论的应用范围。

目前，世界海洋学界和水声学界积极进行多个实时海洋观测项目，如美国和加拿大的海王星海底观测网络计划即东北太平洋时间序列海底网络实验（North-East Pacific time-series undersea networked experiments，NEPTUNE）、美国的海洋观测倡议（ocean observatories initiative，OOI）、欧洲的"欧洲海床观测网络"计划（European sea-floor observatory network，ESONET）以及全球海洋实时观测网计划（array for real-time geostrophic oceanography，ARGO）。这些项目为海洋声学研究提供了宝贵的数据和经验，极大地推动了动态海洋环境下声学探测的科研探索和预测。

水声学理论及其在水中目标探测与识别方面的应用，正在日益精细化和系统化。水中目标的识别模式包括主动识别、被动识别和合作信号模式。主动识别涉及发射声波并接收回声来识别目标；被动识别依赖于捕捉目标自发的或环境引起的声波；合作信号模式则涉及预先定义的信号，常用于水声通信和特定的实验设置。

声场测量的距离和频段选择根据任务需求而定，可以是近距离或远距离声场测量。近距离测量适用于详细的目标分析，远距离测量则适用于定位和跟踪。此外，根据目标特性和环境条件，研究者需选择适合的频段，高频段适合近距离探测，而低频段能在更远距离内传播，适合广域搜索和通信。

目标处理方式也是水中目标识别的重要决策因素，涉及处理单一目标或多个目标的选择。例如，近场辐射噪声的指向性、声级和噪声谱级测量通常是被动、全频段和单目标任务。在主动识别策略中，选择的频率和信号形式会根据具体的实际需求而变化。

海洋声学的发展推动了声学探测技术在水下环境中的广泛应用，这是目前唯一具备广泛探测能力的现代科技手段。通过全面研究水中目标的声学特性并将其应用于实际探测，声学探测技术已成为追踪水中目标包括鱼群的重要工具。然而，这种技术的广泛使用也对全球水下生物种群造成了影响，减少了生物数量，并对远洋捕捞活动造成了长远的影响[2]。

海上航行的船只和水下航行器的噪声主要来源于其动力系统，包括主机、辅机和螺旋桨等。对船舶进行分类分析是理解其噪声源头的一种有效方法，包括按航行状态、推进动力、推进器和机舱位置分类。按航行状态，船舶可分为排水型船舶、滑行艇、水翼艇和气垫船；按推进动力，船舶可分为蒸汽机船、汽轮机船、柴油机船、燃气轮机船、联合动力装置船、电力推进船和核动力船；按推进器，船舶可分为螺旋桨船、喷水推进船、喷气推进船、明轮船和平旋轮船；按机舱位置，船舶可分为尾机型船、中机型船和中尾机型船。除了人为活动产生的噪声源，海底的自然生物和地质活动也是重要的声音来源，如鲸鱼的叫声、鱼群的移动等生物活动以及海底火山爆发、地震和海底滑坡等地质事件。通过对这些声音源的综合分析，不仅可以提高对水面舰艇和水下航行体噪声特性的理解，而且能够加深对整个海洋环境的认识。这种全面的声音分析为近距离和远距离声场测量提供了重要的数据，有助于改进声呐技术和提升海洋环境监控的效率。

7.1.2 水中目标声学特性测试技术

水中目标的声学特性测试是水中目标识别和融合的重要环节，对于实现水中目标检测、定位和识别具有重要意义。可以将水中目标声学特性测试方法分为以下几类。

1. 基于传统声学信号处理的测试方法

时域分析是对声音信号在时间域上的波形进行分析。通过记录水中目标发出的声音信号，并将其转换为电信号，可以得到一段时间内的声音波形。常见的时域分析方法包括采集水声信号后，利用示波器、数字采样仪等设备进行波形显示和分析，也可以使用计算机软件对采集的声音信号进行数字化处理和波形显示[3]。时域分析可用于观察水中目标声音信号的振幅、周期和波形等特征，为后续的声学特性分析提供基础数据。

频域分析是将声音信号转换到频域进行分析。常用的频域分析方法包括傅里叶变换和快速傅里叶变换。通过对采集到的声音信号进行频谱分析，可以得到声音信号在不同频率下的能量分布情况。频域分析可以观察水中目标声音信号的频谱结构，识别声音信号中的特征频率，进而进行目标分类和识别。

时频域分析是将声音信号在时域和频域上进行联合分析。通过采用短时傅里叶变换等方法，可以在时域和频域上同时观察声音信号的变化。时频域分析常用的方法包括短时傅里叶变换、连续小波变换等。这些方法可以将声音信号分解为不同时间和频率下的小波成分，从而更全面地描述声音信号的特征。时频域分析可用于观察声音信号在不同时间和频率下的变化情况，提取声音信号的时频特征，为后续的模式识别和分类提供依据。

基于传统声学信号处理的测试方法是水中目标声学特性分析的重要手段之一。它通过对水中目标发出的声音信号进行时域、频域和时频域分析，揭示了水中目标声学特性的一些基本特征，为后续的声学特性识别和分类提供了重要信息。

2. 基于统计模型的测试方法

高斯模型是一种常用的统计模型，用于描述具有正态分布特征的数据。在水声信号处理中，可以利用高斯模型来描述水中目标发出的声音信号在时域或频域上的统计特性。通过对采集到的水声信号进行数据预处理和特征提取，可以得到声音信号的统计特征，如均值、方差、协方差等。然后，利用这些统计特征建立高斯模型，用于描述声音信号的分布情况。高斯模型可以用于对水中目标声音信号的统计特性进行建模和分析，从而实现对声学特性的定量描述和分析。

隐马尔可夫模型是一种用于建模时间序列数据的统计模型，它假设系统的状态是不可见的，但可以通过观察到的输出进行推断。在水声信号处理中，可以利用隐马尔可夫模型来描述水中目标发出的声音信号在时域上的时间序列特性。通过对采集到的水声信号进行特征提取和数据预处理，可以得到声音信号的时间序列特征。然后，利用这些特征建立隐马尔可夫模型，用于对声音信号的状态转移和输出观测进行建模。隐马尔可夫模型可以用于对水中目标声音信号的时间序列特性进行建模和分析，从而实现对声学特性的时序描述和分析。

马尔可夫链模型是一种描述随机过程的数学模型，它假设系统的未来状态只与当前状态有关。在水声信号处理中，可以利用马尔可夫链模型来描述水中目标发出的声音信号在时域上的状态转移特性。通过对采集到的水声信号进行特征提取和数据预处理，可以得到声音信号的状态序列。然后，利用这些状态序列建立马尔可夫链模型，用于描述声音信号的状态转移概率。马尔可夫链模型可以用于对水中目标声音信号的状态转移特性进行建模和分析，从而实现对声学特性的状态描述和分析。

基于统计模型的测试方法建立数学统计模型来描述和分析水中目标声音信号的特征，可以实现对声学特性的定量描述和分析，为后续的声学特性识别和分类提供重要依据。

3. 基于深度学习的测试方法

首先，收集大量的水声信号数据，并对其进行标注和预处理。这些数据包括水中目标的声音信号、背景噪声、水声干扰等，以及相应的标签信息，如目标类别、位置等。接下来，设计适用于声学特性测试的深度学习神经网络模型。这些模型可以是各种类型的深度神经网络，如卷积神经网络、循环神经网络、长短期记忆网络、自编码器等。将预处理后的数据输入设计好的深度神经网络模型中，让模型自动学习数据中的特征表示。通过多层次的非线性变换和特征提取，深度神经网络可以从原始数据中学习到更加抽象和高级的特征表示。利用大规模的已标注数据，对设计好的深度神经网络模型进行训练。训练过程中，通过反向传播算法和梯度下降等优化方法，不断调整模型参数，使模型能够逐渐拟合数据并提高预测准确度。训练完成后，对模型进行评估和优化。通过在验证集或测试集上进行性能评估，分析模型的预测准确度、泛化能力等指标，并根据评估结果对模型进行调整和优化，以提高其性能和鲁棒性。最后，将训练好的深度学习模型应用于实际的声学特性测试任务中。通过将待测试的声音信号输入模型中，可以快速准确地识别水中目标的声学特性，如目标类别、位置等信息。

基于深度学习的测试方法具有高度自动化、适应性强、能够处理复杂非线性关系等优点，已经在水中目标声学特性测试领域取得了显著的进展。

4. 基于DS理论的测试方法

首先，收集来自不同传感器或数据源的水声信号数据，并对其进行预处理和特征提取。这些数据可能包括水中目标的声音信号、背景噪声、水声干扰等。将收集到的水声信号数据表示为一组证据，每个证据都与一个命题或假设相关联。在DS理论（Dempster-Shafer theory）中，每个证据都由一个信任度函数表示其可信程度。使用DS理论中的组合规则将收集到的证据进行组合，以生成更综合的推断结果。常用的组合规则包括登普斯特规则、雅格法则等，这些规则可以有效地处理证据之间的冲突和不确定性。根据组合后的证据，计算每个可能假设的置信度，即每个命题成立的概率。这些置信度可以用于推断水中目标的特性，如类别、位置等。基于计算得到的置信度，进行决策制定。根据具体的测试任务和应用需求，可以采取不同的决策策略，如选择置信度最高的假设作为最终推断结果，或者基于阈值进行决策判断等。

基于 DS 理论的测试方法能够有效地处理多源信息的不确定性和不完整性，具有较强的鲁棒性和适应性。通过合理的证据表示、组合和推断，可以实现对水中目标声学特性的准确推断和识别。

5. 其他测试方法

证据聚类识别是一种基于证据理论的识别方法，通过将水中目标的各类训练样本进行证据聚类，根据特征距离和证据相似度进行分类识别。首先，对水中目标的训练样本进行特征提取和表示，然后根据特征之间的相似性进行聚类分组，形成不同类别的训练集。接下来，利用证据理论中的证据聚类算法，对每个类别的训练集进行聚类，得到每个类别的聚类结果和对应的证据分布。最后，根据待识别目标的特征信息，将其与各类别的聚类结果进行匹配比较，确定其所属类别。通过证据聚类识别方法，可以有效地对水中目标进行分类识别，提高识别的准确性和可靠性。

多维和多分类器融合是一种综合利用多个维度和多个分类器的方法，用于提高水中目标识别的准确性和鲁棒性。首先，通过多种特征提取方法获取水声信号的多维特征表示，例如时域特征、频域特征、时频特征等。然后，针对每个维度的特征，构建多个分类器，如支持向量机、深度神经网络分类器、k 近邻分类器等。接下来，将每个分类器的输出结果进行融合，可以采用投票法、加权平均法等方法，得到最终的分类结果。通过多维和多分类器融合，可以充分利用水声信号的多方面信息，并结合多个分类器的优势，提高水中目标识别的性能和鲁棒性。

这些测试方法可以综合利用，以获取水中目标的声学特性，并为水中目标识别和融合提供有效支持。通过不同方法的组合和优化，可以提高水中目标声学特性测试的准确性和可靠性，从而实现对水中目标更准确、更可靠的识别和定位。

7.2 恒定束宽波束形成技术

7.2.1 恒定束宽波束形成的发展过程

潜艇的辐射噪声主要表现为宽带信号，其主要来源于动力系统，包括主机、辅机和螺旋桨等。随着全球各国在低噪声潜艇技术上取得进展，目标辐射噪声的总声级降低，且频率趋向低频。因此，辐射噪声测量系统面临新的技术要求：不仅需要提供高增益，还必须具备测量宽带和低频噪声的能力。

早期的波束形成技术主要集中在窄带处理上，然而，面对宽带信号时，预设的传感器阵列对不同频率信号的响应并不一致。这一问题的存在使得在固定的传感器阵列位置下，确保宽带信号范围内各频率获得相同的响应成为一个挑战。为应对这一挑战，1980 年开始，国际上开始关注宽带水声阵列信号处理技术。恒定束宽波束形成技术因此应运而生，成为研究的重要方向。这项技术通过设计不同孔径的子阵构成嵌套阵列，并利用子阵的指向性函数的线性组合，实现波束宽度随频率的恒定[4]。

随着研究的深入，学者开始研究圆阵相关的信号处理算法。不同于线阵，圆阵的几何对称性使其能够实现 360°全方位无模糊的波束。2002 年，Chan[5]利用均匀圆阵实现了频不变圆阵波束形成滤波器，该技术通过贝塞尔函数将圆阵阵元域导向矢量转换到模态域，并采用二阶锥优化对频带内阵列权值进行约束求解，从而获得频率不变的波束函数。尽管均匀圆阵的处理频率与圆阵半径紧密相关，但是为在更大带宽范围内实现恒定束宽，有学者提出了多层同心圆阵的方法。

虽然基于同心圆阵的恒定束宽波束形成算法在一定带宽范围内实现了恒定束宽，但由于二阶锥优化算法的复杂性及阵元半径跨度限制，这种方法在实际应用中存在一定的限制。近年来，科研人员还在探索体积阵的相关技术，尤其是在水声领域。持续研究如何利用较少的阵元实现高增益、宽频带的辐射噪声测量，以及如何拓展测量阵的低频段辐射噪声测量能力，仍是水声学领域的关键科研方向。

到了今天，全球范围内对宽带恒定束宽波束形成技术的研究已取得多项重要进展。弗罗斯特的宽带信号阵列模型被认为是宽带阵列信号处理的理论基础。传统方法在不同频率下调整波束形成器阵列的孔径，并通过多个阵列接收信号来补偿输出波束图因频率变化引起的畸变。这种方法尽管有效，但需要多组阵列和复杂的操作，在实际应用中存在局限。

为了解决这一问题，研究者提出了子带划分法[6]，将宽带信号的带宽划分为多个窄频带，并为每个子带的不同中心频率设计相应的阵元权值。虽然这种方法可以在各子带的中心频率上实现恒定主波束，但在其他子带频率上仅能得到近似的恒定束宽输出。为了提高设计的精度，需在宽带内划分更多的子带。

目前，实现宽带信号恒定束宽波束形成器的设计主要采用两种方法，即时域实现和频域实现。频域实现依赖于离散傅里叶变换，通过这种方式将宽带信号分解为若干个子带。每个子带通过 DFT 处理后，使用窄带波束形成技术进行处理，最终通过离散傅里叶逆变换（inverse discrete Fourier transform，IDFT）将所有子带的波束输出转换回时域，形成宽带波束输出[7]。这种方法虽然理论上有效，但由于块与块之间处理方式的相位无法完美衔接，无法生成一个完全连续的时间波形。

频域宽带波束形成技术的进展显著，涉及多种创新方法，这些方法通过精确设计阵列加权和调整空间采样间隔，实现了宽带信号各子带的恒定束宽波束权值系数，有效提高了声场检测的准确性和效率。

Ward 等[8]的研究通过分析输出波束图与子带频率、阵元间距和数量的关系，提出了连续孔径阵列的恒定束宽波束形成器。此外，基于贝塞尔函数分解的方法，允许在任意阵列结构上实现恒定束宽波束形成。该方法通过在参考频率点上对宽带信号进行加权，并对阵列响应向量进行贝塞尔函数分解，将任意结构的阵列响应向量表示为以贝塞尔函数为核函数的级数之和。通过截断高阶项，将宽带信号带宽内各频率点上的阵列响应向量都转化到参考频率上，最终实现各频率子带上的波束输出与参考频率点上的波束相同。尽管该方法涉及复杂的求逆矩阵运算，计算量较大，但其适用于任意阵列结构。

时域实现宽带恒定束宽波束形成主要通过使用有限冲激响应（finite impulse response，FIR）滤波器组。这种方法通过设计滤波器组在宽带信号的各个频率分量上进行幅相加权求和运算。时域方法能实时输出波束形成后的信号，有效地保护了输入宽带信号的时间波形，适合实时进行后续的信号处理任务。

学者提出的线性约束自适应波束形成方法，在时延线结构上求最小均方误差，使 FIR 波束形成器能够在期望信号的到达方向上接收信号，同时有效抑制噪声。尽管该方法需要所有阵元上入射的期望信号具有相同的相位，这在实际应用中可能难以实现，但它代表了一种有效的宽带扩展卡彭波束形成器方法。

Ward 等[9]在均匀线阵上设计 FIR 滤波器以满足宽带恒定束宽，并研究了波束响应与 FIR 滤波器之间的关系。Paul 等[10]提出了在任意阵列上直接设计 FIR 滤波器组的方法，尽管这需要高阶的 FIR 滤波器才能达到较好的效果。Godara[11]提出了 FIR 波束形成滤波器中各个阵元对应的滤波器系数与 DFT 中加权权值之间的关系，在频域上计算各子带的加权系数，然后通过傅里叶变换与傅里叶逆变换求出各阵元对应的 FIR 滤波器系数。

Compton[12]研究了 FIR 与 DFT 波束形成在自适应阵列之间的关系，提出当 FIR 波束形成中的滤波器长度 L 等于 DFT 波束形成中样本长度 N 时，系统才能得到相同的输出信噪比。张保嵩等[13]基于戈达拉的方法提出了在离散频率点上设计加权系数以实现恒定束宽的自适应方法，适用于任意阵列，但自适应参数的选择具有挑战性，设计带宽不大，应用具有局限性。

这些先进的宽带恒定束宽波束形成技术不仅提高了声场检测的精确度和效率，而且为海洋探测和监测等领域的实际应用开辟了新的可能性。

应用数值方法可使宽带恒定束宽波束形成技术得到显著的发展和广泛的应用，包括 Kumar 等[14]使用的二次规划、最小均方准则自适应技术，以及二阶锥规划的凸优化方法[15]，都致力于设计期望的波束响应，进而使宽带信号带宽内的各频率波束响应尽可能逼近这一期望，从而提高波束形成的准确性和效率。此外，这些技术还涉及如何在频域和时域内实现波束形成，以及聚焦变换方法，后者特别适用于在复杂干扰环境下保持波束图主瓣的恒定束宽，同时在干扰信号来波方向上形成有效的零陷区域。这种全面的技术发展不仅提高了信号处理的灵活性和动态响应能力，而且显著提升了处理宽带信号时的性能，预示着这些方法和技术将在未来的声场检测和海洋监测领域中发挥更大的作用。

7.2.2 频域宽带波束形成

在平面二维阵列中,当只有一个宽带信源入射时,波束形成器的输出可表示为

$$x(t) = A(f,\theta)s(t) + n(t) \tag{7-1}$$

式中,$A(f,\theta)$ 是接收阵列对于波达方向角 θ 和中心频率 f 的窄带信号的阵列响应向量,表示为

$$A(f,\theta) = \begin{bmatrix} a_1(f,\theta) \\ a_2(f,\theta) \\ a_n(f,\theta) \end{bmatrix} = \begin{bmatrix} e^{-i2\pi f \tau_1(\theta)} \\ e^{-i2\pi f \tau_2(\theta)} \\ e^{-i2\pi f \tau_n(\theta)} \end{bmatrix} \tag{7-2}$$

噪声的表达式 $n(t)$ 也可以写成平面上 J 个窄带信号的噪声之和:

$$n(t) = \sum n_j(t), \quad j = 1, 2, \cdots, J \tag{7-3}$$

那么式(7-1)可以写成

$$x(t) = \sum \left(A(f_j,\theta) s_j(t) + n_j(t) \right), \quad j = 1, 2, \cdots, J \tag{7-4}$$

从上述公式可以看出,宽带阵列信号模型利用了将宽带信号分为若干个窄带信号进行波束形成这一思想,这是宽带阵列信号处理中一个重要的思路,后面提到的波束形成方法都是建立在这个思路上。

频域宽带波束形成器的主要思路是在宽带信号 $x(t)$ 上以 ΔT 为时间间隔,得到在一组频率 $(k = 1, 2, \cdots, N-1)$ 上的数据,然后对其做有限时间的傅里叶变换,w_k 的频率间隔是 $\Delta W = 2\pi / \Delta T$。那么波束形成器的接收阵列第 m 个阵元接收到的宽带信号分量为 $x(w_k)$,其数字频率是 w_k。假设时间间隔 ΔT 的值足够大,那么快拍可以看作统计独立的,这样在数字频率为 w_k 时,就可以对 K 个频率点中的每一个点进行窄带波束形成。在实际应用中,频域宽带波束形成器的实现方法常常是采样,首先对目标宽带信号 $x(t)$ 进行采样,间隔为 $\Delta T = 1/B$,其中 B 是信号带宽。采样后得到 $(N-1)$ 个时域采样值,对得到的 $(N-1)$ 个时域采样值做 DFT 得到 $(N-1)$ 个采样频率上的数据后,分别在各个划分频率子带上进行窄带波束形成,最后通过 IDFT 把各个划分频率子带上的波束输出转换到时域上,这样就得到了宽带波束输出。

频域宽带波束形成是一种高效的处理方式,它通过 DFT 将宽带信号分解为多个子带,每个子带实质上被视作一个窄带信号,这样可以对每个子带单独进行波束形成处理。具体来说,图 7-1 描绘的过程中,首先对目标宽带信号进行 $(N-1)$ 点的 DFT,将信号在频域上划分为若干个带宽为 $B/(N-1)$ 的子带。这种划分允许每个子带独立处理,类似于窄带信号,随后在

各个划分频率子带上进行窄带波束形成。完成加权运算后，通过 IDFT 将子带上的波束输出转换回时域，合成最终的宽带波束输出。

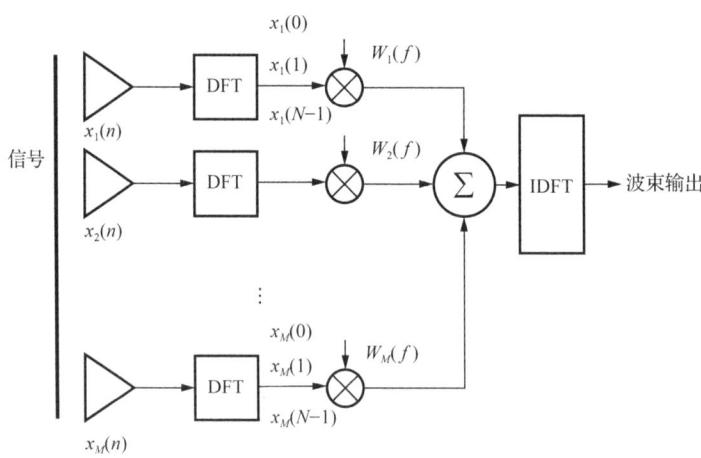

图 7-1　频域宽带波束形成

这种频域处理方法尽管在理论上很完美，但 DFT 与 IDFT 在处理中是以块为单位进行的，导致各块之间的相位不能完美衔接，这可能引入一定的误差或畸变，特别是在波束输出需要高精度或者相位连续性的应用场景中。因此，尽管频域宽带波束形成方法在实际应用中提供了一个处理宽带信号的有效工具，但是它在处理连续时间波形方面存在一定的局限性，这需要在设计和实现时进行特别考虑。

7.2.3　时域宽带波束形成

图 7-2 详细展示了经典时域宽带波束形成的整个过程，这一过程首先涉及对接收阵列中每个阵元输出信号进行幅度加权处理。这样的处理步骤是为了优化信号的处理质量，并调整各个阵元信号的权重以匹配特定的波束形状要求。接下来，为了补偿阵列中各阵元之间存在的时间延迟差异，每个阵元都会配置一个时延滤波器。这些时延滤波器可以是 FIR 数字滤波器或数字延迟线。使用这些时延滤波器后，各阵元的信号将按照预设的时间差进行校正，然后这些调整后的信号会被汇总相加，形成最终的时域输出信号。

波束形成器的输出波束图形状主要由阵元上的幅度加权权重决定。这些权重通常是实数值，其目的是确保阵列可以精确地对准期望的波束主瓣方向。在实际实现中，数字延迟线虽然简单但存在局限性，它们在接收阵列阵元的输出上的采样间隔只能是采样频率的整数倍，这在波束形成器的采样率较低时，可能导致无法精确补偿时间延迟，进而可能引起输出波束图形的畸变。而使用数字滤波器补偿时间延迟，尽管可以提供更精确的控制，但可能需要较高阶次的滤波器来满足最大时延需求。特别是，当一个 N 阶 FIR 滤波器具有线性相位且在宽带信号的频带内幅度响应没有失真时,该滤波器引入的延迟量将是 N 个采样周期,这对于保持波束的准确性和连续性是至关重要的。这些技术细节确保波束形成器能够在各种操作环境下有效地工作,同时也突显了在设计时需考虑的技术挑战。

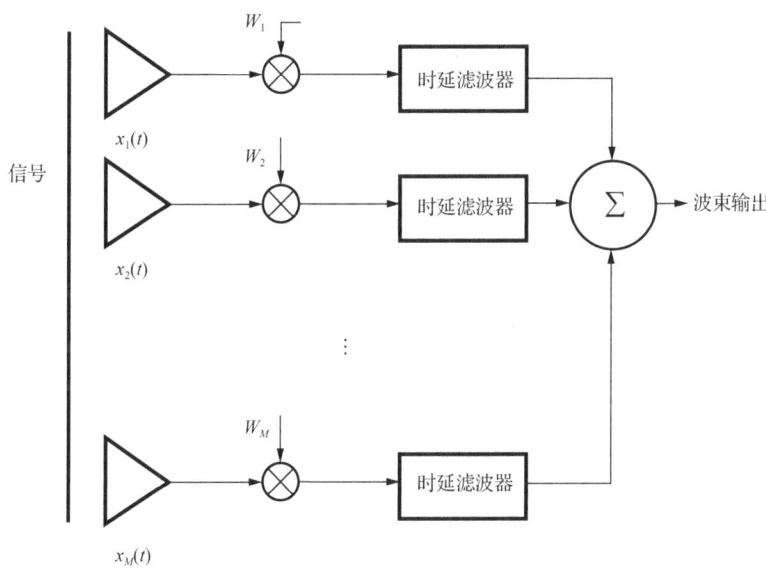

图 7-2　经典时域宽带波束形成

在传统的时域宽带波束形成器中,阵元的加权系数通常是固定的,这导致它们无法随目标宽带信号中不同频率分量的变化而自适应调整。因此,如果接收阵列中的信号不是沿着波束指向方向入射,接收到的目标宽带信号可能会产生失真。这种现象会导致波束形成器输出的波束图出现频率畸变,从而严重影响后续的信号处理性能。

这种限制突显了传统波束形成方法在处理非指向性信号时的不足。当信号来源的方向与阵列的波束指向不一致时,固定的加权系数无法有效补偿信号中各个频率分量的差异,从而导致整体波束输出的质量下降。为了提高波束形成的效果和适应性,开发能够根据不同频率需求进行动态调整的加权策略显得尤为重要。这不仅有助于优化宽带信号的接收质量,还能显著提升波束形成系统在多变应用环境中的性能和可靠性。因此,现代波束形成技术的研究越来越注重提高加权策略的灵活性和自适应能力,以确保即使在复杂的信号环境中也能保持高效的波束形成和信号处理效果。

7.2.4　时域宽带恒定束宽波束形成

在宽带波束形成领域,时域宽带恒定束宽波束形成器的研究具有重要意义。第一种设计方法采用一阶优化策略,针对每个子带中心频率设计滤波器,旨在使波束的主瓣与目标波束保持一致,同时满足旁瓣的特定要求,可以在各子带中心频率上实现恒定束宽和加权,而且在整个频带内保持幅度和相位加权的均匀性。第二种方法直接设计 FIR 滤波器来实现时域恒定束宽波束形成器。这种方法通过两种不同的优化策略进行仿真，比较它们的性能差异。仿真结果表明，第二种方法在主瓣区宽度上近似达到理想波束，同时在旁瓣区域保持较低的水平，从而更好地满足设计要求。尽管第一种方法在不同频率上能逼近理想波束形状，但旁瓣特性的频率差异较大，在设计中对不同频率的旁瓣约束可能会影响最终的优化结果，导致主瓣和旁瓣区域都难以达到理想精度。

这些时域处理方法确保宽带信号在传输过程中不受频率畸变的影响，即使接收信号的方向不是从波束的指向方向入射，也能有效减少信号失真，提高信号的可用性和可靠性。恒定束宽波束形成器特别适用于那些需要高精度和高性能信号处理的应用场景，如雷达和声呐系统，能够在接收阵列后保证信号频谱不变，实现时域波形无失真地输出。这种技术的发展和应用，不仅推动了波束形成技术的进步，也为现代通信和探测系统提供了强有力的技术支持。

恒定束宽波束形成的方法包括在设计的宽带信号频段上补偿所需的时间延迟和幅度加权。这些时间延迟和幅度加权可以整合成复数加权，然后应用到目标宽带信号划分的各个子带频率上。经典的时域宽带波束形成器由于其结构限制，无法施加此类复数加权[1]。因此，考虑使用 FIR 滤波器组来实现复数加权，在时域上为目标宽带信号设计一个相应的 FIR 滤波器组。

如图 7-3 所示，波束形成器在接收阵列的每个阵元上分别施加 FIR 滤波器，对宽带信号带宽内的不同频率分量进行复数加权处理。将这些经过复数加权后的输出信号相加，得到波束形成器的最终波束输出。通过这种方法，恒定束宽波束形成得以实现，有效地保持了信号的完整性和准确性。

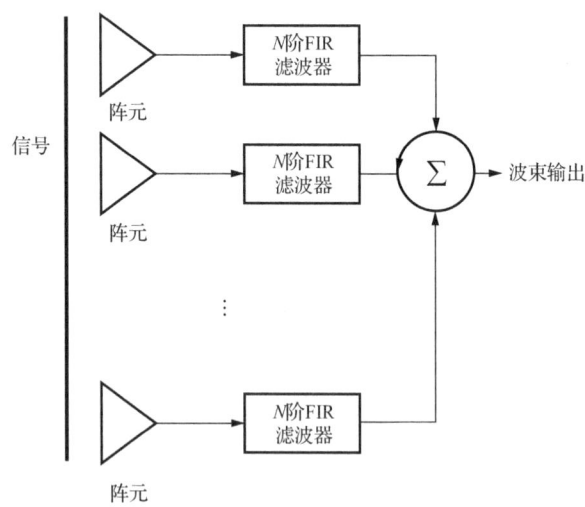

图 7-3 时域宽带恒定束宽波束形成

总结实现时域宽带恒定束宽波束形成的步骤，采用 N 阶 FIR 滤波器组来完成此过程：首先，将目标宽带信号在整体带宽内划分为若干个窄带子信号，为每个划分后的窄带子信号在其中心频率点上设计复数加权矢量,确保所有窄带子信号中心频率点上的波束输出具有相同的主瓣宽度[16]。其次,针对波束形成器接收阵列中的每个阵元,在宽带信号带宽内划分的各个窄带中心频率点上,设计相应的复数加权矢量,并基于这些复数加权矢量设计一组满足频率响应要求的 FIR 滤波器,以确保每个阵元输出通过的 FIR 滤波器具有相同的特性。最后,将经过各个 FIR 滤波器处理的输出信号相加,形成最终的宽带恒定束宽波束输出,从而完成从各个独立阵元信号到整体波束输出的合成,并保证了宽带信号在整个带宽范围内的波束宽度一致性。这种方法通过在接收和处理过程中保持宽带信号的频谱特性不受干扰,优化了波束形成器的性能,确保了信号处理的高效性和准确性。

7.2.5 频域宽带恒定束宽波束形成

在宽带信号阵列处理中,确保波束形成输出的目标分类识别功能获得最佳性能的关键是保持波束形成后的信号无失真。如前所述,传统的宽带时域波束形成器通常对各个阵元输出的不同频率分量施加相同的相位和幅度加权及时间延迟。这种处理方式在不同频率下会产生不同的幅度波束形状,只有在波束指向方向上的响应是相同的,因此,除非波束精确对准目标,否则容易产生信号失真。在波束宽度内,多个方向上的宽带输出信号普遍存在线性失真,这种失真会损害后续对信号的能量检测或波形分析等处理方法的性能。为了解决这一问题,科研人员开发了恒定束宽波束形成器,该设备可以使各个频率分量的响应波束具有一致的幅度波束形状,确保宽带信号在整个设计频段内获得相同的增益,从而最小化失真。

频域宽带恒定束宽波束形成器的设计通常包括将宽带信号分解为几个子带,并为这些子带设计不同的加权,使得每个子带的中心频率上的波束宽度保持恒定。这样可以近似地认为整个宽带的设计频段内波束宽度是恒定的。

本节将进一步探讨线列阵和任意几何结构阵列的频域宽带恒定束宽波束形成器的设计方法,详细说明如何通过调整子带的处理来达到整个频带的一致性,从而优化波束形成的效果和信号的整体质量。这些设计方法不仅提升了波束形成技术的适用性和灵活性,还为复杂信号环境中的精确信号识别和分类提供了重要的技术支持。

1. 线列阵宽带恒定束宽波束形成设计

对于均匀分布的线列阵,由于其几何结构简单,恒定束宽波束形成的设计方法已经取得了多种进展。

在实际应用中,基于归一化孔径的恒定束宽设计方法表现出其简单和实用的特点。尤其是利用多尔夫-切比雪夫加权波束形成加权方法,不仅能够设计出具有良好性能的频带宽,还能有效避免频带溢出问题。多尔夫-切比雪夫加权波束形成加权方法通过对各个频率分量的不同加权处理,平衡了波束的形状和宽度,使得波束形成器在广泛的频率范围内都能保持较好的性能[17]。

总体来说，这些方法各有特点，能够根据具体的应用需求和阵列配置提供灵活的解决方案。通过这些技术，可以大幅提升线列阵在宽带信号处理中的性能，确保信号的高质量接收和有效的目标识别[18]。

2. 连续线阵的宽带波束形成设计

设有一连续线阵位于 x 轴上，线阵在 x 处对频率为 f 的信号的灵敏度为 $\rho(x,f)$，若将 x 处频率为 f 的信号表示为 $s(x,f)$，则连续线阵的输出为

$$y = \int_{-\infty}^{\infty} s(x,f)\rho(x,f)\mathrm{d}x \tag{7-5}$$

根据数学模型，线阵的输出 y 是输入信号 $s(x,f)$ 和灵敏度 $\rho(x,f)$ 的乘积积分。假设信号 $s(x,f)$ 是来自方向 θ 的远场平面波，其表达式为

$$s(x,f) = \mathrm{e}^{-\mathrm{i}2\pi f x \sin\theta / c} \tag{7-6}$$

此时，连续线阵的输出是方向 θ 和频率 f 的函数，定义连续线阵的响应函数为

$$r(\theta,f) = y = \int_{-\infty}^{\infty} \rho(x,f) \mathrm{e}^{-\mathrm{i}2\pi f x \sin\theta / c} \mathrm{d}x \tag{7-7}$$

式（7-7）表明，在通常情况下，连续线阵的响应函数不仅是方向 θ 的函数，还是频率 f 的函数，因它不具有频率不变性。因此，其波束图是随频率变化的，若连续线阵的灵敏度满足

$$\rho(x,f) = f G(x,f) \tag{7-8}$$

则连续线阵的波束图是不依赖频率变化的恒定波束图，并进一步指出灵敏度的函数 $G(f)$ 和阵列的响应函数 $r(\theta,f)$ 构成一对傅里叶变换（除相差一个正交变换），即

$$r(\theta,f) = \int_{-\infty}^{\infty} G(x) \mathrm{e}^{-\mathrm{i}2\pi f x \sin\theta / c} \mathrm{d}x = \int_{-\infty}^{\infty} \rho(x,f) \mathrm{e}^{-\mathrm{i}\pi f x \sin\theta / c} \mathrm{d}x \tag{7-9}$$

当 $p(x,f)$ 满足上述关系时，线阵的响应函数 $r(\theta,f)$ 将不随频率 f 变化，保持固定形状。这是因为 $p(x,f)$ 和 $r(\theta,f)$ 形成了一对傅里叶变换，使得所有频率成分在构成波束时具有相等的贡献，从而确保波束宽度的频率不变性。

3. 线阵灵敏度函数的 DFT 插值

对于一般的离散阵列，尽管它们无法完全复制连续线阵的理想属性，但它们的输出通常被认为是连续线阵输出的近似。在某些特定频率范围内，离散阵列可以近似地实现连续线阵的频率不变特性。离散阵列由固定数量的阵元构成，每个阵元具有特定位置和频率响应。尽管单个阵元的响应与连续线阵的理论模型存在偏差，但通过适当设计阵列配置和信号处理算法，可以让离散阵列的整体响应近似于连续线阵的理想响应，如下式所示：

$$y(f) = \int_{-\infty}^{\infty} s(x,f) f G(x,f) \mathrm{d}x \tag{7-10}$$

对于功率有限的平面波信号，为保证上述积分存在，连续线阵的灵敏度函数必须有限，因此积分范围可以简化到 $(x_1, x_2, \cdots, x_M)$。要得到与此连续线阵相近似的离散阵列，可以设定阵元间距为 d，阵元位置为 $x_i = i \cdot d (i = 0,1,\cdots,M-1)$，且第 1 个阵元在频率 f 处的加权系数为 $w_i(f) = fG(x_i, f)$，即离散阵列的加权系数是连续阵列灵敏度函数的采样值。通过这种方式，连续线阵的输出 $y(f)$ 可以近似地表示为

$$y(f) = \sum_{i=0}^{M-1} s(x_i, f) G(x_i, f) \approx \sum_{i=0}^{M-1} s(x_i, f) w_i(f) \tag{7-11}$$

上述式子体现了离散阵列的输出。对于远场的单位幅度平面波，输出反映了离散阵列的响应函数。

在设计宽带阵列时，通常要求在某一特定频率 f_0 处的波束图满足特定约束条件，同时期望其他频率处的波束图与 f_0 处的波束图相似。使用现有方法，可以得到 f_0 处的加权系数 $w_i(f_0)$，这些加权系数可视为连续线阵在 f_0 处的灵敏度函数采样，即

$$w_i(f_0) = \rho(x_i, f_0) \tag{7-12}$$

对其他频率 f 处的响应，可以通过 f_0 处的加权系数插值得到。考虑连续线阵的灵敏度函数满足 $\rho(x,f) = fG(x,f)$，在频率 f_0 处的 M 个值已知，则

$$\rho(x_i, f_0) = f_0 G(x_i, f_0) = w_i(f_0) \tag{7-13}$$

式中，$\alpha = f/f_0$。这说明，在 f 处的灵敏度函数值等于 f_0 处的灵敏度函数在 αx_i 的值，而 $w_i(f_0)$ 是 f_0 处离散阵列的加权系数，插值方法可用 DFT 确保频谱形状一致性。对于实现宽带波束形成，首先通过 DFT 将阵列各阵元的接收数据分解为若干个子带。然后，利用 DFT 插值计算各子带的加权系数，这一步骤关键在于确保插值点落在插值区间内，从而可靠地预测未知频率点的加权系数。之后，对各子带信号进行加权求和，并通过 IDFT 得到阵列的最终输出信号[19]。为满足空间采样定理，阵元间距 d 应小于接收信号最高频率对应波长的一半。

设计宽带波束形成器的步骤包括：确定阵列的工作频率范围并据此设定子带数量；根据接收信号的最高频率设定阵元间距 d；在信号的最低频率处，按照波束形成需求（例如主瓣宽度、旁瓣级别、零陷位置等）使用常规波束形成方法计算该频率下的加权系数；使用 DFT 插值法求出其他子带的加权系数；应用各子带的加权系数于宽带波束形成器中，完成信号的宽带接收。

这种方法虽然简单有效，但它的适用性限于线阵结构，因为只有线阵的方向矢量满足 FFT 矩阵的形式，这使得灵敏度函数 $G(f)$ 和阵列响应 $r(\theta)$ 之间存在傅里叶变换关系。对于非线阵结构，由于其方向矢量不符合 FFT 矩阵的形式，DFT 插值方法不再适用。

4. 任意结构阵列宽带恒定束宽波束形成设计

任意结构阵列的设计相对复杂，因此应用于这种阵列的频域宽带恒定束宽波束设计方法并不常见。然而，杨森新[20]提出了一种应对任意结构阵列的宽带恒定束宽波束形成方法。该方法利用贝塞尔函数作为核函数的级数展开来表示任意结构阵列的方向向量，并对阵列的级数进行适当的缩放。接着，在频带内的各个频率上，将阵列响应向量转化为归一化的参考频率，以获得恒定束宽波束形成所需的权重。这一方法确保了在不同频率上的波束形状保持一致，以实现波束形成的一致性[21]。

为了简化问题描述，这里只考虑由 M 个阵元构成的任意结构平面阵。任意结构平面阵的响应向量为

$$a(f,\theta) = \left[e^{i2\pi f(\cos\theta - \theta_s)/c}, e^{i2\pi f(\cos\theta - \theta_s)/c}, \cdots, e^{i2\pi f(\cos\theta - \theta_s)/c} \right]^T \tag{7-14}$$

若入射到阵列的信号频率为 f_0，要形成指向 θ_0 的波束，则可设计加权系数为

$$w_0 = \mathrm{diag}(w)^H a(f_0, \theta_0) \tag{7-15}$$

式中，$w = [w_1, w_2, \cdots, w_M]^T$ 为阵元振幅加权向量；$\mathrm{diag}(\cdot)$ 为以向量各元素为对角线元素的对角矩阵。阵列输出波束图可表示为

$$B(f_0, \theta_0) = |w_0 a(f_0, \theta_0)| \tag{7-16}$$

若入射信号频率范围为 $[f_L, f_H]$，显然在各个频率分量上波束图不同，波束输出信号会产生线性失真。恒定束宽波束形成器的实现就是选择频带内各频率分量上波束形状相同的权向量，使得

$$B(f, \theta) = |w_r a(f, \theta)| = B(f_0, \theta) \tag{7-17}$$

利用平面波分解公式

$$e^{i\cos\psi y} = \sum_{n=-\infty}^{\infty} J_n(z) i^n e^{-in\omega} \tag{7-18}$$

可以把任意结构阵列的响应向量中的各分量表示成以第一类柱贝塞尔函数为核函数的形式：

$$a(f, \theta) = \sum_{m=0}^{M} J_n(2\pi f f_m / c) e^{-im\psi} \tag{7-19}$$

进一步地，有

$$a(f, \theta) = T(f) w(\theta) \tag{7-20}$$

式中，

$$[T(f)]_{m,n} = \mathrm{J}_n(2\pi f f_m / c) \mathrm{e}^{im\theta_0}$$
$$[w(\theta)]_n = \mathrm{e}^{-in\theta_0} \quad (m=1,\cdots,M, = 0, \pm 1, \cdots) \tag{7-21}$$

考虑贝塞尔函数,若 $z_{\max} = 2\pi f_{\max} r_{\max}/c$,$\max|\mathrm{J}_n(z)| < \epsilon$,$z \in [0, z_{\max}]$ 中 ϵ 是依据精度要求选择的一个小量,r 是对应于 z 的贝塞尔函数的阶数,则可以在 $(|n| < n_{\max}) T(f)$ 和 $\tilde{w}(\theta)$ 作截断处理,使得

$$A(f,\theta) = T(f) w(\theta) \tag{7-22}$$

设计各频率分量上的波束形成向量

$$w_r = w_0 T^{\mathrm{T}} \tag{7-23}$$

其中,

$$T = T(f_0) T^{\mathrm{T}}(f) = \left[T(f_0)^{\mathrm{T}} T(f_0) \right]^{-1} T^{\mathrm{T}}(f) \tag{7-24}$$

$$B(f_0,\theta) = |w_r a(f,\theta)| = \left| w_0 T(f_0) \left[T^{\mathrm{T}}(f_0) T(f_0) \right]^{-1} T^{\mathrm{T}}(f) w(\theta) \right|$$
$$= |w_0 T(f_0)| = |w_0 a(f_0,\theta)| \tag{7-25}$$

该方法运用高阶贝塞尔函数为核函数的级数式来近似表示各个频率上的信号方向向量,并对贝塞尔函数高阶项进行截断。由于贝塞尔函数的特性,高阶项的截断误差非常小。然而,在实际计算中,式(7-25)中涉及矩阵求逆操作。为了避免矩阵求逆时出现奇异情况,最高阶数应小于阵元数的一半。因此,该方法在阵元数较少时误差较大,仅适用于无限阵列的任意结构阵列。

宽带恒定束宽波束形成技术在现代通信和信号处理领域具有重要意义。本节通过探讨多种实现方法,特别是时域和频域宽带恒定束宽波束形成的设计与应用,展示了其在确保宽带信号无失真传输方面的优越性。相比于传统的频域处理方法,时域方法能够提供真正连续的时间波形,从而避免频率畸变对信号处理性能的影响。通过研究多种优化技术和 FIR 滤波器组的设计,本书提出的恒定束宽波束形成方法不仅在理论上得到了验证,也通过仿真展示了其在实际应用中的有效性。这些方法能够保证在全频段内,各个子带频率上的波束输出具有一致的幅度和相位响应,从而显著提高了波束形成器的性能,确保信号处理的高效性和准确性。未来的研究可以进一步优化这些设计方法,探索更多适用于不同阵列结构和应用场景的恒定束宽波束形成技术。随着计算能力的提升和算法的进步,基于机器学习和人工智能的自适应波束形成方法也将成为一个重要的研究方向。这些新的技术和方法将进一步推动宽带恒定束宽波束形成技术的发展,为现代通信和雷达系统提供更加可靠和高效的解决方案。宽带恒定束宽波束形成技术作为一种关键技术,具有广泛的应用前景和研究价值。通过不断地创新和优化,这项技术必将在未来的信号处理和通信领域发挥更加重要的作用。

7.3　近场声全息技术

7.3.1　近场声全息技术概况

随着水下探测需求的增加,对水声设备的要求也在不断提升。不仅要求测量频率范围的扩展,同时对各个性能参数也提出了更高的要求,这推动了测试技术的不断发展。近场声全息技术作为应用广泛的技术之一,近年来发展迅速。大尺寸和高频水声换能器的应用越来越普遍,为了测量这些换能器的远场特性,按照远场测量条件,需要较大的空间水域,这给测量工作带来了很大的困难[22]。同时,船舶噪声源频率的不断降低使得常规方法无法获得有用的噪声信息,为潜艇等水下航行器的减振降噪带来了挑战。为了解决上述问题,采用近场声全息技术进行声场的正向重构和反向重构,间接获取噪声源信息和换能器远场特性信息,推动了测试技术的发展[23]。

7.3.2　近场声全息技术基本理论

本节将从声学中的基本公式推导出声全息计算公式,详细介绍正向重构和反向重构的格林函数,接着分析近场声全息离散化理论,最后对反向重构中的滤波函数进行详细说明。

在近场声全息技术中,声场的重构可以分为正向重构和反向重构两种方法。正向重构是根据已知的声源信息,通过计算得到声场的分布情况。反向重构则是根据测量的声场数据,通过反演计算得到声源的分布情况[24]。为了进行这些计算,常使用格林函数来描述声源与测量点之间的关系。格林函数在近场声全息中起到重要作用,它提供了从声源到测量点的传播路径和传播特性的描述。

近场声全息的离散化理论是为了处理实际应用中有限的测量点和有限的计算资源问题。通过将连续声场离散化,可以简化计算并提高计算效率。在离散化过程中,需要注意测量点的分布和数量,以保证重构的准确性。

反向重构中的滤波函数用于处理测量误差和计算误差引起的噪声和不稳定性问题。滤波函数可以有效地平滑数据,减少误差对重构结果的影响[2]。通过选择合适的滤波函数和参数,可以提高反向重构的精度和稳定性。

假设一封闭振动体位于密度为 ρ、声速为 c 的无限域流体介质中,封闭面为 S,包围的区域为 D_i,外部区域为 D_e,则在 D_e 中声压场满足的波动方程为

$$\nabla^2 p(r,t) - \frac{1}{c^2}\frac{\partial^2 p(r,t)}{\partial t^2} = 0 \tag{7-26}$$

进行傅里叶变换，可得到如下形式的亥姆霍兹方程：

$$\nabla^2 p(r,\omega) + k^2 p(r,\omega) = 0 \tag{7-27}$$

式（7-26）的解表示封闭振动体在外，即包括在封闭振动体外的点可以表示成亥姆霍兹方程的形式：

$$C(P)r = \int_S p(r_0)\frac{\partial G(r,r_0)}{\partial n} - \frac{p(r_0)}{n}G(r,r_0)\,\mathrm{d}S(r_0) \tag{7-28}$$

其中，函数 $C(P)$ 的取值为

$$C(P) = \begin{cases} 1, & P \in D_e \\ 0.5, & P \in S \\ 0, & P \in D_i \end{cases} \tag{7-29}$$

已知，三维空间中的格林函数 $G(r,r_0)$ 定义为

$$G(r,r_0) = \frac{\mathrm{e}^{-\mathrm{i}k|r-r_0|}}{4\pi|r-r_0|} \tag{7-30}$$

二维空间格林函数表达式如下：

$$G(r',r_0) = -\frac{\mathrm{i}}{4}\mathrm{H}_0^{(2)}\left(k|r'-r_0|\right) \tag{7-31}$$

$\mathrm{H}_0^{(2)}(x)$ 是柱汉克尔函数，它在声学中用于处理辐射和散射问题，对于表面 S 上的法向导数，有

$$\frac{\partial p}{\partial n} = -\mathrm{i}\rho c k u_n = -\mathrm{i}\rho\omega u_n \tag{7-32}$$

将式（7-27）代入式（7-28）得到研究结构表面声场与外部声场相互变换的基本关系式：

$$C(P)r = \int_S p(r_0)\frac{\partial G(r,r_0)}{\partial n} + \mathrm{i}\rho c k u_n(r_0)G(r,r_0)\,\mathrm{d}S(r_0) \tag{7-33}$$

利用式（7-32）建立外部声压与表面场声压或振速的反变换关系，就可以实现由近场测量重建结构表面声场分布。可以通过选取适当形式的格林函数来达到这一目的，考虑平面型声源，取格林函数如下形式：

$$G(r',r_0) = \frac{\mathrm{e}^{-\mathrm{i}kR_1} + \mathrm{e}^{-\mathrm{i}kR_2}}{4\pi R_1} \tag{7-34}$$

其中，R_1 和 R_2 的表达式为

$$R_1 = \sqrt{(x'-x)^2 + (y'-y)^2 + (z'-z)^2}$$
$$R_2 = \sqrt{(x'-x)^2 + (y'-y)^2 + (z'-z'')^2} \tag{7-35}$$

在具有 (x',y',z') 的源点上的坐标方向，(x_h, y_h, z_h) 为接收方的坐标。在表面 S 上满足狄利克雷边界条件（即 $G|_{z'=z_s}=0$），得到以下的格林函数表达式：

$$G = \left(\frac{1}{R_1}\mathrm{e}^{-\mathrm{i}kR_1} - \frac{1}{R_2}\mathrm{e}^{-\mathrm{i}kR_2}\right)\frac{1}{4\pi} \tag{7-36}$$

接着，结合式（7-32），通过边界上的积分求解外部声压场 $p(r)$：

$$p(r) = \int_S p(r_s) G_D(r, r_s) \mathrm{d}S(r_s) = p(r_s) * G_D(r, r_s) \tag{7-37}$$

其中，"$*$"表示卷积，当 $z' = z_s$ 时，$\dfrac{\partial G}{\partial n} = \dfrac{\partial G}{\partial R}\dfrac{\partial R}{\partial a}\bigg|_{\alpha = z_h - z_s = d}$，并且 $R_1 = R_2, \dfrac{\partial R}{\partial \alpha} = -\dfrac{\partial R}{\partial \alpha}$，从而得到

$$G_D(r, r_s) = -\frac{1}{4\pi} 2 \frac{\partial}{\partial \alpha}\left(\frac{\mathrm{e}^{-\mathrm{i}kR}}{R}\right)\bigg|_{\alpha = x_h - z_s = d} \tag{7-38}$$

得到距离表达式：

$$R = \sqrt{(x_h - x_s)^2 + (y_h - y_s)^2 + (z_h - z_s)^2} \tag{7-39}$$

此为源点与接收点之间的距离公式。使用傅里叶变换转换声压场 p 的表达式为

$$P(k_x, k_y, z_h) = P(k_x, k_y, z_s) G_D(k_x, k_y, d) \tag{7-40}$$

声压场的空间和频率域关系：

$$p(k_x, k_y, z) = \int_{-\infty}^{\infty}\int_{-\infty}^{\infty} p(x, y, z) \mathrm{e}^{-\mathrm{i}(k_x x + k_y y)} \mathrm{d}x \mathrm{d}y \tag{7-41}$$

$$p(x, y, z) = \int_{-\infty}^{\infty}\int_{-\infty}^{\infty} \frac{p(k_x, k_y, z)\mathrm{e}^{\mathrm{i}(k_x x + k_y y)}}{2\pi 2\pi} \mathrm{d}k_x \mathrm{d}k_y \tag{7-42}$$

推导出格林函数 G_D 在频率域的表达：

$$G_D(k_x, k_y, d) = \begin{cases} \mathrm{e}^{-\mathrm{i}\sqrt{k^2 - k_x^2 - k_y^2}\, d}, & k \geqslant \sqrt{k_x^2 + k_y^2} \\ \mathrm{e}^{d\sqrt{k_x^2 + k_y^2 - k^2}}, & k < \sqrt{k_x^2 + k_y^2} \end{cases} \tag{7-43}$$

经过声压场的处理和反转：

$$P(k_x, k_y, z_s) = P(k_x, k_y, z_h) / G_D(k_x, k_y, d) \tag{7-44}$$

$$P(k_x, k_y, z_s) = P(k_x, k_y, z_h) G_D^{-1}(k_x, k_y, d) \tag{7-45}$$

式（7-45）为傅里叶变换的实现细节，用于将 P 从 z_h 层到 z_s 层通过 G_D 的逆变换求得源面声压场。由下面的格林函数表达式和边界条件可以得到外部声压场的积分表达式：

$$k_z = \begin{cases} \sqrt{k^2 - k_x^2 - k_y^2}, & k \geqslant \sqrt{k_x^2 + k_y^2} \\ j\sqrt{k_x^2 + k_y^2 - k^2}, & k < \sqrt{k_x^2 + k_y^2} \end{cases} \tag{7-46}$$

$$G_D(k_x, k_y, d) = e^{-ik_z d} \tag{7-47}$$

这里，G_D 被用于描述通过具有诺尔曼边界条件的表面时的声场传播，其中诺尔曼边界条件意味着在边界上声压的法向导数为零 $\left(\dfrac{\partial G}{\partial n} = 0\right)$，当存在诺尔曼边界条件时

$$G = \left(\frac{1}{R_1} e^{-ikR_1} - \frac{1}{R_2} e^{-ikR_2}\right) \frac{1}{4\pi} \tag{7-48}$$

则外部声压场的积分表达式：

$$p(r) = i\rho c k \int_S \mu(r_s) \cdot G(r, r_s) \mathrm{d}S \tag{7-49}$$

这里，$\mu(r_s)$ 表示在表面 S 上的源分布，$G(r, r_s)$ 是考虑到诺尔曼边界条件的格林函数，而 $p(r)$ 表示经过这些条件影响后在 r 点的声压场。格林函数的表达式：

$$G_N(r, r') = i\frac{\rho c k}{4\pi} \frac{e^{-ikR}}{R} \tag{7-50}$$

其中，R 表示源点 r' 到接收点 r 的距离，

$$R = \sqrt{(x_h - x_s)^2 + (y_h - y_s)^2 + (z_h - z_s)^2} \tag{7-51}$$

通过 FFT 转换，考虑到诺尔曼边界条件的声压场 P 可以表示为

$$P(k_x, k_y, z_h) = U_n(k_x, k_y, z_s) G_N(k_x, k_y, d) \tag{7-52}$$

具体的格林函数在空间的表达式为

$$G_N(k_x, k_y, d) = \frac{\rho c k}{k_z} e^{-ik_z d} \tag{7-53}$$

然后，反转 FFT 处理以求得空间域的声场：

$$U_n(k_x,k_y,z_s) = P(k_x,k_y,z_h)G_N^{-1}(k_x,k_y,d) \tag{7-54}$$

前面的推导表明由全息面上测量到的复声压数据可以反演到源面上复声压和法向振速。同时，还可以进一步重建其他声学量，如位移、加速度向量、声强向量等，并通过逆傅里叶变换得到

$$u_n(x,y,z_S) = \int_{-\infty}^{\infty}\int_{-\infty}^{\infty} U_n(k_x,k_y,z_S) e^{i(k_x x + k_y y)} \frac{dk_x}{2\pi}\frac{dk_y}{2\pi} \tag{7-55}$$

由欧拉方程可得

$$\tilde{u}(x,y,z) = -i\frac{\nabla p(x,y,z)}{\rho c k} \tag{7-56}$$

由于声压梯度 ∇p 在 x,y,z 方向的分量分别与 p 的傅里叶变换相关，因此有

$$\left[\frac{\partial p}{\partial x} \leftrightarrow -ik_x P, \frac{\partial p}{\partial y} \leftrightarrow -ik_y P, \frac{\partial p}{\partial z} \leftrightarrow -ik_z P\right]$$

$$U(k_x,k_y,z) = -i\frac{(ik_x + jk_y + kk_z)}{\rho c k} P(k_x,k_y,z) \tag{7-57}$$

在特定的 $z = z_s$ 层，速度场 $\tilde{u}$ 与上述声压场 p 相关的关系被进一步表达为

$$U(k_x,k_y,z_s) = -\frac{ik_x + jk_y + kk_z}{\rho c k} P(k_x,k_y,z_s) \tag{7-58}$$

通过逆傅里叶变换回到空间域：

$$\omega(x,y,z) = -\frac{i}{\omega}\tilde{u}(x,y,z) \tag{7-59}$$

$$\tilde{a}(x,y,z) = i\omega\tilde{u}(x,y,z) \tag{7-60}$$

$$I(x,y,z) = \frac{1}{2}\text{Re}\left(p(x,y,z)\tilde{u}^*(x,y,z)\right) \tag{7-61}$$

式中，ω 是角频率；$\tilde{u}$ 是复速度场；$I(x,y,z)$ 表示在 $z = z_s$ 层的声强。除声强外其他物理量均为复数，"*"表示取共轭；Re 表示取实部。

7.3.3 傅里叶变换后频域的离散化

傅里叶变换后的频域的离散化过程突显了如何将声波的频域特征离散化。在这个过程中，分别定义了 (k_x,k_y) 和 k_z 的离散值，以及如何通过窗函数处理离散化的信号。为了在有限

的数据点上进行处理，通过定义一个周期，使信号可以在有限的数据点内被完全表示。

对于声场 $p(l,m)$，它在 $N \times N$ 的网格上的离散表示被限制在 $2N \times 2N$ 的数据点内进行。也就是说，在 $N \times N$ 的网格内，信号被有效定义；而在 $N \times N$ 以外信号被设置为 0，以便于进行 DFT 计算：

$$p(l,m) = \begin{cases} p(l,m), & 0 \leqslant l < N \text{和} 0 \leqslant m < N \\ 0, & N \leqslant l < 2N \text{且} N \leqslant m < 2N \end{cases} \tag{7-62}$$

频率的离散定义：

$$k_{x\mu} = \begin{cases} \pi\mu/(N \cdot A), & 0 \leqslant \mu < N \\ \pi(\mu - 2N)/(N \cdot A), & N \leqslant \mu < 2N \end{cases} \tag{7-63}$$

$$k_{yv} = \begin{cases} \pi v/(N \cdot A), & 0 \leqslant v < N \\ \pi(v - 2N)/(N \cdot A), & N \leqslant v < 2N \end{cases} \tag{7-64}$$

这种方法确保在进行 DFT 的过程中，频率变量 k_x、k_y 在计算时可以完整地覆盖原始信号的频率范围，并且通过适当的周期延拓和镜像来处理边界效应。

7.4 矢量阵测试技术

7.4.1 矢量水听器概况

传统的声压水听器及基阵在出现后的很长时间内解决了许多科学实践问题，尤其是在现有的声呐系统中，主要依靠声压信息进行处理。然而，随着海洋研究的深入，声压水听器及基阵的不足也逐渐显现。例如，对低信噪比目标的检测，常用且有效的方法是采用大型水听器阵列测量声场多个点的声压值，通过空间滤波获得空间增益，从而提高检测性能。随着频率的降低，声压水听器阵列在保持一定增益和束宽的情况下，阵列孔径变得越来越大。如此庞大的基阵在实验中的实现和布放都非常困难[25]。此外，常规拖曳线列阵在目标方位分辨上存在极大问题。矢量传感器的出现，为解决这些问题提供了新的可能。

声波是纵波，声压是标量，振速是矢量，振速方向与传播方向一致，单个振速传感器即可提供声场的方位信息。振速传感器响应其轴上物体的投影分量，因此，具有 $\cos\theta$ 形式的指向性，并且这种指向性与频率无关，这意味着在低频时它也有指向性。因此，小型振速传感器可以用来检测辐射低频声波的目标方向，而无须采用大型水听器基阵。这两种方法在面对相同目标时所使用的传感器尺寸上相差几十倍，显然，这对进行高效且方便用户的水声系统设计非常重要。

将声压水听器和振速传感器组合成一个整体，称为矢量传感器或组合传感器，用以替代传统的声压水听器。组合传感器同时拾取声场中的声压和振速信息，使得联合处理和理解声标量场和矢量场的信息成为可能。因此，组合传感器系统相较于传统的声压水听器系统具有更大的优越性。通过同时利用声压和振速信息，矢量传感器在检测和定位精度、噪声抑制以及目标识别方面均有显著提升，满足了现代水下探测技术对高性能和多功能的需求。

总结来说，矢量传感器的引入和应用，标志着水声探测技术的一个重要进步。它不仅克服了传统声压水听器在低频检测和阵列规模上的限制，还提供了更加丰富和准确的声场信息，为水中目标探测和环境监测提供了强有力的支持。矢量传感器及基阵能够同时在其位置获取声压和振速信息，因此，矢量传感器及基阵可根据某种性能对声压 p、振速 v、声强流 pv 以及各种组合信号进行信号处理[25]。

在连续介质声场中，任意一点附近的运动状态可用声压 p、密度 ρ 及介质质点振速 v 唯一表示。声场中，与质点振速 v 相关的物理矢量有质点位移量 x、质点加速度 a 及声压梯度 ∇p，对于谐和声波，它们的方向相同，且幅度及相位有确定的关系：

$$x = -\frac{\mathrm{i}}{\omega}v, \quad a = \mathrm{i}\omega v, \quad \nabla p = -\mathrm{i}\omega\rho v \tag{7-65}$$

式中，ω 为角频率。

7.4.2　矢量阵波束形成

矢量传感器波束形成的原理与声压传感器波束形成原理基本一致。波束形成是声呐信号处理的主要组成部分，无论是被动声呐还是主动声呐，波束形成系统的目的是获得足够大的信噪比和高精度的目标方位分辨力。波束形成是基阵在空间上抗噪声的一种处理过程。实现波束形成需要经过一系列运算，包括加权、延时及对各阵元接收到的信号求和。波束形成器可以看作是一个空间域的滤波器，它只允许来自某一方向的信号通过，而抑制其他方向的信号[26]。

当信号传播到各基元时，由于声程差的缘故，每个基元接收到的信号都是有差异的。如果能将这种差异进行人为的补偿，那么补偿后的信号就会趋于一致。这就是普通波束形成的基本思想。因此，任意阵元的阵经过适当处理，可在预定方向上经过一定的相位调整形成同相相加，得到较大的输出。

波束形成的基本原理可以概述为：将多元阵元接收到的信号进行时延或相移补偿，使预定方向的入射信号形成同相相加。本节只讨论阵元等间距线列阵的波束形成，通过精确控制每个阵元信号的相位或时延，可以在特定方向上实现信号的同相叠加，从而增强该方向上的信号，同时抑制其他方向的噪声和干扰。

波束形成的步骤如下：首先，对各阵元接收到的信号进行加权，以调整各信号的幅度。

其次，依据信号传播路径的差异对信号进行时延或相移补偿，使来自预定方向的信号达到同相相加的效果。最后，将所有处理后的信号进行求和，得到最终的波束输出。通过调整加权和时延参数，可以控制波束的指向和形状，以满足不同的探测需求。

矢量传感器在波束形成中具有优势，因为它不仅能够测量声压，还能够测量振速等矢量信息，这使得波束形成可以利用更多的声场信息，提高波束的分辨力和抗干扰能力。将声压和振速信息结合进行波束形成，可以更精确地确定目标方位，并提高对低信噪比目标的检测性能。

总之，矢量传感器和声压传感器的波束形成原理相似，都是通过对各阵元信号进行加权、时延补偿和求和来实现信号的同相叠加，以增强预定方向上的信号，同时抑制其他方向的噪声和干扰。通过合理设计和优化，可以大幅提高波束形成系统的性能，满足各种复杂环境下的探测需求。矢量阵布放示意图如图 7-4 所示。阵元个数为 N，阵元间距为 d。

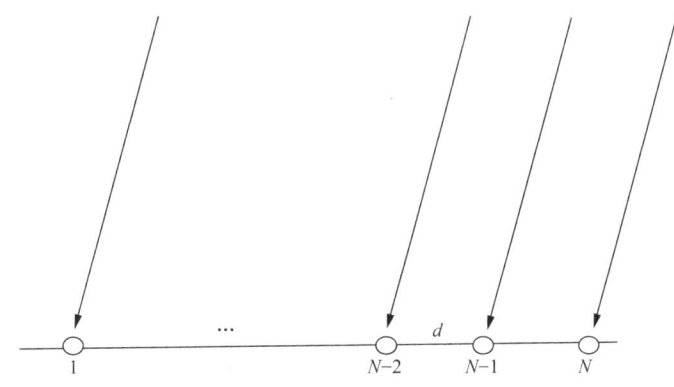

图 7-4 矢量阵布放示意图

在平面波假定下，各阵元接收声压分别为

$$p_i = x(t - i\tau) \tag{7-66}$$

式中，i 为阵元序号；τ 为相邻阵元时延差，其中，$\tau = d\cos\theta / c$，d 为阵元间距，c 为声速，θ 为目标入射方向。当采样频率 f_s 很大时，各阵元的采样离散序列近似表示为

$$p_i = x(n - im) \tag{7-67}$$

式中，$m = (d\cos\theta q / (cf_s))$，则各阵元接收振速分列为

$$v_x = p_i \cos\theta = x(n - im)\cos\theta \tag{7-68}$$

$$v_y = p_i \sin\theta = x(n - im)\sin\theta \tag{7-69}$$

当在 θ_0 方位预成波束时，各阵元离散信号所需补偿的基本样本点数为

$$m_0 = d\cos\theta_0 / (cf_s) \tag{7-70}$$

那么，声压与振速的波束输出分别为

$$W_p(\varphi) = \sum p_i(n+im_0) = \sum x(n+im_0) \tag{7-71}$$

$$\begin{aligned} W_v(\varphi) &= \sum v_c(n+im_0) \\ &= \sum x(n-im+im_0)\cos\theta_0 + \sum x(n-im+im_0)\sin\theta\sin\theta\sin\theta_0 \\ &= \sum x(n-im+im_0)\cos(\theta-\theta_0) \end{aligned} \tag{7-72}$$

若目标位置与波束预成方向相同，即 $\theta = \theta_0$，则 $m = m_0$，各阵元信号同相相加，$\cos(\theta-\theta_0)=1$，此时波束输出最大。波束形成原理图如图 7-5 所示。

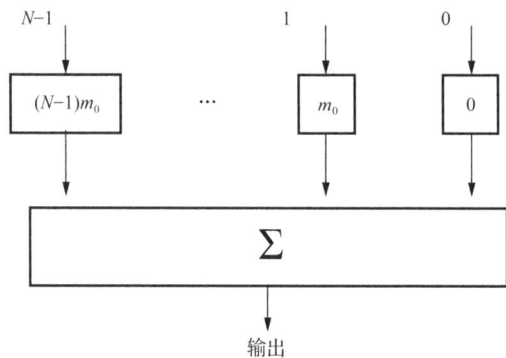

图 7-5 波束形成原理图

如果将声压的波束输出和振速的波束输出进行组合、相加或相乘，上述过程可以称为矢量阵时域波束形成。下面说明频域波束形成原理，由下式计算：

$$P_i(\omega) = X(\omega)\mathrm{e}^{-\mathrm{i}(i-1)\omega\tau} = X(\omega)\mathrm{e}^{-\mathrm{i}(i-1)\omega d\cos\theta/c} \tag{7-73}$$

式中，$P_i(\omega)$ 和 $X(\omega)$ 分别是 $p_i(t)$ 和 $x(t)$ 的傅里叶变换。对某一频率 ω 在 θ_0 方位进行波束形成，则波束输出为

$$P_i(\omega) = \left(\sum X(\omega)\mathrm{e}^{-\mathrm{i}(i-1)\omega d\cos\theta_0/c}\right)\mathrm{e}^{-\mathrm{i}(i-1)\omega d\cos\theta_0/c} \tag{7-74}$$

上式相当于对信号 $P_i(\omega)$ 进行傅里叶变换，频率为 $\omega\cos\theta_0/c$，称为空间频率，而波束形成相当于将此信号通过一个中心频率为 $\omega d\cos\theta_0/c$ 的滤波器。当 $\omega\cos\theta_0/c$ 和 $\omega d\cos\theta/c$ 两者重合时，波束输出为最大值，并在 θ_0 方向形成波束。

参 考 文 献

[1] 吴开明, 吴立新. 国外海洋水声学实验现状与趋势[C]//水声对抗技术重点实验室, 水下信息与控制重点实验室. 2014 年水声对抗技术学术交流会论文集, 2014: 113-115.

[2] 余锋, 高涌, 马忠成. 国外水中目标特性研究状况及启示[J]. 舰船科学技术, 2015, 37(S1): 8-12.

[3] 江磊. 小尺度阵信号处理技术研究[D]. 哈尔滨: 哈尔滨工程大学, 2008.

[4] 杨俊, 李钢虎, 王红萍, 等. 声矢量阵宽带恒定束宽波束形成技术研究[J]. 电声技术, 2009, 33(2): 41-43, 48.

[5] Chan S C, Chen H H. Uniform concentric circular arrays with frequency-invariant characteristics: Theory, design, adaptive beamforming and DOA estimation[J]. IEEE Transactions on Signal Processing, 2007, 55(1): 165-177.

[6] 陈彬. 宽带恒定束宽数字波束形成及实现[D]. 成都: 电子科技大学, 2008.

[7] 郭志亮, 陈辉, 祝转民. 一种宽带零陷展宽恒定束宽波束形成算法[J]. 空间电子技术, 2016, 13(3): 26-31.

[8] Ward D B, Kennedy R A, Williamson R C. Theory and design of broadband sensor arrays with frequency invariant far-field beam patterns[J]. The Journal of the Acoustical Society of America, 1995, 97(2): 1023-1034.

[9] Ward D B, Kennedy R A. FIR filter design for frequency-invariant beamformers[J]. IEEE Signal Processing Letters, 1996, 3(3): 69-71.

[10] Paul A, Khan T Z, Podder P, et al. Reconfigurable architecture design of FIR and IIR in FPGA[C]//International Conference on Signal Processing and Integrated Networks (SPIN). Noida, India: IEEE, 2015: 958-963.

[11] Godara L C. Smart Antennas[M]. Boca Raton: CRC Press, 2004.

[12] Compton R T. The relationship between tapped delay-line and FFT processing in adaptive arrays[J]. IEEE Transactions on Antennas and Propagation, 1988, 36(1): 15-26.

[13] 张保嵩, 马远良, 孙晓艳. 旁瓣控制算法研究[J]. 船舶工程, 1999(5): 51-52.

[14] Kumar V, Chafii M, Swindlehurst A L, et al. SCA-Based beamforming optimization for IRS-enabled secure integrated sensing and communication[C]//2023 IEEE Global Communications Conference, Kuala Lumpur, Malaysia, 2023: 5992-5997.

[15] Yan S F, Hou C H. Broadband DOA estimation using optimal array pattern synthesis technique[J]. IEEE Antennas and Wireless Propagation Letters, 2006, 5(1): 88-90.

[16] 谢承桓, 黄乐, 朱守正. 一种宽带恒定束宽数字波束形成器的设计[J]. 华东师范大学学报(自然科学版), 2003(4): 36-41.

[17] 慕方方. 基于麦克风阵列的宽带波束形成算法研究[D]. 成都: 电子科技大学, 2022.

[18] 李琴, 苑秉成, 林伟, 等. 线列组合阵超宽带恒定束宽波束形成器的实现方法[J]. 海军工程大学学报, 2011, 23(2): 94-97, 112.

[19] 廖艳苹, 商飞. 最差环境下宽带恒定束宽波束形成[J]. 电子科技, 2014, 27(8): 138-141.

[20] 杨益新. 声呐波束形成与波束域高分辨方位估计技术研究[D]. 西安: 西北工业大学, 2002.

[21] 李毓铃. 宽带自适应波束形成技术的研究和实现[D]. 南京: 南京理工大学, 2017.

[22] 柯小梅. 宽带波束形成算法研究[D]. 西安: 西安电子科技大学, 2018.

[23] 张子鑫, 肖友洪, 魏富康. 新型组合近场声全息技术[J]. 哈尔滨工程大学学报, 2022, 43(2): 228-234, 254.

[24] 孙超. 有限空间水下结构近场声全息技术及应用研究[D]. 哈尔滨: 哈尔滨工程大学, 2013.

[25] 陈新华, 蔡平, 惠俊英, 等. 声矢量阵指向性[J]. 声学学报, 2003, 28(2): 141-144.

[26] 杨德森, 戈尔季年科, 洪连进. 水下矢量声场理论与应用[M]. 北京: 科学出版社, 2013.

第8章 基于深度学习的水中目标识别分类

深度学习是近年来发展十分迅速的研究领域，并且在人工智能的很多子领域都取得了巨大的成功。从根源来讲，深度学习是机器学习的一个分支，是指一类问题以及解决这类问题的方法。首先，深度学习问题是一个机器学习问题，指从有限样例中通过算法总结出一般性的规律，并可以应用到新的未知数据上。比如，可以从一些历史病例的集合中总结出症状和疾病之间的规律。这样当有新的病人时，可以利用总结出来的规律，来判断这个病人得了什么疾病。其次，深度学习采用的模型一般比较复杂，指样本的原始输入到输出目标之间的数据流经过多个线性或非线性的组件。因为每个组件都会对信息进行加工，进而影响后续的组件，所以当最后得到输出结果时，并不清楚其中每个组件的贡献是多少。这个问题被称为贡献度分配问题[1]。贡献度分配问题也经常翻译为信用分配问题或功劳分配问题。在深度学习中，贡献度分配问题是一个非常关键的问题，这关系到如何学习每个组件中的参数。目前，一种可以比较好地解决贡献度分配问题的模型是人工神经网络。人工神经网络，简称神经网络，是一种受人脑神经系统的工作方式启发而构造的数学模型。和目前计算机的结构不同，人脑神经系统是一个由生物神经元组成的高度复杂网络，是一个并行的非线性信息处理系统。人脑神经系统可以将声音、视觉等信号经过多层编码，从最原始的低层特征不断加工、抽象，最终得到原始信号的语义表示。和人脑神经网络类似，人工神经网络是由人工神经元以及神经元之间的连接构成，其中有两类特殊的神经元：一类用来接收外部的信息，另一类用来输出信息。因此，神经网络可以看作信息从输入到输出的信息处理系统。如果把神经网络看作由一组参数控制的复杂函数，并用来处理一些模式识别任务（比如语音识别、人脸识别等），神经网络的参数可以通过机器学习的方式来从数据中学习。因为神经网络模型一般比较复杂，从输入到输出的信息传递路径一般比较长，所以复杂神经网络的学习可以看成一种深度的机器学习，即深度学习。神经网络和深度学习并不等价。深度学习可以采用神经网络模型，也可以采用其他模型（比如深度信念网络是一种概率图模型）。但是，由于神经网络模型可以比较容易地解决贡献度分配问题，因此神经网络模型成为深度学习中主要采用的模型。虽然深度学习一开始用来解决机器学习中的表示学习问题，但是由于其强大的能力，深度学习越来越多地用来解决一些通用人工智能问题，比如推理、决策等[2]。

本章主要介绍有关神经网络和深度学习的基本概念、相关网络模型，了解其在水中目标识别分类中的作用。水中目标识别与分类一直是海洋工程、海洋资源开发、海洋环境保护等领域中的关键问题之一。然而，由于水下环境的复杂性和不确定性，传统的水中目标识别技术在实际应用中往往面临着诸多挑战。近年来，随着深度学习技术的迅猛发展，基于深度学习的水中目标识别分类技术逐渐受到了广泛关注。本章基于深度学习的水中目标识别分类技术进行综述，并对其研究现状、挑战和未来发展方向进行探讨。水中目标识别与分类在海洋资源开发、海洋环境监测、水下机器人、水下探测等领域具有重要应用价值。准确地识别和分类水中目标，可以帮助人们更好地理解海洋环境，促进海洋资源的合理开发利用，提高水下作业的效率和安全性。传统的水中目标识别技术通常基于声呐、水下摄像机等传感器数据，利用手工设计的特征和分类器进行目标检测和识别。然而，这些方法往往受制于水下环境中的光照变化、水质浑浊程度、目标姿态变化等因素，存在着识别精度低、鲁棒性差等问题。

深度学习作为一种基于数据驱动的学习方法，在水中目标识别领域已经取得了显著的成果。通过深度学习网络，可以从海洋数据中学习到更加丰富、高效的特征表示，实现对水中目标的自动识别和分类。目前，深度学习在水中目标识别中的应用主要包括卷积神经网络、循环神经网络等。同时基于深度学习的水中目标识别也存在一些不足之处，例如数据获取困难、标注数据成本高昂、水下环境数据复杂、模型的鲁棒性和泛化能力差等。

在未来，基于深度学习的水中目标识别分类技术期望在以下几个方面得到更进一步发展：一是深度学习模型的改进和优化，提高模型的性能和鲁棒性；二是结合多模态数据进行水中目标识别，如声呐数据、光学图像等；三是开展深度学习在水中目标跟踪、定位等方面的研究，实现对水中目标的全面认知和监测。基于深度学习的水中目标识别分类技术为解决水下环境中的目标检测与识别问题提供了一种新的思路和方法[3]。

8.1 典型的深度学习算法

8.1.1 全连接神经网络

1. 感知机

感知机作为神经网络的前身，虽然在现代深度学习的浪潮中显得相对简单和初级，但它仍然是理解神经网络和深度学习原理的重要基石。感知机提供了一个直观且易于理解的框架，帮助探索机器学习的基本概念和原理。

首先，感知机展示了如何从多个输入信号中整合信息并产生单一输出的过程。这种整合和输出的机制是神经网络和深度学习的核心思想。通过感知机的学习，可以理解权重和偏置的概念，以及如何调整这些参数来影响模型的输出。其次，感知机也提供了一个研究二元分类问题的简单模型。尽管感知机有一定的局限性，无法处理一些复杂的非线性问题，但它提供了一个开始，帮助理解如何通过迭代和优化算法来训练模型。

感知机也是通往更复杂神经网络和深度学习模型的重要一步。感知机的基本结构和原理与现代的神经网络有许多相似之处,因此,通过学习感知机可以更容易地理解更复杂的神经网络模型是如何工作的。通过解决一些简单的问题,可以加深对感知机的理解。这些简单的问题可能看起来微不足道,但它们提供了一个学习的思路和理解的过程。感知机是一个相对古老且简单的算法,但它不仅是神经网络和深度学习的起源之一,也是理解更复杂模型的重要工具[4]。

感知机接收多个输入信号,输出一个信号。这里所说的信号可以想象成电流或河流那样具备流动性的东西。像电流流过导线,向前方输送电子一样,感知机的信号也会形成流,向前方输送信息。但是和实际的电流不同的是,感知机的信号只有流和不流(1/0)两种取值。本节 0 对应"不传递信号",1 对应"传递信号"。如图 8-1 所示的网络结构。

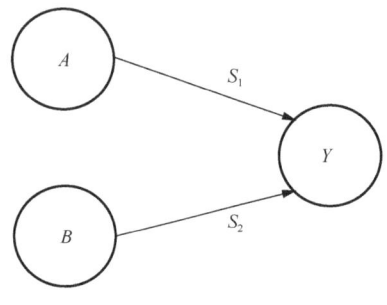

图 8-1 网络结构

2. 激活函数

如"激活"一词所示,激活函数的作用在于决定如何来激活输入信号的总和。激活函数是连接感知机和神经网络的桥梁[5]。

感知机最初使用了阶跃函数作为激活函数,这种函数在输入超过某个阈值时,输出会发生切换。然而,当将激活函数从阶跃函数替换为其他类型的函数时,就进入了神经网络的世界。这是因为不同的激活函数为神经网络提供了不同的表达能力和特性。在神经网络中,常用的激活函数有许多种,每一种都有其独特的特点和适用场景。以下是一些常见的激活函数。

神经网络中经常使用的一个激活函数就是式(8-1)表示的 sigmoid 函数。

$$h(x) = \frac{1}{1+e^{-x}} \quad (8\text{-}1)$$

合适的激活函数可以构建出更加强大和灵活的神经网络模型来处理各种复杂的任务。随着神经网络研究的发展,新的激活函数不断涌现,其中 ReLU 函数近年来受到了广泛的关注和应用。

ReLU 函数具有简洁明了的数学形式,当输入值大于 0 时,直接输出该值;而当输入值小于或等于 0 时,输出为 0。这种特性使 ReLU 函数在计算上非常高效,并且有助于解决梯度消失问题。在反向传播过程中,ReLU 函数的导数在输入大于 0 时为 1,这意味着梯度可以无衰减地传播到前一层,从而有效地避免了梯度消失现象。

相比于 sigmoid 函数，ReLU 函数在训练深层网络时具有显著的优势[6]。sigmoid 函数在输入值远离原点时，其梯度会变得非常小，这可能导致梯度消失问题，使深层网络的训练变得困难。而 ReLU 函数则不存在这个问题，它的导数在大部分情况下都是 1，这有助于保持梯度的稳定传播，使深层网络的训练更加高效。

此外，ReLU 函数还具有一定的稀疏性，即它能够使神经元的输出在某些情况下为 0。这种稀疏性有助于提升网络的泛化能力，因为它能够使网络更加关注于对任务有重要影响的输入特征。

$$h(x) = \begin{cases} x, & x > 0 \\ 0, & x \leq 0 \end{cases} \tag{8-2}$$

3. 神经网络

了解了感知机和激活函数，接下来要学习神经网络。神经网络是指一系列受生物学和神经科学启发的数学模型。这些模型主要是通过对人脑的神经元网络进行抽象，构建人工神经元，并按照一定拓扑结构建立人工神经元之间的连接来模拟生物神经网络。把最左边的一列称为输入层，最右边的一列称为输出层，中间的一列称为中间层。中间层有时也称为隐藏层。"隐藏"一词的意思是，隐藏层的神经元（和输入层、输出层不同）肉眼看不见。输入层到输出层依次称为第 0 层、第 1 层、第 2 层（层号之所以从 0 开始，是为了方便基于 Python 进行实现）。

4. 前向传播和反向传播

前向传播指的是按顺序（从输入层到输出层）计算和存储神经网络中每层的结果。反向传播指的是计算神经网络参数梯度的方法。简言之，该方法根据微积分中的链式规则，按相反的顺序从输出层到输入层遍历网络。该算法存储了计算某些参数梯度时所需的任何中间变量（偏导数）。

5. 损失函数

在掌握了前向传播和反向传播算法后，探讨损失函数的重要概念。损失函数，也称为代价函数或成本函数，是用来衡量模型预测值与真实值之间差异的工具，在机器学习和深度学习领域中至关重要。这种函数的主要目标是最小化预测值和真实值之间的差异，从而优化模型参数，提升预测准确性。通常，损失函数可以表达为 $L(Y, f(x))$，其中 Y 代表真实值，而 $f(x)$ 代表由模型给出的预测值。损失函数值越小，表明模型预测结果与真实结果越接近，模型性能也越佳。

损失函数为模型提供了清晰的优化目标，并指导模型在训练过程中如何调整参数以改善性能。在训练时，常用梯度下降等优化技术来减小损失值。每个训练批次，数据通过模型前向传播后，损失函数计算出预测值与真实值的差异。然后，通过反向传播算法计算出损失函数相对于模型参数的梯度，并据此更新参数，逐步减少损失。通过持续迭代这一过程，模型能够逐渐学习并从输入数据中提取出有益特征，进而生成更准确的预测。

损失函数是定义和优化机器学习及深度学习模型性能的核心工具，确保预测结果尽可能贴近真实情况。此外，基于距离度量的损失函数在这些领域中非常常见，它们通过将输入数据映射到特定特征空间，并在该空间内评估真实值与预测值间的距离来工作。距离越小意味着模型性能越出色[7]。以下是基于距离度量的损失函数的几种常见类型。

第一，均方误差损失函数：

$$\text{MSE} = \frac{1}{n}\sum_{i=1}^{n}\left(Y_i - f(x_i)\right)^2 \tag{8-3}$$

第二，L_1 损失函数（平均绝对误差）：

$$L_1 = \frac{1}{n}\sum_{i=1}^{n}\left|Y_i - f(x_i)\right| \tag{8-4}$$

第三，L_2 损失函数（欧氏距离）：

$$L(y,\hat{y}) = \frac{1}{2}\sum(y_i - \hat{y}_i)^2 \tag{8-5}$$

第四，平滑 L_1 损失函数：

$$L(\Delta) = \begin{cases} 0.5x\Delta^2, & |\Delta| < 1 \\ |\Delta| - 0.5, & \text{其他} \end{cases} \tag{8-6}$$

全连接神经网络是深度学习领域中最为基础和直观的神经网络结构之一。由于其内部神经元之间的密集连接特性，全连接神经网络在处理复杂的特征提取和分类任务时展现出强大的能力。

全连接神经网络的结构相对简单明了，通常包括输入层、隐藏层和输出层。输入层负责接收原始数据，这些数据可以是图像、声音、文本等各种形式的信息。

8.1.2 卷积神经网络

上一部分对全连接神经网络进行了详尽的讨论，这种网络其实是前馈神经网络的一个子类。在前馈神经网络中，信息的传递是单向的，从输入层出发，逐层向下传递直到输出层，整个信息流动的过程中信号始终保持一致的传播方向。

尽管前馈网络有许多优势，但在处理包含时间依赖性的数据时，如时间序列数据，其表现并不理想。这类数据通常携带着丰富的时间信息和依赖性，但前馈网络的单向结构并不适合捕获这些数据的深层次模式和规律[8]。

为解决这些问题,卷积神经网络(convolutional neural network,CNN)应运而生。CNN是为处理带有网格结构的数据(例如时间序列和图像)而特别设计的。在处理时间序列数据时,CNN通过其独有的卷积运算有效地挖掘出数据中的局部特征和时间依赖性;在图像处理方面,通过多层的卷积和池化操作,能够精确抽取图像的关键特征。

CNN之名来源于其核心运算—卷积,这种运算与传统的矩阵乘法不同,能够更有效地捕捉数据的局部特征和结构信息,极大地提升了网络的性能。因此,CNN在多个领域展示了其卓越的能力和广阔的应用潜力。

1. 卷积运算

卷积是对两个时变函数进行的一种数学运算,卷积运算得到平滑估计函数 $s(t)$,其数学表达式为

$$s(t) = \int a w(t-a) \tag{8-7}$$

在式(8-7)中,w 必须是一个有效的概率密度函数,这样可以确保输出是一个加权平均。此外,为了防止对未来进行预测,当参数是负值时,w 必须为零。但是,这些限制并不适用于所有的卷积运算情境。卷积适用于任何满足上述积分定义的函数,并不局限于实现加权平均的目的。

在CNN的语境下,卷积的第一个参数(例如函数 x)是输入,而第二个参数(例如函数 w)是核函数。输出有时也被描述为特征映射。

CNN的一般结构中,图像是输入层,接着是CNN特有的卷积层,卷积层的自带激活函数使用的是ReLU函数,接下来是CNN特有的池化层。卷积层+池化层的组合可以在隐藏层中出现很多次,也可以灵活组合,卷积层+卷积层+池化层、卷积层+卷积层等,在若干卷积层+池化层之后是全连接层,其实就是深度神经网络结构,只是输出层使用了softmax激活函数来做图像识别的分类[9]。

2. 输入层

在CNN中,输入层作为网络的首层扮演着至关重要的角色。其功能包括:输入层负责接收来自各种数据源(如图像、文本、音频等)的原始数据;输入层可能需要进行一些数据预处理操作,以确保数据的质量和一致性;输入层将原始数据转换为神经网络可以处理的格式;输入层将经过预处理和格式转换后的数据传递给下一层,通常是卷积层或其他类型的层。

3. 卷积层

卷积层的主要作用是从输入数据中提取局部特征,而不同的卷积核可以看作是不同的特征探测器。卷积层可以看作是一个特征提取器,通过卷积操作从输入数据中提取出各种局部特征,这些特征将有助于后续层级的学习和模型的性能提升。

4. 池化层

池化操作是对输入张量的各个子区域进行维度压缩的一种方法。它通过使用相邻输出的总体统计特征来代替网络在特定位置的输出。例如，最大池化函数会在相邻矩形区域内选择最大值作为代表。除了最大池化外，还有其他常用的池化函数，如相邻矩形区域内的平均值、范数以及基于中心像素距离的加权平均函数。

池化层的主要作用是减少特征图的尺寸并提取最显著的特征，从而降低计算量并增强模型的鲁棒性。经过多次卷积、激励和池化操作后，数据流进入输出层。在输出层之前，可能会引入退出操作，随机删除部分神经元，以防止过拟合。此外，还可以进行局部归一化、数据增强等操作，以增加模型的鲁棒性[10]。最终，在全连接层中，模型将学到的高质量特征图转换为一个简单的多分类神经网络，通过 softmax 函数获得最终的输出。整个模型的结构因此变得完整。

5. 总结

CNN 本质上是一种输入到输出的映射模型，它能够通过学习输入和输出之间的映射关系来进行预测，而无须精确的数学表达式。通过对 CNN 进行训练，网络就可以学习输入输出之间的映射关系。CNN 的一个重要特点是具有头重脚轻的结构，即在网络的前部，权重较小，而在后部，权重较多，形成了倒三角形状的结构，这有助于减缓反向传播中梯度消失的问题。主要应用方面包括识别二维图形中的位移、缩放和其他形式的扭曲。CNN 的特征检测层通过训练数据进行学习，因此无须显式地进行特征提取，而是隐式地从训练数据中学习特征。此外，由于同一特征映射面上的神经元共享权重，CNN 可以实现并行学习，这是相对于传统的全连接神经网络的一个优势。CNN 的局部权值共享结构使其在语音识别和图像处理等领域具有独特的优势。与生物神经网络更相似的布局和权值共享特性降低了网络的复杂性，并且直接接收多维输入向量的图像，避免了特征提取和分类过程中的数据重建复杂性。

8.1.3 循环神经网络

1. 循环神经网络的发展

循环神经网络（recurrent neural network，RNN）的发展历程可以追溯到 20 世纪 80 年代。最早的 RNN 雏形可以追溯到 1982 年，由加州理工学院的物理学家约翰·霍普菲尔德提出的霍普菲尔德神经网络，旨在解决组合优化问题。而后，1986 年，迈克尔·乔丹提出了循环的概念，并创立了乔丹网络。随后，1990 年，美国认知科学家杰弗里·埃尔曼简化了乔丹网络并引入反向传播算法进行训练，从而形成了最简单的 RNN 模型[11]。然而，早期的 RNN 面临着梯度消失和梯度爆炸等问题，导致训练过程异常困难，并限制其应用范围。随着长短期记忆网络和双向 RNN 的出现，RNN 的应用范围得到了扩展，尤其在序列建模任务上取得了重要进展。

2. 循环神经网络的原理

RNN 是一类具有短期记忆能力的神经网络。在循环神经网络中，神经元不但可以接收其他神经元的信息，也可以接收自身的信息，形成具有环路的网络结构。和前馈神经网络相比，循环神经网络更加符合生物神经网络的结构。循环神经网络已经被广泛应用在语音识别、语言模型以及自然语言生成等任务上。循环神经网络的参数可以通过随时间反向传播算法来学习。随时间反向传播算法即按照时间的逆序将错误信息一步步地往前传递。当输入序列比较长时，存在梯度爆炸和消失问题，也称为长程依赖问题。为了解决这个问题，人们对循环神经网络进行了很多的改进，其中最有效的改进方式是引入门控机制，循环神经网络可以很容易地扩展到两种更广义的记忆网络模型，即递归神经网络和图网络。

RNN 是一种专门用来处理序列数据的神经网络模型，特别适合应对那些需要考虑时间序列信息的任务。RNN 有几种不同的展开方式，包括标准展开和截断展开两种常见形式。在标准展开中，网络的隐藏状态会完全展开，形成一幅图，每个时间步对应一个隐藏状态，适合处理较短的序列。截断展开则仅展开固定数量的时间步，这种方式不仅适合较长的序列，还可以减轻计算和存储的压力。RNN 的一大优势是其记忆功能，能够利用以往的信息来影响未来的输出，但它也存在着长程依赖和梯度消失的问题。长程依赖问题意味着当处理很长的序列时，RNN 可能难以保持对早期信息的记忆，从而影响对远距离依赖关系的捕捉。梯度消失问题则是指在训练过程中，梯度可能会随时间指数级减小，导致网络难以学习到这些依赖关系。为了克服这些问题，研究人员提出了多种解决方案，例如采用长短期记忆网络、门控循环单元和注意力机制等改进结构，以及梯度裁剪和批量标准化等技术，这些方法都有助于改善网络对长序列的处理能力和训练稳定性。总的来说，尽管 RNN 面临一些挑战，它在序列数据处理中仍扮演着不可或缺的角色，特别是在处理需要记忆和时间依赖性的复杂任务时。

8.2 水中目标识别的原理与方法

8.2.1 水中目标识别的原理

随着科技的发展，水中目标身份识别在海洋经济与军事活动中运用十分广泛。水中目标识别技术通常是利用各类型传感器收集目标信息并对其特征进行分析，通过比对已有信息库识别目标的类型。其工作原理主要是利用声呐接收的被动目标辐射噪声、主动目标回波以及其他传感器信息提取目标特征并进行判断。水中目标识别技术的现状与发展将多传感器和多方法的目标识别结合成一个系统，从而更高效和准确地识别水中目标。水中目标主要包括声音、水流扰动和电磁辐射等特征信息。不同水中目标的特征信息不同，例如舰艇和海底暗礁无论空间形态还是运动状态都有很大差异，通过差异化比对识别目标种类。水中目标识别技术在军事上的运用主要从20世纪60年代开始，其中以美、英、法等国为代表的军事强国，对水中目标识别技术进行了深入研究[12]。水中目标识别在我国起步较晚，但随着海洋经济以及军事领域的发展，水中目标识别在国内的发展开始得到重视。多所高校及研究院均对水中目标物的甄别进行了大量探究，与此同时，计算机技术、人工智能等新兴领域和前沿科技被吸收到水中目标的识别技术中，无论是识别灵敏性还是准确度都有了巨幅的提升[13]。

当涉及水中目标识别时，要考虑舰船、海洋生物等各种模式。模式识别的主要任务是利用计算机来实现对各种事物的分析和判断。在水中目标识别方面，希望借助计算机实现对不同类别水中目标的自动辨识。目前，国内外对水中目标识别的研究方法主要基于现代信号与信息处理的统计模式识别方法。这些方法的基本原理是相似性度量，即相似的样本在模式空间中物以类聚，不同样本间的区分与差异可以通过距离长度来表征。在未知的样本空间中，计算其特征向量，根据统计模式间的距离函数来实现判别分类。

这种基于统计模式识别的水中目标识别方法一般包括以下几个步骤：信号的预处理、特征提取与选择、学习与分类（模式匹配与相似性度量）。在信号的预处理阶段，对水下信号进行一系列操作，如去噪、滤波、增强等，以提高信号质量和清晰度，为后续特征提取做准备。接着，在特征的提取与选择阶段，从预处理后的信号中提取一些能够代表水中目标特征的特征向量。这些特征可以是时域特征、频域特征、小波特征等，通过提取和选择不同特征，能够更好地表征目标的特性。最后，在学习与分类阶段，使用统计模式识别的方法，通过学习已知样本的特征向量和类别标签，构建一个分类模型。对于未知样本计算其特征向量，并通过模型进行分类判别。常用的方法包括模式匹配和相似性度量。其中模式匹配是将未知样本与已知样本进行比较，找到最相似的样本所属的类别作为分类结果；相似性度量则是通过计算未知样本与各个类别样本之间的距离来确定其所属类别，距离越小，表示相似度越高[14]。这种方法可以实现对水中目标的自动识别和分类，原理流程如图8-2所示。

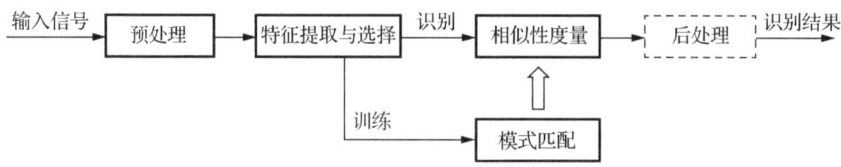

图8-2　水中目标识别原理

数据的采集与获取通常通过水听器完成。信号的预处理步骤与方法主要包括目标信号的降噪过程（提高信噪比），对信号高频成分的预加重、分帧和加窗以及对数据的归一化等[15]。在信号的降噪方法方面，除了传统的平滑滤波方法外，小波变换、经典模态分解以及奇异值分解等方法也适用于非平稳信号的降噪，比如舰船辐射噪声。传统的频域滤波方法通过信号和噪声在频段上的差异来去除噪声，但当频谱重叠时，效果会受到影响。小波变换通过小波基将不同尺度和频段的信号进行分离，选择合适的小波基函数和小波分解的结构层级对最终的降噪性能至关重要。经验模态分解类似于小波分解，将信号分解为多尺度下的分量，并结合奇异值分解等方法对含噪分量进行降噪，以保留更多的信号成分。

特征提取与选择是根据信号的特性提取各类特征并进行优化的过程，是整个识别系统中最关键的一步。优化后的特征作为分类器的输入，直接影响识别性能。目前对舰船辐射噪声的特征提取主要包括基于短时过零率和峰值幅度、频率等信息的时域特征，基于线谱和连续谱特征的功率谱信息以及基于听觉机理的特征提取信息等。这些方法结合了对目标特性的研究成果，取得了成功的应用。

学习与分类是对特征进行训练，对任意类别样本给出类别判断的过程。目前，数据挖掘技术中广泛应用的分类方法包括基于各种学习准则及概率分布的分类器，如基于距离准则的最近邻分类、基于统计学习的支持向量机和人工神经网络等。k 近邻分类器以欧氏距离为准则，通过统计邻近点的方式实现分类比较简单[16]。人工神经网络通过非线性方法学习数据特征，适用于大数据量情况，但容易出现过拟合和欠拟合问题。支持向量机具有较高的可靠性和稳定性，不易陷入局部最小值，特别适用于中小型样本的学习，目前被广泛应用于声目标识别。

8.2.2 水中目标识别的方法

传统的水中目标识别方法涵盖多种途径。首先，研究者通常根据水中目标辐射的独特噪声特性进行分类。例如，螺旋桨和机械噪声被认为是水中目标的重要特征，其差异可用于区分不同类型的舰船。其次，观察水中目标的运动状态和行为变化也是一种常见方法。通过监测目标的航行速度、加速度等信息，可以预测其后续行动和目的，从而实现分类。另外，分析目标的排水量特征也是一种识别途径。不同型号舰船在不同运行状态下产生的噪声强度与其排水量之间存在关联，可用于目标的分类。此外，水中目标所装备的主动声呐特征也提供了一种识别方式。不同型号的声呐具有不同的声波参数，根据目标所配备的声呐类型，可以判断其具体型号，从而辅助识别过程[17]。这些方法在水中目标识别中起着关键作用，为海洋监测和安全提供了重要的技术支持。

水中目标识别方法的应用受到了多方面因素的制约。首先，在建模水中目标时，其发声机理及受到的影响因素极为复杂，这为建立准确的模型带来了挑战。各种因素包括目标的主动装置、运动轨迹、外形结构等，导致了对水声环境中目标噪声的分析和分类需要充分掌握各种目标的特征。然而，实际环境中常常存在大量的外界干扰，如高噪声和其他目标的干扰，对于弱目标特征的提取造成了困难，使识别技术的应用受到限制。此外，水中目标的种类繁多，不同目标的声音特性各异，甚至同类目标的声音特性也存在差异，这增加了识别的难度[18]。最后，水中目标识别技术的研究数据资源有限，数据收集成本高昂。水声数据的获取难度大，数据的质量和代表性较低，导致现有数据不足以支撑准确的识别模型的建立。因此，要想有效地利用水中目标识别技术，需要克服这些困难并寻找更加可靠的数据来源。

目前，大多数研究使用了深水船水声数据集，该数据集提供了具有不同背景噪声的不同船只类别的大规模水下音频数据，是最大的公开水声数据集。深水船水声数据集于2016年5月2日至2018年10月4日期间在格鲁吉亚海峡采集，包括油轮、拖船、客船和货船共265艘不同的船舶，总时长47h4min。该数据集测量的是只有一艘船出现在水听器2km半径内时船只发出的信号。当船离开水听器数据2km的范围时，就停止探测。所有的数据文件都是wav文件格式，并以32kHz的采样率记录和保存数据。深水船水声数据集的总体摘要如表8-1所示，包括船舶类别、船舶数量、总时长、记录次数以及单个记录时长。数据集包含了四种类型的水中目标，分别是货船、拖船、客船和油轮。每次记录的持续时间从6s到1530s不等，取决于船只相对于传感器的位置和航行速度。该区域货物活动频繁，导致货船和拖船的记录较多，客船和油轮相关的活动相对较少。对于所有类别，每个船只连续探测的一个事件被保存为单个wav文件。

表 8-1　深水船数据集摘要

实验分类	船舶类别	船舶数量	总时长	记录次数	单个记录时长/s
Cargo	货船	69	10h40min	110	180～610
Tug	拖船	17	11h17min	70	180～1140
Passenger	客船	46	12h22min	193	6～1530
Tanker	油轮	133	12h45min	240	6～700

声传播过程中受海洋环境的多种因素影响。海面的反射和风浪情况是影响水声传播的重要因素，可能引起一定的多普勒频移。目标信号的传播速度受海水介质的影响，与水温、盐度和水深相关。其中，温度对声速的影响相对较大，随着温度升高，声速也会增大。盐度的影响相对较小，而深度主要在不同时间和季节的变化上体现。此外，海面和海底的边界条件以及海底底质的构成对声波的反射和吸收也会影响声信号的传播。

目标信号的产生和传播受多种条件影响，包括目标本身的特性信息、水声传播的通道特性以及目标运动状态的改变。这些因素给信号的采集过程带来了很大的影响，导致采集到的信号并非完全是目标辐射噪声。为了在一定程度上消除上述条件因素对目标信号的影响，需要采取相应的措施。

近年来，国内外在水中目标识别领域取得了一系列的研究成果。通常，水中目标识别系统包括数据预处理、特征提取、特征选择和融合以及分类决策这四个步骤。在信号预处理方面，常见的方法包括对水中目标辐射噪声进行预加重、分帧加窗以及幅值规整等，以提高信噪比。常用的技术包括滤波、经验模态分析以及小波分析等[19]。

特征提取阶段涵盖了多种传统特征，包括时域波形特征（如过零点分布、波长差）、频域特征（如功率谱特征、线谱特征）以及时频分析特征（如小波包特征提取、短时傅里叶变换频谱、希尔伯特-黄变换）等。近年来，随着非线性理论和混沌理论的发展，非线性特征（如李雅普诺夫指数）也逐渐成熟。此外，听觉感知特征（如梅尔频率倒谱系数和感知线性预测特征）也备受关注，并在研究中取得了良好的效果。

在特征选择和融合方面，采用不同的算法可以解决特征提取过程中的泛化能力差的问题[20]。特征选择算法（如遗传算法、迭代算法、搜索算法等）有助于挑选出最能反映数据本质特性的特征。此外，特征融合技术能够优化特征信息并消除冗余信息。例如，将不同类型的特征进行融合，可以提高模型的准确率和鲁棒性。

在分类决策方面，作为水中目标识别的最后一步，选择合适的分类算法至关重要。目前广泛使用的分类算法包括专家系统识别、统计分类识别、神经网络算法等。近年来，深度学习技术在水声声源识别中也得到了广泛的应用。深度学习方法在数据处理和特征学习方面表现出强大的能力，并取得了瞩目的成果。水中目标识别领域正朝着人工智能方向发展，将深度学习和大数据等前沿技术有针对性地应用于水中目标识别领域是未来的发展趋势。

神经网络作为深度学习的核心，展现了在数据处理和特征学习方面的强大能力，在计算机视觉、自然语言处理等领域取得了引人注目的成果。目前，水中目标识别主要依赖于人工神经网络中的各种结构，如反向传播神经网络、卷积神经网络、深度信念网络以及循环神经网络、深度玻尔兹曼机、离散霍普菲尔德神经网络等。

例如，使用深度玻尔兹曼机对船首数据集中船舶辐射噪声的短时傅里叶变换频谱图特征进行训练，取得了 90.3%的准确率。将深度学习和大数据等前沿技术有针对性地应用于水中目标识别领域是未来的发展趋势。接下来将进一步介绍深度学习在水中目标识别中的应用。

8.2.3 深度学习理论在水中目标识别中的应用

现实中有限的数据库限制了学习模型的充分训练，这也是限制深度学习在水声领域取得良好效果的主要原因。近年来，随着国家对海洋权益的重视不断增加，许多机构已经建立或正在建立大型的水声数据库，水中目标识别也将朝着深度学习的方向发展。国内的许多研究机构已经在相关工作中将深度学习方法和深度神经网络成功应用于水中目标识别,并取得了众多研究成果。例如,西北工业大学的王强等[21]设计了若干 FIR 滤波器作为卷积核,这些滤波器包含特定的时域结构,反映了水声数据的特点,并通过 CNN 进行学习,取得了较好的结果。这些都是深度神经网络在水中目标识别中的成功尝试,证明了利用深度学习模型进行水中目标识别是可行的途径。然而,深度神经网络更适用于数据量大的情况,这是限制其性能进一步提高的重要因素。同时,由于海洋环境的复杂性远远高于空气环境,如何改进深度学习方法以使其在水声环境中更好地应用,仍需要进一步研究。

接下来介绍一种基于迁移学习的特征提取方法,用于对水中目标进行分类识别。在源域与目标域相似度高的情况下,该方法能够获得较高的识别准确率,且训练时间短,对硬件要求低,因此在工业界得到了广泛应用。该方法的示意图如图 8-3 所示。

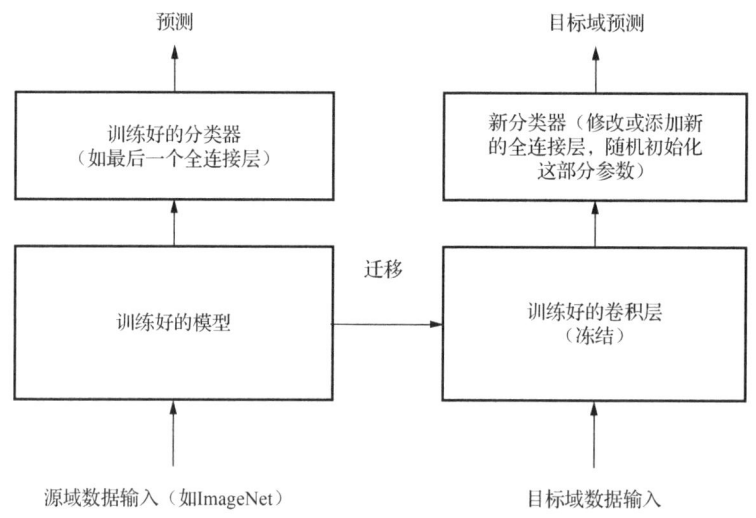

图 8-3 提取特征向量方法示意图

图 8-3 描绘了一种提取特征向量方法,主要思想是冻结源域与目标域网络中的大部分权重,仅对最后一层全连接层进行训练。具体来说,除了全连接层,所有其他层的权重都被锁定,目标域网络中的最后一个全连接层被一个新的、具有随机权重的层所替换,而仅这个新层会接受训练[22]。这种方法能够高效地利用源域数据的知识,加速目标域任务的学习进程,从而提升模型的整体表现。

图 8-4 则展示了使用 VGG16、ResNet50 和 Inception v4 这三种预训练模型的迁移学习过程。首先,这些模型从 ImageNet 获取训练好的权重,然后将它们应用于新的任务上。在开始新任务前,模型的全连接层被一个新的适应该任务的 softmax 分类器替换。随后,这些调整后的网络模型用于对新数据集(比如基于对数梅尔谱图或恒 Q 变换谱图的特征数据集)进行训练与验证,以检测其效果和性能。

在这三种迁移学习方法中，除了全连接层之外，源域和目标域网络的权重被冻结，目标域网络的最后一个全连接层被替换为具有随机权重的新层，仅对该层进行训练。具体而言，这三种预训练模型的迁移学习示意图如图 8-4 所示。

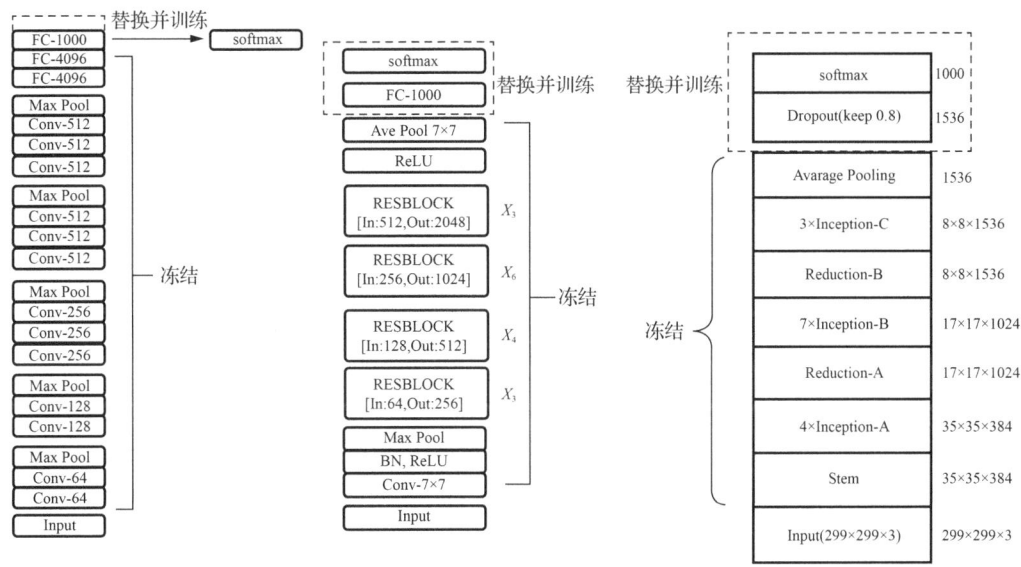

图 8-4 VGG16、ResNet50 和 Inception v4 三种预训练模型的迁移学习示意图

迁移学习的具体设计流程如下：首先，使用在 ImageNet 数据集上训练过的 VGG16、ResNet50 和 Inception v4 等预训练模型，在此基础上，通过迭代优化参数，提升模型精度，直至达到收敛状态，得到预训练模型。其次，将预训练模型的所有卷积层冻结，然后计算其对实验所使用的训练集和测试集的特征向量。这样，预训练模型就被构建成了一个特征提取器，只需对自定义的全连接层进行训练。再次，根据网络结构的特点，调整模型的输入和输出参数。例如，VGG16 的输入尺寸为[224,224,3]，ResNet50 的输入尺寸为[224,224,3]，而 Inception v4 的输入尺寸为[299,299,3]。此外，对输入的特征图片进行相同的归一化处理，将输出特征修改为船舶类别。最后，在梯度计算过程中，过滤冻结的参数，并在微调时确保学习速率不会过大。实验中，可以使用学习速率调度器，在每一批训练后改变学习速率，以更好地训练模型。

水中目标的辐射噪声难以采集，标签也难以获取，因此是典型的小样本学习问题。在计算机视觉和自然语言处理领域，小样本学习同样得到了广泛应用，常见的方法包括迁移学习、元学习和度量学习等。通过验证，在数据量较少的情况下，该模型仍能保持较高的识别率和泛化能力。同时，通过观察 t-SNE 降维可视化结果，对模型实现分类的原理进行了分析[23]。

孪生神经网络是一种由至少两个神经网络并行组成的神经网络，并行的重要特征是两个神经网络共享参数，神经网络可以是 CNN、LSTM（长短期记忆人工神经网络，long short-term memory）/RNN，两边的网络也可以不同。当并行的网络不共享权值时称为伪孪生网络。

孪生神经网络结构如图 8-5 所示，孪生神经网络最初用于衡量两个输入的相似程度。两个神经网络分别将两个输入映射到新的空间，形成输入在新的空间中的表示。通过计算对比损失函数来评价两个输入的相似度。对比损失函数越小，意味着最终的向量表示中，越相关的类别它们的表示越接近；对比损失函数越大，不相关的类别它们的表示就越远。

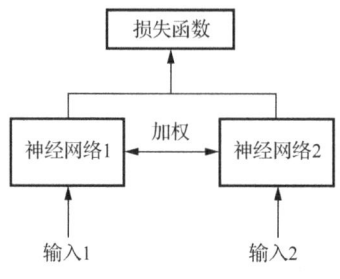

图 8-5 孪生网络结构

此处对比损失函数的计算方法为

$$L\big(W,(Y,X_1,X_2)\big)=\frac{1}{2N}\sum_{n=1}^{N}Y_n D_W^2+(1-Y_n)\max(m-D_W,0)^2 \tag{8-8}$$

在这种设置中，D_W 表示个体 x_i 和 x_i^+ 之间的欧氏距离，计算公式为 $D_W=\left(\sum_{i=1}^{p}(X_i-X_i^+)^2\right)^{1/2}$，其中，$p$ 表示样本特征的维数。变量 Y 是一个标签，用于指示两个样本是否相似，其中 $Y=1$ 表示样本相似，$Y=0$ 表示样本不相似。此外，m 代表一个预设的间隔阈值，N 是样本的总数。

当两个样本被标记为相似（$Y=1$）时，对比损失函数 L_s 为

$$L_s=\frac{1}{2N}\sum_{n=1}^{N}D^2 W_n \tag{8-9}$$

这种情况下，损失函数与样本间的欧氏距离成正比，如果两个相似的样本被错误地认为不相似，那么损失会较大，这反映了模型的性能不佳。该损失函数提供了优化算法需要的反馈信号。

当两个样本被标记为不相似（$Y=0$）时，对比损失函数 L_d 为

$$L_d=\frac{1}{2N}\sum_{n=1}^{N}\max(m-D_{W_n},0)^2 \tag{8-10}$$

在这种情况下，损失函数与欧氏距离成反比，且当距离大于间隔值（m）时，损失函数为 0，这表示两个样本之间的距离足够大，可以明确区分为不相似。这种方法有效地帮助模型区分不同的样本，优化过程中损失函数的下降反映了模型在区分不相似样本上的进步。

常规的孪生神经网络用于衡量两个样本是否属于同一类,但不能确定单个样本的具体类别。本节在基于微调的 VGG16 伪孪生网络输出端添加了一个全连接层(shape=[2000,4])和一个 softmax 层构造了一个基于交叉熵损失的样本分类网络。其中,全连接层将孪生网络的两个输出特征进行了拼接,softmax 层用于分类。具体网络示意图如图 8-7 所示。

如图 8-6 所示,首先将水中目标特征对数梅尔频谱图谱与恒 Q 变换图谱分别输入该模型,通过微调多层的 VGG16 网络提取特征,得到两个长度为 1000 的特征向量,随后在新增的全连接层将两个特征向量拼接到一起,最后通过 softmax 实现水中目标分类。

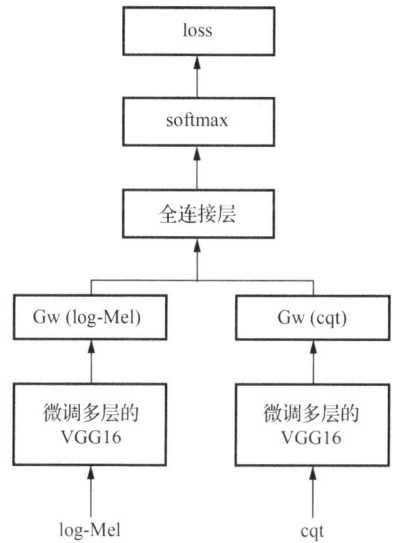

图 8-6 伪孪生网络的迁移学习分类网络

批标准化(batch normalization,BN)是一种在深度神经网络训练过程中使用的方法[24],它能够使每一层神经网络的输入保持相同分布,从而提高模型预训练的收敛速度,提高测试数据的准确率。通过在卷积神经网络和长短时记忆网络的每一层后加入 BN 层,可以改进 CNN 与 LSTM 的深度网络模型,并提取水上和水下被动声呐目标的梅尔频率倒谱系数(Mel frequency cepstral coefficients,MFCC)特征,将 MFCC 特征作为输入用于被动声呐目标分类。

深度学习网络模型的目标识别能力基于训练集数据与测试集数据独立同分布的假设。然而,深度学习分类模型每一层的参数是不断变化的,导致每一层输入值都会产生一些偏差。这种偏差在经过每层激活函数时有可能会导致输入值落在激活函数作用不明显的区域,进而导致训练收敛速度缓慢,测试准确率受到影响。

BN 是一种规范化手段,它将每一层的输入值规范在均值为 0、方差为 1 的正态分布中,保证输入值会落在每一层激活函数比较敏感的区域。这样做有助于梯度变大,加快学习收敛速度,从而大大加快训练速度。具体的 BN 操作流程如式(8-11)~式(8-14)所示:

$$\mu = \frac{1}{m}\sum_{i=1}^{m} x_i \tag{8-11}$$

$$\sigma^2 = \frac{1}{m}\sum_{i=1}^{m}(x_i - \mu)^2 \tag{8-12}$$

$$\hat{x}_i = \frac{x_i - \mu}{\sqrt{\sigma^2 + \epsilon}} \tag{8-13}$$

$$y_i = \gamma \hat{x}_i + \beta \tag{8-14}$$

CNN 可以较好地识别数据中的简单模式,从而生成更复杂的模式,是一种监督学习的判别模型,其具有局部连接、权值共享、下采样的特点。CNN 主要由输入层、卷积层、池化层、全连接层和输出层组成。改进的 CNN 在卷积层和池化层后增加了 BN 层,基本模型结构如图 8-7 所示。

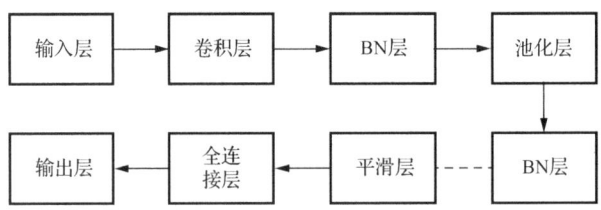

图 8-7 改进的卷积神经网络模型

LSTM 深度学习模型是循环神经网络的改进型,LSTM 的隐藏层由基本的 LSTM 单元组成,每个 LSTM 单元具有三个控制器,即忘记控制器、输入控制器和输出控制器。LSTM 非常善于记忆,改善了普通循环神经网络存在的梯度消失或爆炸的问题[25]。在每个 LSTM 单元后增加 BN 层,即改进的长短时记忆网络,如图 8-8 所示。

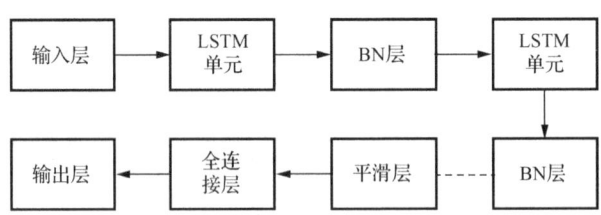

图 8-8 改进的 LTSM 神经网络简化模型

使用 CNN、LSTM 以及改进的深度学习分类模型,对被动声呐目标的 MFCC 进行提取与识别。通过分析海测数据处理和深度学习分类模型的效果,可以得出以下结论:①将被动声呐目标的听觉特征与深度学习分类模型相结合进行目标分类是可行的。②不同的深度学习分类模型在被动声呐目标分类方面的效果不同。③在深度学习分类模型中增加 BN 的隐藏层,可以提高模型训练的速度和分类的准确率。④加入 BN 的深度网络模型在小样本情况下仍然具有较好的分类效果,这符合水中目标实测数据获取困难的实际情况,为小样本数据的水中目标分类提供了新思路。

水中目标数据样本难以获取以及复杂多变的海洋环境严重限制了水中目标识别研究的发展进程。然而,结合深度学习技术和适当的模型改进,可以为水中目标识别提供有效的解决方案,当前有望在这一领域取得更好的成果。

参 考 文 献

[1] Ian G, Yoshua B, Aaron C. Deep Learning[M]. Cambridge: MIT Press, 2016.

[2] LeCun Y, Bottou L, Bengio Y, et al. Gradient-based learning applied to document recognition[J]. Proceedings of the IEEE, 1998, 86(11): 2278-2324.

[3] 廖星宇. 深度学习入门之 PyTorch[M]. 北京: 电子工业出版社, 2017.

[4] 黄安埠. 深入浅出深度学习[M]. 北京: 电子工业出版社, 2017.

[5] Krizhevsky A, Sutskever I, Hinton G E. ImageNet classification with deep convolutional neural networks[C]// Advances in neural information processing systems, 2012: 1097-1105.

[6] 孙志军, 薛磊, 许阳明, 等. 深度学习研究综述[J]. 计算机应用研究, 2012, 29(8): 2806-2810.

[7] Redmon J, Divvala S, Girshick R, et al. You only look once: Unified, real-time object detection[C]// Proceedings of the IEEE Conference on Computer Vision and Pattern Recognition, 2016: 779-788.

[8] Samit A. Reinforcement Learning for Finance: Solve Problems in Finance with CNN and RNN Using the TensorFlow Library[M]. Berkeley: Apress, 2017.

[9] Chartrand G, Cheng P M, Vorontsov E, et al. Deep learning: A primer for radiologists[J]. Radiographics, 2017, 37(7): 2113-2131.

[10] Graves A, Schmidhuber J. Framewise phoneme classification with bidirectional LSTM and other neural network architectures[J]. Neural Networks, 2005, 18(5-6): 602-610.

[11] 田晟兆. 基于深度神经网络模型的小样本轻量化水声目标识别技术研究[D]. 成都: 电子科技大学, 2023.

[12] 李兰瑞, 李鹏, 刘天宇, 等. 水声信号检测与识别技术研究现状[J]. 通信技术, 2020, 53(12): 2904-2907.

[13] 尹梅, 王得志, 周泽民, 等. 基于深度卷积循环神经网络的水声多目标识别及仿真研究[C]//中国西部声学学术交流会论文集, 2022: 408-412.

[14] 方尔正, 黄志浩, 桂晨阳. 水面水下目标识别技术的现状与挑战[J]. 国防科技工业, 2020(7): 66-68.

[15] Muhammad I, Zheng J B, Shahid A, et al. DeepShip: An underwater acoustic benchmark dataset and a separable convolution based autoencoder for classification[J]. Expert Systems with Applications, 2021, 183: 115270.

[16] 潘晓英, 冯天浩, 孙乃葳, 等. 基于时频联合和加权决策的水声目标识别方法[J]. 舰船科学技术, 2024, 46(1): 137-142.

[17] 赵永强, 饶元, 董世鹏, 等. 深度学习目标检测方法综述[J]. 中国图象图形学报, 2020, 25(4): 629-654.

[18] 陈斌, 王宏志, 徐新良, 等. 深度学习 GoogleNet 模型支持下的中分辨率遥感影像自动分类[J]. 测绘通报, 2019(6): 29-33, 40.

[19] 薛晨兴, 张军, 邢家源. 基于 GoogLeNet Inception V3 的迁移学习研究[J]. 无线电工程, 2020, 50(2): 118-122.

[20] 李炳臻, 刘克, 顾佼佼, 等. 卷积神经网络研究综述[J]. 计算机时代, 2021(4): 8-12, 17.

[21] 王强, 曾向阳. 深度学习方法及其在水下目标识别中的应用[C]//中国声学学会水声学分会. 中国声学学会水声学分会2015年学术会议论文集, 2015: 148-150.

[22] 许德刚, 王露, 李凡. 深度学习的典型目标检测算法研究综述[J]. 计算机工程与应用, 2021, 57(8): 10-25.

[23] 田娜, 王海燕. 数据挖掘技术在目标识别中的应用研究[J]. 探测与控制学报, 2002, 24(3): 33-35.

[24] 杨路飞, 章新华, 张大伟, 等. 基于批标准化深度网络模型的水中目标分类研究[C]// 中国西部声学学术交流会论文集, 2020: 491-493.

[25] 陈凯峰, 梁鉴如, 陈强, 等. 基于FPGA和CNN的水下目标识别系统[J]. 传感器与微系统, 2021, 40(4): 103-105, 109.